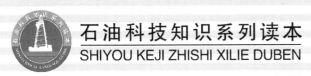

石油科技知识系列读本
SHIYOU KEJI ZHISHI XILIE DUBEN

U0388860

石油
航运（第Ⅱ卷）

The Petroleum Shipping Industry (Volumes 2)

作者：Michael D.Tusiani

翻译：朱珊珊

石油工业出版社

内 容 提 要

本书用简练的语言全面系统地介绍了油轮经纪业、租赁活动、油轮的运营、国际法规以及资金筹措等石油航运业中相关的软件部分内容,并在每章结束时给出了参考文献,以供读者查阅。本书可供从事石油航运等相关专业的科研和工程技术人员、大学本科生以及研究生参考。

图书在版编目(CIP)数据

石油航运(第Ⅱ卷)/(美)Michael D. Tusiani 著;朱珊珊译 .

北京:石油工业出版社,2009.12

(石油科技知识系列读本)

原文书名:The Petroleum Shipping Industry(Volume Ⅱ)

ISBN 978 – 7 – 5021 – 7372 – 2

Ⅰ. 石…

Ⅱ. ① M…② 朱…

Ⅲ. 石油运输:海上运输

Ⅳ. V695. 2

中国版本图书馆 CIP 数据核字(2009)第 161839 号

本书经 PennWell Publishing Company 授权翻译出版,中文版权归石油工业出版社所有,侵权必究。著作权合同登记号:图字01 – 2002 – 3655

出版发行:石油工业出版社

　　　　(北京安定门外安华里 2 区 1 号　　100011)

　　　　网　　址:www. petropub. com. cn

　　　　发行部:(010)64210392

经　销:全国新华书店

印　刷:石油工业出版社印刷厂

2009 年 12 月第 1 版　2009 年 12 月第 1 次印刷

787×960 毫米　开本:1/16　印张:15. 75

字数:265 千字

定价:42. 00 元

丛 书 序 言

石油天然气是一种不可再生的能源，也是一种重要的战略资源。随着世界经济的发展，地缘政治的变化，世界能源市场特别是石油天然气市场的竞争正在不断加剧。

我国改革开放以来，石油需求大体走过了由平缓增长到快速增长的过程。"十五"末的2005年，全国石油消费量达到3.2亿吨，比2000年净增0.94亿吨，年均增长1880万吨，平均增长速度达7.3%。到2008年，全国石油消费量达到3.65亿吨。中国石油有关研究部门预测，2009年中国原油消费量约为3.79亿吨。虽然增速有所放缓，但从现在到2020年的十多年时间里，我国经济仍将保持较高发展速度，工业化进程特别是交通运输和石化等高耗油工业的发展将明显加快，我国石油安全风险将进一步加大。

中国石油作为国有重要骨干企业和中央企业，在我国国民经济发展和保障国家能源安全中，承担着重大责任和光荣使命。针对这样一种形势，中国石油以全球视野审视世界能源发展格局，把握国际大石油公司的发展趋势，从肩负的经济、政治、社会三大责任和保障国家能源安全的重大使命出发，提出了今后一个时期把中国石油建设成为综合性国际能源公司的奋斗目标。

中国石油要建设的综合性国际能源公司，既具有国际能源公司的一般特征，又具有中国石油的特色。其基本内涵是：以油气业务为核心，拥有合理的相关业务结构和较为完善的业务链，上下游一体化运作，国内外业务统筹协调，油公司与工程技术服务公司等整体协作，具有国际竞争力的跨国经营企业。

经过多年的发展，中国石油已经具备了相当的规模实力，在国内勘探开发领域居于主导地位，是国内最大的油气生产商和供应商，也是国内最大的炼油化工生产供应商之一，并具有强大的工程技术服务能力和施工建设能力。在全球500家大公司中排名第25位，在世界50家大石油公司中排名第5位。

尽管如此，目前中国石油仍然是一个以国内业务为主的公司，国际竞争力不强；业务结构、生产布局不够合理，炼化和销售业务实力较弱，新能源业务刚刚起步；企业劳动生产率低，管理水平、技术水平和盈利水平与国际大公司相比差距较大；企业改革发展稳定中的一些深层次矛盾尚未根本解决。

党的十七大报告指出，当今世界正在发生广泛而深刻的变化，当代中国正在发生广泛而深刻的变革。机遇前所未有，挑战也前所未有，机遇大于挑战。新的形势给我们提出了新的要求。为了让各级管理干部、技术干部能够在较短时间内系统、深入、全面地了解和学习石油专业技术知识，掌握现代管理方法和经验，石油工业出版社组织翻译出版了这套《石油科技知识系列读本》。整体翻译出版国外已成系列的此类图书，既可以从一定意义上满足石油职工学习石油科技知识的需求，也有助于了解西方国家有关石油工业的一些新政策、新理念和新技术。

希望这套丛书的出版，有助于推动广大石油干部职工加强学习，不断提高理论素养、知识水平、业务本领、工作能力。进而，促进中国石油建设综合性国际能源公司这一宏伟目标的早日实现。

2009 年 3 月

丛 书 前 言

为了满足各级科技人员、技术干部、管理干部学习石油专业技术知识和了解国际石油管理方法与经验的需要，我们整体组织翻译出版了这套由美国 PennWell 出版公司出版的石油科技知识系列读本。PennWell 出版公司是一家以出版石油科技图书为主的专业出版公司，多年来一直坚持这一领域图书的出版，在西方石油行业具有较大的影响，出版的石油科技图书具有比较高的质量和水平，这套丛书是该社历时 10 余年时间组织编辑出版的。

本次组织翻译出版的是这套丛书中的 20 种，包括《能源概论》、《能源营销》、《能源期货与期权交易基础》、《石油工业概论》、《石油勘探与开发》、《储层地震学》、《石油钻井》、《石油测井》、《油气开采》、《石油炼制》、《石油加工催化剂》、《石油化学品》、《天然气概论》、《天然气与电力》、《油气管道概论》、《石油航运（第Ⅰ卷）》、《石油航运（第Ⅱ卷）》、《石油经济导论》、《油公司财务分析》、《油气税制概论》。希望这套丛书能够成为一套实用性强的石油科技知识系列图书，成为一套在石油干部职工中普及科技知识和石油管理知识的好教材。

这套丛书原名为"Nontechnical Language Series"，直接翻译成中文即"非专业语言系列图书"，实际上是供非本专业技术人员阅读使用的，按照我们的习惯，也可以称作石油科技知识通俗读本。这里所称的技术人员特指在本专业有较深造诣的专家，而不是我们一般意义上所指的科技人员。因而，我们按照其本来的含义，并结合汉语习惯和我国的惯例，最终将其定名为《石油科技知识系列读本》。

总体来看，这套丛书具有以下几个特点：

（1）题目涵盖面广，从上游到下游，既涵盖石油勘探与开发、工程技术、炼油化工、储运销售，又包括石油经济管理知识和能源概论；

（2）内容安排适度，特别适合广大石油干部职工学习石油科技知识和经济管理知识之用；

（3）文字表达简洁，通俗易懂，真正突出适用于非专业技术人员阅读和学习；

（4）形式设计活泼、新颖，其中有多种图书还配有各类图表，表现直观、可读性强。

本套丛书由中国石油天然气集团公司科技管理部牵头组织，石油工业出版社具体安排落实。

在丛书引进、翻译、审校、编排、出版等一系列工作中，很多单位给予了大力支持。参与丛书翻译和审校工作的人员既包括中国石油天然气集团公司机关有关部门和所属辽河油田、石油勘探开发研究院的同志，也包括中国石油化工集团公司江汉油田的同志，还包括清华大学、中国海洋大学、中国石油大学（北京）、中国石油大学（华东）、大庆石油学院、西南石油大学等院校的教授和专家，以及 BP、斯伦贝谢等跨国公司的专家学者等。需要特别提及的是，在此项工作的前期，从事石油科技管理工作的老领导傅诚德先生对于这套丛书的版权引进和翻译工作给予了热情指导和积极帮助。在此，向所有对本系列图书翻译出版工作给予大力支持的领导和同志们致以崇高的敬意和衷心的感谢！

由于时间紧迫，加之水平所限，丛书难免存在翻译、审校和编辑等方面的疏漏和差错，恳请读者提出批评意见，以便我们下一步加以改正。

《石油科技知识系列读本》编辑组
2009 年 6 月

前　　言

　　本文的撰写开始于 25 年前,最初的想法是作为一篇博士论文。在我刚参加工作时,效力于航运业,在 Zapata Naess 任研究经济学家的三年里,以及其后在 Poten&Partners 工作的 23 年中,我不知疲倦地搜集数据并在搜集和观察的过程中做好笔记。《石油航运》第 I 卷和第 II 卷便是这些年呕心沥血的成果。

　　第 I 卷旨在介绍该行业的硬件部分:油轮、油轮的特征以及所从事的贸易活动;而第 II 卷则主要介绍该行业的软件部分:经纪业、油轮的运营、国际法规、租赁活动以及资金筹措。这样的书卷划分是为了方便读者按照其兴趣选择阅读的内容。不过,两卷书的内容都是为读者提供关于油轮及影响这一至关重要行业核心因素的总体情况。

　　在这里,要特别感谢那些在这部书的撰写中给予我帮助的人,只言片语无法表达我对这么多关心爱护的感激之情。此外,如果我忘记了感谢我过去和现在的诸位同事的话,我会深感愧疚。他们在各自的领域里给了我极大的帮助,他们是:Dimitri Aperjis, Gabiel Avgerinos,Sohrab Boushehri,Frank De Salvo,George Gale,John Ginna,Jean Grandbesancon,Ken Hannan,Jr.,Randolph Harrison,Thoralf Karlsen,W. Laurence Kenny,Burt Mills,David Munro,Jose R. Neves,Mogens Petersen,Steve Scarpati,Robert Skeele 和 Don Wessel。我还要感谢油轮及货舱经纪人、咨询师以及 Poten&Partners 的同仁们,感谢他们提供的协助和支持。

　　我邀请长期并肩工作的好同事 Roy Nersesian,仔细审阅了初稿、杂乱的笔记、插页中的备忘,等等,并请他按照他作为读者和评论家的感受来进行原稿的组织。我只能通过一种方式来表达我对 Roy 的深深的感谢,那就是告诉他,正是由于他对本书所做的努力,才使这部书有了可信的内容和精确的详细描述。

　　毋庸置疑地,用其灵感促使我最终完成这本书的写作的两个人,是新来的 Henning Esben-Petersen 和 John L. Metchell,他们是好同事,是亲爱的朋友,最重要的是,他们是两个极好的人。

　　我还要感谢 Sulaiman Al Bassam, Mussaeh Al Muhairi, Jacques Boudet, Rene Boudet,Nicola Caiola,Domenic DiPiero,James DuPay,Morris Feder,Steven Garten,Andreas Justesen,George King,Michael Klebanoff,Gerhard Kurz,Harry Linser,George S. Livanos,

Charles Magistro，Hugh McCoy，Patrick Mitchell，Edward Morse，Lucio Noto，Costas Prap-opulos，Eric Shawyer，Raja Sidawi，Ronald Stanton，Inge Steensland 和 Tommy Thomsen，感谢他们对本书原稿提出的见解深刻的建议，并感谢 Rachel LaMonte，作为我的秘书，在共同工作中给予我长期的从不停止的支持。

最后，也是最应当感谢的，是我的家庭。我的妻子 Beatrice，我的孩子 Paula，Pamela 和 Michael，在我高密度的工作中给予的耐心、容忍和理解，在这些年中给了我无穷的鼓励。我的哥哥 Joseph，是他让我在有生的岁月达成所愿。在他自己声望很高的写作生涯中，他总是抽出时间来倾听、教导、建议、修改并给予鼓励。他的爱无私而宽广。我对他的感激之情溢于言表，在此仅能表达十分之一。

Michael D. Tusiani

纽约

1996 年 8 月 30 日

目　　录

1 轮船经纪

轮船经纪是存在于轮船服务供需之间的中介行业。第 1 章中介绍的是与建立短期、中期和长期的轮船租赁以及单次和连续轮船租赁相关的经纪活动。第 2 章则介绍的是新建轮船与现有轮船的买卖(S&P)活动以及与项目经纪相关的内容。项目经纪是指与众多参与者一同进行的特定领域技术知识的大规模项目活动。与传统的轮船经纪不同,此类项目中的参与者之间几乎没有先前的商业来往。并且项目的持续时间范围从想法的酝酿到着手实施也跨越了相当长的时间。资本债务相对来说较高,存在着组织上和技术上的复杂性,而成功的可能性则相对较低。任何形式的经纪活动都需要有足够的耐性、毅力和谈判艺术方面的造诣。

1.1 轮船经纪基本情况

轮船的经纪活动包括船只的短期雇佣,如将单船的货物运载于两座港口之间,同时还包括轮船长达整个寿命期的租赁活动。对于航程租赁来说,船主应当清楚地知道贸易中涉及的港口或地区以及所输货物的确切性质。而对于定期租船而言,船主则只需要使他所管辖的轮船在一段时期以内能够保证租船者使用即可。租船者按照租赁合同内的条款租用船只来满足其运输需要。单次或连续的航程租赁是指使轮船效力于货物在港口或地区间的指定往返运输,而定期或空船租赁则是指使轮船效力于未指定贸易活动中的短时租赁。在潮湿货物和干货运输中最常见的经纪活动是,将轮船固定于某项将货物运送于港口和地区之间的单次租赁,以及使轮船固定地效力于定期租赁,而租赁时间则可能从几个星期到 20 年甚至更长不等。

不同的经纪人将专门从事于航运业不同方面的服务。轮船经纪公司可能专门从事于干燥货物船只的经纪活动,其他公司则可能从事轮船、联合运输船、液化气轮船及其他船只类型的经纪活动。大型经纪事务所可以提供涵盖几个市场区域的经纪服务,而某一个经纪公司中的部分经纪人则只负责某一市场区域的经纪活动。在某些团队中同样也会出现专业化问题，如在轮船经纪活动中。在这些情况下，某些经纪公司会将重点放在大型原轮船上，而其他经纪人则着眼于清洁石油产品轮船的经纪活动上。这些经纪人是以委托人的方式提供专业服务的——其中部分经纪人几乎只与石油公司打交道，而其他人则与船主交涉。

对于单个的经纪人来讲，其专业化过程可能会与其成功完成的经纪活动这一必要条件有关——与委托人之间私人关系的建立。所谓的委托人，是指有权作为租船者或船主来进行船只租赁的人。对于轮船及 LPG 运输工具的经纪活动来讲，经纪人必须向石油公司的海事包租经理或 LPG 进出口商、交易商了解船只租用的要求或需要。这一必需信息取决于租船者与经纪人之间预先存在的关系。如果没有租船者作为委托人提供的支持，那么经纪人将处在一个信息真空地带。与此类似的，当经纪人了解到了租船的要求，他必须召集另一位委托人——适合进行租赁船只的所有人。这一所有人必须接受来自经纪人的请求从而谈成一笔生意。这里同样也需要在经纪人与船只所有人之间预先存在着一定的合作关系。另外，当有多个经纪人要求同一船只所有人从事同一项租赁业务时，船只所有人将指定或选择可以通过其与租船方进行交涉的那一位经纪人进行合作。如果船主的船只已经被安排给某个租船者，那么指定的经纪人将会收到一份委托书。对于经纪人来说，要完成这笔生意的必要条件就是由租船方邀请并由船主指定。

经纪人与租船方及船主之间的关系包括三个方面：私人关系、服务关系、信息获取关系。私人关系方面使经纪人可以有效地与其当事人进行谈判，并可以在不影响到未来生意合作前景的情况下，在激烈的洽谈中完成生意合作。性格上的冲突，或者个人的反感，抑或是在安排船只时经纪人的行为引起的埋怨都将宣告合作关系的终结。以探视或接受帮助的形式出现的合作契约关系将会促成超越电话或传真联系的关系的出现。建立在个人水平上的共同观点旨在消除两位委托人协商船只的指定情况时出现的困境。一般来说，作为经纪人应当了解委托人的个人爱好、兴趣及家庭情况。这种将两人联系在一起的方法是相当费时的，并且，最终会限制经纪人能够有效处理的委托人的数量。

而建立私人关系又十分重要，不能与提供服务独立开来，这样一来就需要更加关注细节问题及航运特定阶段的专业知识，从而才能提供更有价值的建议。在委托人需要最高水平服务的地方，轮船经纪业的竞争会十分激烈。包租经理总是希望轮船经纪人所提供的船主给出的出价水平能够保证以最恰当的费用在适当的地点租用到适合的船只。而船主则希望轮船经纪人能正确地评估未来的轮船租赁情况,这样他才能确定在适当的地点有适合租用的船只并向租船方提供报价。委托人期望持续地评价由经纪人提供的服务水平并在不同时期雇佣不同经纪公司的偏好将使经纪公司随时都战战兢兢。

相对于就运费取得一致来说,安排船只更为复杂。如果和前者一样简单的话,那完全可以在买方(租船方)和卖方(船主)之间就航运服务制作一个像在 NASDAQ 股票市场进行股票买卖的计算机软件,用于担任原本由经纪人完成的中介角色。事实上,这只是在 20 世纪 80 年代被首次提出时,路透社情报资料显示及通信系统所表现出的最初的担忧。当路透社最初提出在轮船经纪人及租赁者之间以及经纪人与船主之间建立一种通信联系时,实际上就已经附带了一条说明,即路透社将不会提供轮船租赁者与船主之间的直接联系。轮船经纪人则担忧,轮船租赁者与船主之间的直接通信联系应当是轮船租赁者与经纪人以及船主与经纪人之间建立直接电子通信的逻辑产物。这样的直接联系将使得轮船租赁者与船主之间迅速就运费达成一致,这样一来就将终结经纪人所扮演的角色。这一担忧促使轮船经纪事务所非正式地联合起来抵制安装路透社通信系统。不过,由于其中有一家轮船经纪事务所是与路透社签约并受其制约的,因而这样的抵制行动并不成功。安装了路透社通信系统之后,相对于其竞争者而言,经纪公司得以迅速地将租赁者的要求向船主们传达。其他的经纪事务所,由于处于竞争劣势,则不得不跟着仿效逐渐地与路透社签订合约。

路透社通信系统,如今被成为路透系统 2000,已经在轮船经纪部门存在了十余年。曾经担忧的事情也并没有出现。路透社通信系统成功地完成了预订任务,即在经纪人、轮船租赁者与船主之间建立起了迅速有效的通信网络。而该系统的不足则是,在没有经纪人介入的情况下,租赁者与船主之间可能就将直接达成船只的安排,这实际上是部分地扮演了轮船经纪人的角色,并起到了计算机系统不能完成的作用。

(1)在商业活动主体中经纪人的介入意味着主体双方不会直接进行对话。不管是否有意为之,经济活动主体之间进攻性的言论可能不会造成此次交易协商的结束,但却有可能造成其他交易的终止。如果没有被完全地否定,那么经纪人的活动将减轻可能危及商谈的不良言论。他们类似于"给轮子上润滑油"的作用对于确保协议双方就运费和期限取得进展而言是十分重要的。

（2）经纪人是交易双方业务活动的第三方证人。他们将仔细地记录交易活动中双方的谈话内容，有时是以不同颜色的笔进行标注的，因而他们能够区分开价和还价的次序。而当协商最初围绕运费进行时，协商的内容仍然要包括各项条款及条件，即必须在船只的安排作出之前达成的内容。经纪人的责任便是确保已达成的条款是否在租赁契约或合同中得到严格的执行，并能够约束轮船租赁者和船主两方。

（3）经纪人将试图调解轮船租赁者和船主双方之间在租赁活动不同阶段中以及租赁活动结束后出现的协商分歧，并尽量避免使用为了和解意见上的分歧而必须进行的仲裁及其他法律手段。在交易双方都有机会签署租赁契约之前，经纪人的这一作用对于定点航程的安排显得尤为重要，所谓定点航程，是指通常在固定地点装卸货物并在固定航程运输的轮船的航行活动。

（4）经纪公司同样有其运作人员，这些人将按照一定的事件处理程序，在船只租赁之后解决运行和管理中可能遇到的困难，并确保在租赁者和船主之间保持适当的通信交流，包括：

① 将航行命令从租赁者处传达至船主，并尽可能确保在规定的装卸时间内船只能够抵达装载港口。所谓的装卸时间是指船只达到装载港口的时间期限。

② 传达以下信息，包括装载港口停泊时间，诸如装载给租赁者的货物吨数及卸货港口的停泊时间和接卸给租赁者的货物总量等详细信息，以及开具运送发票和进行延误索赔等信息。

③ 在必要的时候，作为租赁方和船主方之间的联系纽带，采取一切必需的补救措施来解决遇到的问题。

（5）经纪人是市场情况的信息来源。这些信息中有些是真实的（比如可以出价进行货运的船只以及运费水平等），有些是心理上的（如船主和租赁者对于未来运费涨或跌的感觉），而有些则只是传言（比如在租赁或轮船所有组织中关键人物的情况）。

路透社通信系统可以在市场参与者中间提供有效且迅速的信息传播，不过仍然没有取代经纪人的位置。当某一定单中止时，接到口头消息的经纪人将会把这一需求大声地告诉其他从业者使其知晓。假设另一位经纪人将这一定单输入路透社通信系统中，以得到可以接纳该订单的历史待选名单,从而迅速将这一定单需求传达至公司的委托人处。这样一来,所有的经纪人都将同时启动与可能想要进行转租船只的船主、其他经纪人、其他租赁者之间的一对一联系。

所有信息中最重要的当然是第一时间获取的信息,或者是最早获取到的部分信息之一。经纪人必须清楚在租赁者与公司之间签订合同之前首先联系哪些人。船主们一般会选择那些能够保证他们获得足够重视的第一时间通知他们的经纪人。那些把时间浪费在船主或无关租赁者身上,或者不能以恰当的运费在某个时间上在确切的地方提供适当船只的经纪人,将会输给那些能够办到的经纪人。对交易双方以及包括轮船所处位置的市场特性这两方面了解的深度就足以解释为什么经纪人必须精通船只类型以及委托人的数量了。

租船者通过轮船经纪团体来利用其全球范围内的通信网络,这样就可以在所有能够满足其需求的合作伙伴中进行抉择。如果没有经纪团体,租船者就必须在这些数不清的船主与其他租船者之间的联络线中花费加倍的时间来决定,谁是他们的竞争对手,从而确保查询范围是否已经覆盖了全部可能满足他们需求的范围。这可能将花费极大的投入,特别是对于不常进入这一市场的小规模租船者来说。另外,美国石油公司油轮租赁部门之间为获取转租可能性而进行的直接联系在反托拉斯法案中是违法的,就算可能实现,如果在没有中立的第三方介入的情况下,也是很难进行的。因此,雇佣一位经纪人,并让其只出现在租约制定过程中,将会比维护这样一个庞大的通信网络花费少得多。

与海上保险类似,经纪业最初也是起源于伦敦的咖啡厅和酒馆,也就是 17 世纪全球国际贸易的中心。最早是出现在 Virginia 酒馆中,然后是在 Virginia 酒馆和 Baltic 咖啡厅,Antwerp 酒馆,最后出现在 Baltic 交易所的大理石大厅里。Baltic 交易所主要从事的是代表租赁方的经纪人和代表船主方的经纪人之间面对面的交易。在英国,经纪是一份职业,有抱负的经纪人必须首先完成其学徒期的学习以积累经验,学徒期满后成为初级经纪人,之后才能正式被推荐并进行考核。通过考核的经纪人将正式在英国轮船租赁经纪协会登记注册。

如今,Baltic 交易所仍是干货的主要经纪场所,包括谷物、煤炭、铁矿石、矾土矿、钢铁制品及其他可以在干货轮船中运输的货物。某些油轮的租约也在 Baltic 交易所完成,不过 Baltic 交易所已经沦为了现代通信技术的受害者。对于像油轮或者液化石油气油轮这样主要通过电话、传真或电报来完成其经纪活动的交易来说,这一点显得尤为明显。英国之外的经纪人都不需要通过正式的学徒期考核。在美国,经纪人可以是任何一个在交易双方从事商业活动的人。不过,通常来说,最初经纪人都不会一个人单干,而是会经历多种学徒期的学习,来学会处理经纪业中通信和运作等多方面的能力。某些想成为经纪人的学徒也可以做经纪人的助手,在成为成熟的经纪人之前学习由简到难的经纪事务的处理。在现代通信技术这一奇迹的推动下,轮船经纪活动可以在任何便于经纪人处理事务的地方进行,而将经纪事务所设置在接近委托人,或位于委托人可能到访的地方则是事务所选址的一般规律。

经纪人通常只代理一个地理区域内发生的航运业务活动。美国经纪人通常都是代表石油公司的租船经纪人,因为在美国存在着大量的石油公司,而很少有油轮船主。大多数的油轮船主都在欧洲,因此,欧洲的经纪人则主要从事出租经纪活动。不过,挪威的油轮经纪人则可以既是挪威石油公司的租赁经纪人,同时又是法国石油公司的油轮经纪人。中国香港的经纪人通常都代表的是香港的船主,而这一现象对于其他的轮船经纪活动中心来说也普遍存在,比如德国、法国、西班牙、意大利、希腊、新加坡、日本及中国香港、中国台湾地区。而包括经纪活动以及与负责人面谈的私下接触则创造了明显优于电话和传真等传统方式建立起来的信任。

对于经纪人来说,由于对主要内容和事务处理都有了解,因此他可以自行决定一项租赁活动。更常见的是,在一次事件中就只牵涉两个经纪人,一个代表租船者,而另一个则代表船主。并且很可能两个经纪人来自同一家经纪公司,不过一般来说在一次租赁活动中,会聘请到两家不同经纪公司的经纪人。一个经纪人同时服务于双方委托人可能会使一方利益让步于另一方,从而导致利益上的冲突。而两个经纪人,各自代表服务的买方和卖方,则可以更好地为双方利益服务。这取决于交易的规模,聘请经纪人的佣金可能占油轮和 LPG 运载船只费用的 1% ~2.5% ,将被参与租赁活动的两方经纪人分享。有的时候这种分配制度会被解读为,是租船方在支付这部分佣金。不过,船主实际上收取的并不是 100% 的托运费,而只有其中的 98.5% ~99% 。从这个角度来说,船主也在支付佣金。在开出租金的时候,船主就会将这部分委托佣金作为费用的一部分写在合同中。如果能够得到开出的租金数额,船主就将这部分佣金转嫁给了租船方。

　　经纪人的报酬与发生的佣金收入直接相关。这样一来，可以促进也可以制约经纪人之间的协作关系。如果一个经纪人发觉自己的业务必须借助于其他经纪人的帮助才能完成时，他就会提出合作要求。几乎每一项经纪活动都会伴随着一定比例的不同经纪人参与。这将最终决定着单个经纪人收入的多少。这样一来，每个经纪人都会将其在一项经纪活动中所占的份额尽可能地提高。甚至谁接到负责人打来的电话这样的小事都会影响到他们所占的份额。当一个经纪人离开办公桌，而刚好其他经纪人第一时间接到了决定着经纪活动成败的关键电话，那么这个人就将蒙受一定的经济损失。因此，一个经纪人必须连轴转，周旋于与其他人的合作和处理自己的业务当中，因为这两方面的努力都会带来收入的提高。这种获得报酬的方式直接影响了工作时间的长短。据一位挪威船主观察，开船时间为 27 小时的话，那么会最初在澳大利亚耗费 10 小时，而后在加利福尼亚耗费 9 小时，剩余的 8 个小时则消耗在办公室里。

　　从事大宗租赁活动的租船人不会去联系所有的经纪人，而只是用一个清单，上面会列出首选的他们觉得可以控制整个市场的部分经纪人。对于经纪人来说，要进入租船商的名单是一项至关重要的事。这份名单对每份合约来说是会在租船者手中轮流的。当一份合约终止时，经纪公司并不知道它在名单上的位置，但是排在名单的最顶端总是好的。不将所有经纪人包括在内，这样的做法使得租船商掌握了一套有效的武器用于保证接受服务的质量好坏。一个无法满足租船商要求的经纪人有可能会受到其他人的青睐。小规模租船商拥有的经纪人名单则更为有限，而且可能与某个经纪人签署专项安排合约。

　　由于通常情况下是与多个经纪人合作以确保对市场的充分掌控，签署专项合约这种方式可能只会被部分租船商首先采纳，也就是与单个经纪人之间已经建立的良好的信任关系的租船商。已经签署了专属合约的经纪人，由于清楚所有的业务活动能够且都必须由他经手，通常就容易在完成职责的过程中出现松懈的情况。不过这种情况一般不会发生，因为这些合约对他来说十分重要，所以不会轻易放弃。实际上，经纪人一般都会用尽全部时间来完成好这种独立合约，因为这对他的幸福生活实在是太重要了。在这种独占关系中，经纪人还将负责确保某些操作细节是否完成，是否已经有效地成为租船商海事部门的一部分。

1.2 业务请求与讨价还价

在现货市场预约租赁活动的谈判过程开始于租船商的业务请求,比如"阿拉伯湾/西海岸,25 万吨,含杂质货物,11 月 11 ~ 19 日"。拥有适当吨位的船只可以在指明的装卸天数内抵达阿拉伯湾港口的船主就可以回复这一请求。有些船主甚至不能达到装卸时间要求也会回应租船商的请求,他们希望在合约的签订中能够修订装卸时间要求。如果出现了这种不道德的违规情况,经纪人和船主双方都将遭受可信度的损失。可信度是经纪人名声中很重要的一部分,是他们在与负责人商讨业务时其所拥有的全部资本。

在谈判中精神压力最初是由船主承担的,这是因为船主们必须与租船商就租金进行磋商。如果提出的租金过高,租船商将不予回应,但会转而选择与其他船主协商较低的租金。如果租金过低,船主几乎就是"把钱扔在了桌子上"。经纪人必须对市场,即可能的趋势以及租船商的想法两方面有足够的了解,才能够提出最合适的初次回应建议。

市场的状况会影响到讨价还价双方的心理状态。如果市场情况是在看涨的话,船主一般会尽可能推迟回应请求的时间,以获得更大利润。租船商则会迅速并且急切地要求尽快回复业务请求以避免承担高额租金。而在市场行情看跌的时候,船主则会适当降低其租金,在市场环境变得更恶劣之前保住他的生意。看跌的市场就像是一场抢座位游戏。从其定义来看,行情看跌意味着对一定数量的货物而言,轮船的数量明显偏多。当音乐结束时,总会有人抢不到座位从而结束游戏出局。音乐结束就像是合约签订。因此,在船主中间由于想以较便宜的租金抢得生意,总会出现一定程度的混乱。在这种条件下,租船商就可以尽可能地拖延讨价还价的时间,并且可能会成为难于协商的人,因为他总是会在随后的每一项合约的协商中增加更多的麻烦的条款和附加条件。

船主和租船商双方对市场涨跌的可预见反应可能会使市场稳定地朝一个方向发展,从而形成一种自我实现的预言能力。市场发展趋势看涨的时候,船主们对上涨市场的反应会使其继续保持上涨势头。他们会延迟租船者业务要求的请求,而这相当于削减了可供租用船只的可用运力。而这样的行动,反过来说,则会促使市场进一步上涨,而船主们则更会对租船商的请求磨磨蹭蹭了。由于船主都在抢座位游戏中占住自己的位子不让,因此下跌的市场态势将会持续下跌。租船商对于下滑市场的反应则会进一步将市场推向更低的水平。

一个好的经纪人将处在一个有利位置,尽可能地向船主们提供最好的服务,在市场看涨的时候防止他们要价过高,而在市场滑坡的时候又要防止他们开价过低。在上述两种情况下,经纪人都在与潮流斗争,但就避免船主犯错而言,他的忠告还是很重要的。在类似的情况下,经纪人必须就船主们将如何应对租船商们提出的业务需求作出反应向租船商们提出建议。在市场滑坡的时候,租船商可能不需要听取经纪人的建议,因为他们很善于就船主的要求提出最后的妥协。但是,当市场处在转型时期时,已经习惯于自己方法的租船商们,则有必要接受经纪人的建议,从而了解船主们反应变化的真实心理状态了。仍然按照原来的方法应对的话只会付出更高额的租金。

在任何情况下,正是经纪人帮助促成协议达成这一职责使得船主和租船双方能够最终确定租赁报价。最初的需求提出通常都是开始于租船商身份确定、货物的数量和简单介绍以及装卸和合同到期时间的确定。报价的确定需要确认的有船只的类型、运费和滞纳金、租船契约的类型、手续费,及"与进一步细节相关的"条款。以上是所需的主要条款,而不是全部。当租船契约中的所有条款已经双方认可并达成一致后合约才算真正完成。同时合约中还必须写入时间限制,从而确保协商的完整性。未提及时间限制的合约仅能作为协商过程的结束。经纪人应当被授权代表责任人在细致的框架性准则范围内就特定事宜进行谈判。

1.3 透明性与不透明性

如果租船商的要求能经世界轮船经纪协会网络集中并通过,那么全球范围内的可替换方案实际上就已经提供给租船商了,并且船主们也获得了关于租船商要求和租金方面的详细资料。自由市场的建立就依赖于信息的透明度,这样一来,船主们就可以感受到市场的深度和活力,能洞悉潮流,并且能据此规划其行动。如果关于合约性质和数量的商业信息以及租金等只能部分获知的话,自由市场的建立是有一定难度的。举例来说,在股票交易中,在证券交易所中所列的股票持有人仅仅知道交易额、历史股价和当前价格,从而指导其或买或卖,或持有观望等决策的制定。这样的市场就被认为是透明的，置身其中的交易人员能获知所有能获得的信息。我们假设一下，如果这类市场是不透明的，交易人员仅能获取交易股数的一部分数据。在这样的不透明市场里，交易人员的决定都是在"盲目"的情况下作出的，无法充分掌握交易的全部情况，也许已经达到了不知道价格就在买卖股票的程度。

造成油轮市场不透明的另一方则是私人合约。在私人合约中，租船者仅联系一位经纪人然后就约定了租金。而另外，经纪人也只联系了一家船主，随后就以已商定好的租金提交给船主。如果船主觉得商定的租金过低，担心再次接到类似通知的话，他就可以拒绝合约邀请。这种合约通常被认为是"私下的机密的"，不能向公众透露。这种操作方式将透明的状态变成不透明的，因此彻底击垮了自由市场的初衷，具体情况如下[1]：

租船商几乎不在公开市场中对货物进行报价。他们情愿私下将其货物托付给他们支持的少部分经纪人之一。经纪人们将轮船的租金压到尽可能满意的程度，从而赚取租船商的支持。他又以私下的方式将这部分货物提交给那些不想触怒租船商和经纪人的船主们……因此，通常要到租赁活动结束之后，船主才会真正担心市场的总体水平。

私下合约行为反映出油轮市场的薄弱。在商业活动丰富的坚挺市场中，船主不得不选择是否进入私下合约，在这种合约下租金是已经商定好的，并且通常是在可能范围的下限水平。他可以选择降低这一租金水平，因为还可能会有别的租船商投标。坚挺的市场环境可以除去不透明的部分而保留其透明的部分，这对自由市场的有效运作至关重要。

1.4 轮船经纪的组织结构

大型经纪公司通常是独立的、私有的，并拥有足够强大的委托人，从而确保单个的船主或租船商不会占有委托贸易的10%的股份。有些经纪人是公司经纪人，所有关系从属于租船商或船主，专门从事责任人关心的业务范畴。租船代理佣金将被支付给公司经纪人，从法律上讲，这其实就是指责任人正在收集部分的手续费。有些经纪人的职责中还包含了代表老板利益这一首要责任，但在互不干扰的基础上也拥有着完成其他业务的自由。在这种情况下，老板很乐意看见，在已经推脱了某些业务的前提下，类似的新业务悄然开展起来。如果老板不感兴趣，经纪机构就将作为独立的经纪人从事经纪活动。独立的经纪机构声称，他们会更好地以一种公平的方式服务于其委托人。而通过全资或合资经纪公司来运作的老板则相信,由经纪公司参与的扩大市场影响力的活动,其创造的价值将足以克服由于偏爱某一家经纪公司带来的损失造成的任何商业上的不利影响。

1.5 研究及咨询服务

主要的欧洲经纪机构,由于与船主息息相关,必须深入地研究和考虑,从而指导船主们并为其提供所需的背景资料。这些咨询活动可以部分地支持经纪人的工作从而总结其业务活动,并且可以部分地提供额外的咨询收入。缺乏规划部门的船主将就其提供的研究服务付钱给轮船经纪人,而支付的方式可能是将更多的船只经纪活动交由该经纪人来完成。相对于培养一个羽翼丰满的规划部门,这种付给研究及咨询服务的"软"美元支付方式是一种成本更低的替换方案。经纪公司可以利用其研究和咨询部门来创造更多的业务机会。而且还会有其在金融市场中的对应效益,在金融市场里,关于股票买进或抛出的建议通常会为委托行为让步,而委托人恰恰正按照这些建议行动。

租船经纪人,如纽约的经纪人,仅能从事有限的研究和咨询活动,因为石油公司拥有自己的内部规划人员。理论上讲,研究和咨询活动应当帮助经纪人向其客户在辨别市场趋势方面提供专业的建议。但相反的是,经纪人们反倒将一种"商业"现实元素带入了研究和咨询活动中。两种不同类型的定位也不尽相同的活动,一方需要寻求"眼下"情况用于总结业务活动,而另一方则无法观察到任何三年以内的情况,他们二者的协同工作可能比事实本身更让人容易接受。

研究活动在通过记录市场中发生的情况来汇编数据方面的效果可能是很有限的。记录的内容可能是被调配的、废弃的或搁置的船只清单,或者是航行活动和定期租约的数据。信息技术时代已经全面开放,用于收集大量的数据,相关的和不相关的信息均包含在其中。而另一项补充研究活动则是在堆积如山的信息源中寻找那些可以提供深刻见解或辨别大势所趋的部分,这对租船商和船主们进行规划是十分有用的。

信息技术革命对于规划人员来说已经是一件可喜的事。信息技术可以产生大量相关的、可靠的或精确的数据。但是将大量的数据信息转化成有用的决策者的见解则取决于拥有的相关的、可靠的及精确的数据量。

可靠并且精确的信息似乎已经是过时的说法，不值得提及，但是数据中总是存在着偏差。比如说，不同地方给出的现有油轮船队的规模总是不尽相同。并且这中间存在的差别还不小。有人可能会认为对像轮船这样的实物资产进行跟踪评估相对来说应该比较简单，但实际却并不是这样。轮船可能不会大张旗鼓地交付使用或报废，也有可能没注意到类似的收集信息的通知。这类信息的使用者已经意识到，可能只有一处信息源或者根本没有哪一家机构提供的数据是正确的。最好的方式是对数据进行分析，筛选出一个信息源，否则不同来源的数据之间的偏差将影响到分析的最终结果。

将数据转化为有用信息的过程必须进行整理、汇编，并将数据以一种能寻求领悟力和发展趋势的形式表示出来。在这一转化过程中收集到的信息应当是有关联的并且是真实有效的。但是，没有什么数据，也没有任何有效的办法能消化此类数据，能够替代决策人员。数据中获取的信息很少能帮助决策者，仅仅能掀开黑暗的面纱，区分现在和未来。决策者可能向几个研究小组征求信息。不幸的是，这些人通常都只能提供同样的信息。这些组织当中的专业人员都有着类似的思维模式，因为他们所接受的教育都是一样的原则，即分析并依赖于同样的统计工具和计算机软件包来推敲同样的数据源。用同样的模子做出来的许多水晶球，有或者没有，它们都不能为决策者提供任何有价值的帮助。

1.6　轮船及货物经纪

某些经纪机构担负着轮船和货物两方面的经纪活动。刚刚完成两方之间货物经纪活动的经纪人将拥有一些关键信息，而这些信息是市场中都还未知的。对于轮船经纪人来说这是极为有利的，当租赁或公开时，他可以使轮船主迅速就船只需求作出响应。有了这些信息装备，轮船经纪人就可以尝试着安排私下合约，而不会受市场需求的影响。货物经纪人则可能由于其与那些通晓航运成本信息的轮船经纪人有所关联而获益，而是否有可用的船只则可以协助完成事务的办理。

经纪人经常由于自私自利而广受批评。他们只在收到钱的时候才会提供服务，连千钧一发的急事也不管。为了完成一项业务，为了说服船主接受租船商的租金要求，他们不惜用三寸不烂之舌把市场情况都说糟，因而被人们所不齿。在私下合约的签署中这种现象则更为常见。石油公司的包租经理观察到,曾经出现过这样的情况,即一流的船主收到的租金竟然比租船商愿意给出的价格低,这是因为斡旋在其中的经纪人成功地说服了船主与非一流船主参与竞争。尽管石油公司已经得到了这些船主的投标,但他们可能并不希望真的使用他们的船只。一流的船主事实上根本不会参与到什么竞争中去,而是会毫无争议地获得成功,即使租金比他的竞争对手们高也能中标。很自然地,租船商不会让经纪人或者船主知道这里面的秘密,经纪人则会尽其所能地为船主献计献策。如果经纪人让船主以高于市场水平投标,因而失去了这单生意的话,实际上他也失去了一个客户。从竞争性自由市场的阴暗面来看,船主试探性地与非一流操作员竞标,其实是为了将这些投标作为武器用于将租金压低。

有些生意没有经纪人的介入也能谈成。在这种情况下,船主与租船商之间建立起了一对一的关系。最常见的直接合作是单程的航程租赁,一般是在刚有类似租约完成的时候签订。有些时候,完整的或者缩减的业务完成后也会主动地给经纪人一些报酬,其目的是为了让他能够对老板日后的需要更加尽心尽力。

参 考 文 献

[1] *Tanker Market Report* of 1 January 1996, published by Intertanko, Oslo.

2 买卖经纪及项目经纪

买卖经纪(S&P)是经纪活动中最普遍的功能,在所有类型船只寿命期内的新建订单或二手船只购买直至报废的全过程中都有涉及。买卖经纪人可能会专攻新建船只,此时他必须在船坞和船主之间建立良好的合作关系。与此类似的,买卖经纪人也可能是专攻现有船只,此时他就必须在船主与船主之间扩展其相互联系。另外,买卖经纪人当然也会专攻船只的销售及报废,这样的话他就必须建立船主与报废厂之间的关系链。这些不同的专业经纪可能同时存在于同一家经纪公司里,但不同的经纪人则侧重于买卖中不同种类的船只和不同的层面。

2.1 新建船只的买卖活动

专注于此领域的经纪人随时都在留意新建油轮合同的标准形式。这些标准合同将经过修订,才能达到船坞以及新轮船购买者的要求。最常见的标准合同是 SAJ 格式,由日本造船者协会颁布并发行,目前广泛地为远东的油轮制造商所接受[1]。另一种合同格式是 AWES 格式,由西欧造船者协会颁布发行。这两种合同格式各自的普及性反映出远东和西欧造船活动的规模大小。这两种,以及其他的合同格式各不相同。相对于 AWES 格式而言,SAJ 格式更侧重于造船者的利益,因为 AWES 格式更注重设计的可靠性,以及在和造船商进行业务清算,包括返还交货前所付款项时对购买方的保护。无论标准格式中包括哪些条款,船主总能通过对标准格式的修订和补充条款来保护其自身利益。

与船坞方商讨合同是一项很重要的任务。新建一艘轮船需要在建造阶段买主和船坞以及有密切合作关系的人之间进行旷日持久的谈判,其中会有船主的代表与船坞人员之间的相互磋商,而在轮船交货后,船只仍处在船坞的担保期内时也会存在上述几方的谈判。船主在评价造船商资质的时候就会进行这样的协作,这样做可以有助于船主充分地了解多家船坞的情况。S&P 经纪人的作用就在于扩大船主与其他船坞之间的联系。在与造船商的长期联系中,S&P 经纪人可以就建造泊位的可靠性、价格、支付方式等方面给买主提出建议和忠告,并能就造船合同的条款和附加条件进行谈判。

一旦船主决定要购置一艘某种型号的新建轮船,S&P 经纪人就可以协助他确认造船商的合作意愿,并可以协助船主对投标请求作出回应,也就是对竞标进行处理。这些竞标都只是框架性的,而不是基于详细的投标说明。在回应投标的基础上,下一阶段的工作就是对提出船只的物理及操作特征进行初步谈判了。如果头脑中对轮船的设计已经有了初步想法,那么船主直接与船坞交涉是很有好处的。这可以很大程度上减少船坞一方在报价方面的回应时间,即为其他船主设计和建造船只过程中花费的回应时间。在磋商的过程中,可以根据船主的特殊要求和喜好对标准设计进行相应的修改。如果以往有类似设计船只的历史运行资料的话,修改后的轮船设计所带来的技术风险可以得到大大地降低。

初步谈判完成之后,下一步通常是由买卖双方就商业条款签署达成的意向书了,内容包括轮船价格、汇率、支付方式、交付日期以及选定的监督合同执行的法律文件。在法律条文的选择上,并不一定非得适用船坞所在国的海洋法。不难想象,如果买房和造船商之前都协商同意的话,发展中国家新建轮船的合同完全可能适用的是英国的司法系统。不过,发达国家的船坞则一般不情愿其造船合同适用别国司法。

有时候当买方急于筹措资金时,签署的意向书可能带有偶然性,不过,在任何情况下,有别于参与各方道德上承担的义务,意向书是不具备法律追溯力的。有些船坞可能会坚持签署过渡性合同,从而向造船者提出设计工作的补充意见,而买方则可以决定是否继续此项业务。最终的谈判通常是在代表船坞和船主两方的人员之间进行的。参与谈判的一方侧重于考虑合同商业及法律方面的事务,而另一方则关注的是船只的技术参数等方面。从事新建轮船经纪活动的经纪人必须对这两个不同的谈判阶段的进展情况了如指掌,即在正式合同签署之前,这两个阶段的谈判必须取得实质性结果。

经纪人的角色对买家来说就像是侦探,但实际上他的工作是由船坞付钱的。无论船主是直接与船坞谈判还是通过经纪人的介入,如果他觉得在价格上没有异议的话,就认为已经可以由船坞负责投产了。不过船坞这一方可能会仔细考察投产这部分费用发生的可能性,并将其纳入竞标费用当中。此时船坞才认为船主最终确定要开始投产了。

　　无论船主是否直接与船坞进行了磋商，或者是否雇佣了经纪人，新建轮船的合同当中都必须包含一系列的实质性条款，包括轮船的基本尺寸和特征、推进装置、以自重形式表示的履约保证书、试航速度和燃油耗量、控制船只建设的船级社规范的选择、由船坞能进行转包的范围和限制以及登记注册的国籍。在船只还未命名时，新建的轮船就将被指定一个船身编号。签订的合同中还必须列出除国际贸易中必须遵循的相关认证之外的其他国际惯例。

　　船坞合同中应当确定最终价格、汇率、交货前款项支付安排等内容，这将有助于船坞在建设过程中的资金周转。分期支付的款项一般都与发生的事件有关。分期支付款项的第一次是签署合约用于购买钢材及轮船配件等基本物资。第二次是用于在建造过程中或入干船坞时放置轮船龙骨时支付，第三次是主推进装置交付时支付，第四次是下水的时候，第五次则是整船交货之前。船坞一般情愿选择分期付款的方式，使到款基本与其资金的消费相一致。船主总是尽可能地将首次支付的款项压到最少，从而减少在建造过程中的筹资成本。在船坞合同中还将讨论建造过程中的时间安排及款项支付情况，而这些内容，和其他因素一样，是会受市场条件制约和影响的。在市场坚挺时，船坞可能会在签订合同时提出较高的报酬要求。而市场疲软时，船主则将就交货问题提出较高的款项要求。

　　在船坞合同尚未签订之前，买方就必须对资金的筹集情况有所安排。资金筹措的方式有很多种。一种是依赖于船主的现金资源，不过很少有人采用这种方式。另一种方法是使用船主的银行预付经费，使其作为船主的建设贷款。在交货时，建设贷款通常可以被定期贷款的形式取代，定期贷款可以为责任人提供有序的资金偿还，从而避免出现贷款超时的情况。而常用的筹资方式则是政府提供的船坞信贷。经济合作与发展组织（OECD）国家颁布了类似信贷的最高额度范围，即不超过合同总额的大致比例（80%），最长偿还时间（8.5年），以及最小利率（8%）。有些OECD国家并没有遵守这些准则，比如美国，该国对在本国船坞建造的船只都提供了长达25年期的政府经费。而其他造船国家和地区，如韩国、中国台湾、中国、巴西、南斯拉夫、俄罗斯及其他非OECD国家都建立了本国的船坞信贷计划。为了避免闲置船坞而造成的社会成本，政府对船坞给予补贴是不足为奇的。政府支持造船业所花费的补贴额将包括买方支付的合同价格和实际建造成本之间的差额。政府和船坞之间这部分补贴有可能是保密的,不过大多数情况下是众所周知的事情。

　　船坞收到的资金有可能是来自船主,或者是金融机构代表船主支付的资金,也可能是政府部门以船坞信贷和/或补贴形式支付的。在预付款项滞后于实际花费的时候,船坞不得不向金融机构贷款,不过一旦船主付款之后,船坞马上就会将这部分贷款偿还掉。对船坞来说,当轮船交货之后向船主提供直接信贷或者仍对轮船表示关注的现象十分少见。然而当市场低迷,船坞急于找活干或者为了维持有生意的状态而承担一些投机性的轮船建造时,船坞也可能对船只的所有权产生兴趣。船坞也有成为船主的例子,即船主毁约或没有出面将建好的轮船提走的情况。

　　对于船主来说,新建轮船的费用包括三大要素:船坞要价、轮船在建造过程中由金融机构预付的款项以及交货前所付费用。交货前所付费用中还包括船主代理人在监督轮船建造和组装过程中的劳务费。船主的代理人可以批准轮船的设计方案、草图及改进方案,为保护船主的利益参与测试、检查结果以及进行各种必要的检查。船坞合同中一般会指出代理人的权利,即观察建造活动、构建申诉框架或指出不足,以及处理这些事务的方式。另外,船坞合同中还应当包含处理造船者或船主对设计方案、草图的改进意见及对船坞要价相关调整的处理办法。交货前所付费用中还应当包括法律及文件编制费用,非船坞提供的零部件费用,以及组装费用,如轮船装潢、锅碗瓢盆和消耗品(给养、线路、仓储、润油和燃料等)。其他费用则还包括记录纸、船坞不支付的调试仪式,以及其他必须在合法提交轮船之前商定好的所有事项。

　　船坞合同中还包括,当船坞延迟交货或没能满足合同中规定的速度、燃料耗量、总载重吨位时,付给船坞的总金额的调整。买方有权针对船坞造成的较大偏差废除合同,以敦促船坞方履行义务。由船主提出废除合同的要求,以及/或船坞未能提交轮船,这都属于提供支持轮船建造的金融机构应该关注的事情。金融机构也可以提出造船者交纳保险金或履约保证金,在万一出现违约的时候保护自身利益。

　　新建轮船在正式交给船主之前必须成功地通过海上试航。船坞合同中详细指明了举行海上试航的天气条件、进行试航的费用,以及接收和拒收轮船的条款和条件。与交货相关的文件资料是指产权交接、销售清单、分类及贸易证书、船坞保证书和保修单、设计方案和草图等。最后一笔货款支付之后就可以办理正式移交手续了。

　　交货之后,就证明轮船材料及制造工艺方面在船坞的保证书和保修单的保证下已经得到了充分的认可。不过这仅限于可能存在的缺陷的时间长短和缺陷的特征方面。船坞不会承担由于这些缺陷或者由不正确操作或维修造成的问题所带来的经济损失。船主更关心的是由于不恰当设计带来的可靠性问题。标准形式的船坞合同一般都会尽可能地缩小这种可靠性的范围，不过船主应当确保这些包含这些偶然情况的条款写入合同中去。

2.2　现有轮船的买卖活动

很少有轮船在其寿命期内只属于一个船主[2]。船主通常都是通过S&P 经纪人来确定轮船的所属关系，并且会不断地选择经纪人，获取他们提供的信息，从而确定轮船的买卖。这种意愿一般都是在经纪人与客户之间以口头和/或书面的形式进行交流的。S&P 经纪人通常都一起工作，这样可以扩大对市场的了解范围。待售轮船的书面描述一般都附有防止误解的说明或弃权声明，即"……细节（轮船的详细信息）都被认为是正确的，不过对其精确性不作任何保证"，从而保护经纪人不会接收到来自船主的误导或误解信息。

代表卖方的 S&P 经纪人可能会得到下述资料的复印件，包括总体方案及轮船载重能力设计报告、分类记录，可能还会包括阅读这些记录之后得到的勘察报告以及检查轮船后的结论。勘察人员的检查结论应当指出轮船现状中存在的任何不足之处、需进行的经常性维修，以及最终可能导致未来某些问题出现的现有状况。S&P 经纪人掌握了这些信息之后就更能给潜在的买方提供是否继续进行投标活动的建议了。

如果买方很感兴趣，实质性的投标一般是通过电报或传真的方式进行的，其依据是买方对轮船的了解情况和相关记录，如果考察的情况令买方满意的话还应提出可能完成交易的日期。所谓的实质性投标并不是真正的投标，只能说明买方对考察结果的满意程度。标书中还包括围绕销售的大体情况（基本情况，或免租约，或进干船坞的情况等）、完成交易的法定裁判权，可能的所属国以及其他相关情况。买卖双方通过 S&P 经纪人来协商价格及销售的条条款款，直到参与双方达成一致为止。在讨价还价的过程中通常还会强加一些时间限制，以促成谈判朝结束的方向发展。如果回复信息没有在商定的时限内提交，那么此次谈判就此终止，双方可以自由地为所欲为，包括重新开始另一次谈判。

规定的用于完成考察工作的条款、条件及时间随 S&P 市场状态的变化而变化。呈上升态势的市场比较对卖方的胃口,他可以坚持要求未来的买方在考察完成之前不得发出投标。而如果市场情况在滑坡,则对买方有利,他可以延长谈判的时间包括考察的时间,这样一来实际的成交价格可能就会更低。如果轮船还在干船坞时进行的话,那么这种考察就显得更有意义,因为可以检查到轮船的水下部分,包括螺旋桨和船轴,以及在不妨碍施工的情况下进入货舱进行考察和检查机械设备、配件和推进动力舱等。

如果实质性投标中的各条款和附加条件包括价格都已达成一致的话,那么下一步就应该是签署协议备忘录了,这种备忘录一般采用挪威轮船经纪人协会协议备忘录的标准形式(销售形式)。协议备忘录中会详细说明完成交易的步骤和顺序,包括以下内容的确认,即买方、卖方、轮船、销售价格、保证金的支付细则(通常是销售价格的 10%),以及在备忘录签署之后剩余的 90% 销售款的支付细则等。其他详细内容还应当有时间安排和检查范围等,包括干船坞检查的必要性(如果许可的话)、确认检查项目并确定是买方或是卖方承担船上的燃料舱和润滑系统补充的相关费用,确认买方对消耗品、备用配件设备、备用螺旋桨和尾轴的使用权。备忘录还指出需出示或过户的文档资料、关于登记国家的文档资料,包括所在国家对轮船自由贸易和法定抵押债权的确认信息,并确定解决争议的司法管辖权。如果轮船不是以非租约形式出售的,或是存在类似轮船抵押的等债权问题时,还需要提供其他详细资料。执行备忘录中条款的时间限制也应当包含在内,同时还应当有可能导致买方押金被没收的条件清单。买方可能希望在交易完成之前准备接手轮船的操作时自行付费派观察员上船检查。销售合同的签署通常需要有律师签署的授权文件,以准许代理人代表买卖两方公司签署合同。实际的移交则在所有权的法律移交及买卖双方的资金移交之后才进行。

2.3 标准形式

航运会牵涉很多法律协议。将这些协议标准化可以简化该行业的推进。如果船主希望追求其共同利益并得到不公正收费的案例报告的话,波罗的海及国际海事协会（BIMCO）就充当起了论坛的作用[3]。BIMCO试图解决所有的航运业出现的问题，向其成员国提供实践性建议，并代表船主利益参加国际会议和国际海事组织及其他政府会议。BIMCO将公布新闻和参考信息，并处理海事事务。另外，BIMCO还带头承担起了起草标准航运文件如租船契约和各项条款及其他文档材料的职责，总数接近300份。

在1986年，BIMCO铺平了修订销售格式的道路，颁布了后来被称为销售格式87版的标准S&P交易合同。随后，由于一系列的环境因素影响，法院又颁布了新的决议，即轮船在达到交货条件前三天就应当提出准备交货的申请。买方认为这一决议并不公正，而BIMCO则感觉是被迫进行新修订标准合同的复查工作。BIMCO会见了挪威轮船经纪人协会，之后又与相关的利害关系人召集了会议，准备并讨论87版标准合同的改动草案，最终结果是，诞生了最新的版本，即标准合同93版。

买卖双方对协议备忘录（MOA）的审查可以阐明围绕轮船销售的所有事件的本质。写入协议备忘录（MOA）的买卖双方之间的电报联系应当包括以下内容：

（1）买方、卖方和轮船的确认。

（2）建立买方/卖方认可的利息数额细节，一般是押金的10%。

（3）在提交轮船准备交货申请三天内，确定向卖方的指定银行交付剩余的90%购船款项的支付方式细节。

（4）交货和所有权移交的地点，如利比里亚海洋事务专员的纽约办事处。

（5）在接近交易尾声时，卖方应向买方交付如下资料：

① 经公证的原始销售合同，"以便于轮船的记录、所有权移交，及所有使轮船及其买主免于债务、索赔、债券抵押、契约抵押及海事留置权的形式"；

② 由所属国（利比里亚）提供的所有权证明；

③ 轮船原所属国提供的允许买方在自己指定的国家登记注册的许可书，或者如果轮船将在别国注册的话尽可能地安排相关事宜；

④ 买方公司文件的复印件、细则及职权说明；

⑤ 经证实和公证的董事会及卖方股东决议复印件，以便在MOA中公布向买方进行轮船销售授权，以及卖方代理人的任命书；

⑥ 完成和提交关于销售的文件资料，包括销售合同的代理人进行公

证的权限证明;

⑦ 轮船已经在造的确认书;

⑧ 指导技术人员在交货港向买方的代表交付轮船的书面说明;

⑨ 燃料及润滑油数量及价格发票。

(6)在接近交易尾声时,买方应向卖方交付如下资料:

① 按照之前约定的剩余90%轮船货款的支付说明,包括燃料和润滑油费用;

② 代表买方向完成和提交文件资料的个人进行授权权力的公证书;

③ 经公证的按照 MOA 要求董事会向轮船购买进行授权的决议复印件。

(7)买卖双方都应当完成的内容:

① 共同作出的向银行的最终说明,即共同持有 10% 押金的账户,用于抵消卖方的差额和买方赚取的利润;

② 关系到轮船交付和所有权移交的议定协议。

(8)到了约定的日期时,买方必须已经在指定的地点检查了轮船的分类记录及轮船本身,并已经达到认可标准。卖方可以允许买方一直关注轮船的情况和进度安排,并可以提供为期 12 天、7 天、4 天或近似天数内的交货准备情况,包括交货地点。

(9)除非要求提供水下测试情况,一般来说是不需要入干船坞的。如果需要,卖方必须进行此类安排,交货和作废时间也应进行相应的修正。买方有权要求进行船身的清洁和上漆,只要不影响卖方的安排就可以。

(10)轮船必须按等级划分进行交货,并服从有效的贸易活动、分类、国内与国际相关证明,在安全的港口,安全地浮在指定位置的泊位上,并且不装货物,不需要许可证,除非有特别要求。

(11)交货时必须包含所有的货舱、备用零件和设备、通信及导航设备,包括备用锚、尾轴及螺旋桨。

(12)在交货时不应考虑的内容有人为影响、给养品、航海日志、卖方公司报表及信函、船上的娱乐活动场所、图书馆、零售店、汽笛及其他设施。

(13)当买方交纳了 10% 的押金之后,他就有权在不影响轮船施工的前提下自费安排两名代表上船充当观察员。

(14)遇不可抗拒力量时可以终止合同(遇到战争或被扣留)并可收

回押金,合同不可转让给第三方,并且价格、合同中各项条款、限制条件对交易涉及人员来说也是保密的。

2.4 项目经纪

项目经纪侧重于主要的航运交易,或者是着眼于为主要经济形态地区的贸易活动。LNG 项目就是这种经纪活动的实例之一,在航运成为首要考虑事宜之前,必须由天然气的供应商和消费者达成初步协议。许多 LNG 项目都是在没有经纪人参与的情况下组织进行的。LNG 项目都是高利润项目,其存在都应当是公众知晓的,并且负责此类项目的公司一般都是世界性的大公司。这些公司的态度是,他们拥有内部层次丰富的组织,并与其他主要潜在参与者之间存在相互联系的必要网络,从而使他们能够自行组织和处理这类项目。这些公司都要经历产生、组建、管理公司的国际财团等过程,来处理大型的项目,从未觉得有第三方如经纪人介入的需要。事实上,他们也不欢迎经纪人参与到此类项目的产生和组织活动中来。来自外界的想法会很快被搜集起来并纳入到他们的规划活动,而几乎不需要获得信息源的许可。这是一种天生就不欢迎不速之客的保密事件。

不过,经纪人可以并且实际上已经介入到了 LNG 或其他大型项目中来了。经纪人的作用在于将本不应该出现的任务带到谈判桌上来。为了实现这一职责,经纪人必须与主要负责建立和组织公司财团从而完成特定目标如 LNG 项目的人建立良好的人际关系。其重点并不是在公司上,而是公司中主要负责项目组织的个人。

LNG 项目需要各种公司的协同合作。参与人员名单中可能会包括国有天然气储备部门、开发天然气资源的生产公司、将天然气管输至液化厂的部门、液化厂的操作员、制造 LNG 油轮的船坞以及经营 LNG 油轮的船主。其中非常重要的一项是天然气使用意愿,有了使用意愿才能正式作出在 20 年或更长的时期内大量进口 LNG 的决定,并将这些 LNG 并入天然气管网或送至燃烧天然气作为燃料发电的企业,或者更常见的,送到社会公共企业中去。运作 LNG 项目重点在于确定的长期使用合同。投资银行必须确定项目的结构是否有利于金融业务的开展,是否能将 50 亿元变成 100 亿元。项目的从业人员之一,或者是一家专业的工程公司,将被委以全程负责项目技术和项目管理的重任。其他的从业人员则肩负着商业管理的职责。如果项目中包含了进口、出口、船坞、轮船所有权、轮船运营、LNG 液化链的产生及其他设备的司法权限等问题的话，还需要听取相关的法律建议。

经纪人开辟出参与机会最关键的一点在于，在潜在的参与者中没有或者只建立起了很少一部分商业来往关系。这些潜在参与者正在为了某种特殊目的组建成为联合企业、合资企业、合伙人或者战略同盟关系。他们各自的专业领域在联合之后将分别提供项目的技术、资金及管理资源，从而使他们能够共同完成单个企业无法完成的事业。此外，这种大型项目一般都是单个存在的——一旦结束，各个公司又将各自归位，寻求其他商业机会了。

这些公司为了单一目标而进行的联合，以及持续寻求商业机会的现状，为经纪人的出现打开了一扇门。组织大型项目的负责人必须得相信经纪人的活动将使他自己事半功倍。经纪人"趟混水"的本事必须得到肯定的正面的评价，即他所建立的人际关系和往来能够实现将有益于项目向前推进的参与人员拉进来这一目标。负责人必须感受到经纪人的人际网络能够并入自己的网络中来。在初次接触之前，经纪人就已经尝试着让负责人了解了潜在参与者的情况了。

为了使其工作更为有效，经纪人必须在项目的初期阶段就深入其中，此时可能都还不清楚谁将最终成为参与的企业。成功的经纪人必须与项目组织者中的高层人士及未来的参与者都建立起联系网络。未来的参与者必将了解经纪人的活动，将其作为寻求自身发展机会的推动力，特别是对于那些没有建立信息网络的公司而言，这一点尤为重要。如果满足下列条件的话，那么经纪人的作用将在这种大型项目中凸显出来：

（1）对主要受益人而言，项目的本质是唯一的，这些主要受益人可能是项目的正式组织者，也可能不是。

（2）主要受益人/组织者无法完全保证与所有可能参与者保持联系。

（3）主要受益人/组织者能确定经纪人具备必需的人际关系网，能使组织者的涉及范围达到原本无法达到的范围，并且经纪人的参与能够使组织者从中获益。

（4）潜在的项目参与者确信经纪人的能力，可以推动他们的事业在项目组织者的参与下共同发展。

经纪人不能只顾一方。第一步应该是让双方或更多的参与人员都能够做到保持互相联系。各方的初步会谈和谈判的开端将向各参与者大致给出主要的考虑因素。这些会议对于项目的最终成败至关重要。选择地点这一主题将是传达谁在谈判中最具影响力的好方法。与会的全体人员还将讨论未来参与者的重要性。即便是谈判桌上的座位布置都能够体现与会者相对重要性的大小。

将需要讨论的内容写进书面的议事日程将有助于使讨论重点紧紧围绕着可能的事件进行，而不必在整个初步会议中都去纠缠不可能的事情。书面议事日程可以控制会上讨论的中心议题，因此在确定写入其中或从中删除的内容的选取上就必须慎之又慎。可能讨论到的内容包括确定项目的主要目标、确认利益的共同性以及安排谈判的行动准则。其他内容则是一些程序上的安排，如开工及停工时间、用餐和员工休假等计划内停工、参加谈判各方的权力范围以及项目进行情况暴露之后的安全因素考虑等。在初步会议中不可能讨论的内容则包括划定详细的责任分工、资金需求以及风险的承担，即在最坏的情况下，将由组织者或未来的参与者终止的不恰当的或不合时宜的请求。

谈判领导人可能代表的是项目中的主要受益人，还可能代表的是项目的发起人，他必须阻止易引起纠纷的事件干扰早期谈判的进行。在随后的会议中，当主要问题解决之后，这些小问题就迎刃而解了。在解决实质性和更麻烦的问题之前，早期的谈判应该能轻易地解决一些小问题，从而在参与者之间形成建设性的共识，并形成团队合作。

谈判总是由人来完成的。会议的进行情况、以及会议的实质，都会在决定会议是否成功中起到重要作用。谈判往往是从书面议事日程开始，终结于一份书面报告，上面将记录针对议事日程中的条款达成一致的大体范围。这里指的书面报告，至少是草案形式，应当在谈判对话结束之前就提交给各参会人员以获得大家的首肯。谈判结束后的结论报告应当清除与会者对会议获得结果曾持有的所有误解。

谈判会议期间，参会人员应当准备好公司的意见书、安全并且必要的内部许可，还包括获得许可应达到哪些要求，做到何种程度等方面的指导意见。在商议公司定位时，与会者应获得一定的决定权，并且有一定的回旋空间，这样他所代表的公司就能以最少的条件取得项目一份子的地位。谈判人员必须准备充分，才能较好地说明其公司的意见，并且在预先商定能确保公司利益的框架范围内，有权对其进行修改。与会者必须在商讨公司定位时随时注意自己公司所作出的贡献。谈判人员期望获得的，是当有人试图将其公司缺点暴露出来时，利用公司的力量进行回击的能力。

谈判会议的准备工作还可能包括谈判人员认为可能在提议过程中遇到反对意见时,对种种假设情况进行的预演。进行此类预演并预先准备好对策将提高谈判效果和给付的透明度。谈判中讨论的议题、如何提出的以及没有讨论的议题,都将是决定谈判成败的关键内容。

之后的会议则主要围绕着以下内容展开,即划定职责范围、项目管理、投资领域、风险承担和回报,以及协同合作等。与会者提出的主要资本债务则使这些问题的解决更加困难。随着谈判的进行,注意的焦点逐渐从整个项目的未来大体情况转移到各个参与者各自角色这样狭窄的范围上来了。谈判通常是由高级执行官来管理的,同时需要全体成员的支持。来自成员的支持可能不会体现在谈判桌上,而他们在准备意见书和分析谈判立场时在幕后所做的工作对于提高谈判效果是至关重要的。

谈判人员必须注意来自各种不同文化背景的参与者,这种文化差异本身就可能会带来误解。在措辞上简单的选择以及下意识的肢体行为似乎都有可能对来自不同文化背景的人产生重大的影响。因此,在大型项目的谈判中,经纪人的作用就可以总结为以下几点。

(1)在双赢基础上进行的谈判一定是最成功的,在这种情况下参与者会觉得比起参与进来,他可能不参与项目更好。

(2)谈判不可能成为无果的游戏,因为一方的成功必然伴随着另一方的失败。产生了胜利或失败这样的输赢想法很快就将导致谈判过程的结束。经纪人就应当努力使谈判仍然维持双赢基础。参与各方没必要成为朋友,当然也没必要成为敌人,而应当成为努力达到一个共同获利目标而有效的友好的问题解决人。

(3)感情、自我的释放以及夸大的需求将会使谈判脱离正常轨道。经纪人应当将讨论的中心从个人成败重新转移到问题的解决上来。处理谈判事务的人应当和解决问题的人互相隔离开来。

(4)经纪人可能会接到求助,要求他们来遏制可能危及谈判进程的参与者提出的方案。这就可能需要经纪人提供替代建议或解决麻烦的不同途径。大家注意的焦点应该是共同利益的追求,而不是获取一个强有力的地位或者是最终利益。

(5)经纪人有时需要以一种不带任何个人感情的方式鼓励某个参与者进行自我训练,以重新获得控制感情的能力,并将谈判的方向拉回到理性的水平上来。

(6)经纪人必须确保各方之间的信息交流是透明的且没有出现误解

的情况。即便谈判是在广泛使用的商业语言——英语的环境下进行的，但对于来自不同文化背景的人来说，同一个单词可能代表的就是完全不同的含义。

（7）经纪人必须懂得观察谈判的进行情况，能熟练地阅读肢体语言从而确保谈判的进行都在掌握之中，并且是朝着同一个对互相都有利的方向发展，寻求一个大家都认可的解决方式。

经纪人必须警惕无果谈判的发生，因为这将会把谈判各方分为胜方和败方，其中一方的让步有可能会被认为是另一方的胜利。最终，当一方所受待遇比起在战场中的失利更惨痛时，这一方就可能从谈判中退出。无果谈判是对谈判失败最好的解决方式——特别是在项目的形成阶段。谈判必须建立在双赢的基础上，并维持这一基础不变，这样参与各方才会觉得即使是作出了让步，但仍然能作为该项事业的一员而获利。

谈判技巧与谈判结果一样重要。不过，如果使谈判的方向从双赢转变为输赢结果的话，或者如果他们无法与其他人融洽相处，又或者对互相的立场有所误解的话，再怎么经过深思熟虑的谈判过程和准备周全的谈判布局都起不到任何帮助作用。经纪人就必须熟练地发现这些迹象，在早期将这些问题消化掉，并且在谈判者有机会采取强硬手段或发出最后通牒之前提出补救方法或者其他解决途径。

经纪人应当扭转不利的谈判局面，准备好提出转换的议题，从而确保在大型项目多方面问题的解决中能够取得后续的有建设性的进展。比较明智的议题转换可以是下次谈判地点的更改选择，或者是缓和局势的非正式社会集会，等等。举例来说，为了完成议事日程上的条款而在假期开始之前进行谈判的时间安排，可能会得到很合时宜的理想结果。由于谈判中取得实质进展的最后期限十分有用，因此进展的取得千万不能建立在把谈判推向死角这样的基础上。最后期限的确定是任意的，如果能够推动谈判取得期望结果的话，这一期限还可以另做安排。

经纪人的作用就是尽可能维持谈判的正常发展，寻求利益的共同性，共同对抗可能出现的障碍或阻止可能威胁到谈判发展方向的因素，并且坚守参与者的委托。不过，经纪人最大的贡献则是出现在将不同的利益组织成协作关系的成型阶段，即协作关系以合资经营、合伙人或战略同盟的形式出现的时候，是参与各方开始了解彼此，并学会如何互相打交道的时候，是他们各自的职责重新定义为共同任务并且分担风险和回报的时候。随着项目由成型阶段发展到成熟阶段，经纪人的作用将逐渐减小，而事实也本该如此,因为经纪人只是发起人之一,而不是项目的实际参与者。不过直到谈判结束他的工作才能真正结束,此时项目已经组织起来并已经启动了。

参 考 文 献

[1] *The Law of Shipbuilding Contracts* by Simon Curtis, published by Lloyd's of London, Press, Ltd., London, 1992.

[2] *Sale and Purchase* by W. V. Packard, published by Fairplay Publications, Ltd., London, 1988.

[3] *1995 BIMCO Review*, published by BIMCO, Bagsvaerd, Denmark.

3 单次航行租赁

石油公司所有的油轮一般不在租约下运作,而是按照海事部门颁布的航海规程进行。如果石油公司期望用无主船只运送货物的话,那么石油公司就成了雇主,或者买方,能享受到船运服务,而提供服务的则可能是受雇方,或者卖方,可以充当轮船的主人或者"假想的主人"。买卖双方之间,或是在船主与租船方之间达成的确定船运服务租赁限期及各项条件的书面合同性协议即被称为租船契约。租船契约来自于拉丁文短语,意思是"成段的文章"。在打字机出现之前,经纪人、船主、货主在旅店里酝酿一次航运时,都是由经纪人在单独的纸页上分两列手写出合同的正文。他将目睹船主和货主分别在两列上完成签署,并将这页纸纵向地撕成两部分,分别交由当事双方保管。之后,在处理合同中事务时,当事双方只有在两个半页纸能够对上撕痕时才能修改合同的合法性。

和其他类型船只一样,油轮的运行也是在各种各样的租约下进行的,短至几个星期的单次航线或空船租赁,长的则可能达到20年或者更久。通常的租赁关系是,对于租船者一方,即船运服务的购买者来说,一般是需要使用油轮的石油公司,而船运服务的提供方则是船只的实际主人。不过不一定必须是这样。租船人可以是租入油轮的船主,他一般会租用别家的油轮来完成商业职责,而不会用自己的船只,或者租船人也可能是在预计到市场运费将有提高时租进船只的人。石油公司在将所有的或租入的油轮转租给其他石油公司或其他船主时将充当起船主的角色。这里讲的船主不一定是真正拥有船只的人,而可能是运行经理或者是代理商。为简化起见,租船契约中的承租方一般就假定为石油公司,由它向油轮所有人提出服务要求。

包租合同在承租方和船主之间划分了各自承担的费用和风险。承担费用的一方同样也承担着伴随费用产生的风险。例如,燃油价格翻倍所带来的风险就应当由承担航程费用的一方承担。在单次航行、连续航行及租船货运合同中,航程费用都是由船主承担的,而承租方即租船者则应承担定期租约和空船航程的费用和风险。逐渐升高的人员费用所带来的风险应由负担船只运行费用的一方来承担。在单次航行和连续航行中，船只运行费用是由船主支付的，而货运合同及定期租赁时则由空船租赁时的承租方来承担，如表 3 - 1 所示。

表 3 - 1   费用责任及风险分配

内 容	航程费用		船只费用	
租船方式	租船者	船主	租船者	船主
单次航行租赁		×		×
连续航行租赁		×		×
租船货运合同		×		×
定期租约	×			×
空船	×		×	

3.1   标准形式合同

在油轮市场中最常见的情况就是两个港口之间或两个港区之间的单次航行租赁。标准形式的租约能为当事各方提供需要填空的文档材料，以促进各方之间的协商，需要填入的内容包括停靠港口和运费，以及被各方所接受或根据实际情况进行修改后的各项条款。租船方和船主之间达成的标准格式的文档材料可以确保覆盖到所有的关键问题，并能以条款及适用条件描述的方式促进对各项术语的理解和熟悉。条款的措辞，通常反映着法律决议，在解决争议时一般都与法律的解释保持着一致性。

已经有多个组织颁布了标准形式的租约，如波罗的海及国际海事理事会(BIMCO)及轮船经纪人及经纪社协会(ASBA)。各石油公司也有一系列的"标准条款"，并将定期地向标准形式租约中添加内容。一些主要的石油公司也有他们自己的采纳了这些条款的所谓"标准"租约。租船方和船主将就租船契约达成一致，并将其作为协商过程的一部分。

ASBA 在经纪活动中将代表经纪人及代理人的共同利益，并会促成这些利益的实现。该协会将培养成员进行专业的管理和实际操作，并鼓励在商业活动中保持一致性，包括船运货运单的简化和标准化。美国的ASBA 组织，即 ASBA(USA)，颁布了关于煤炭、谷物、石油贸易及油轮定期租赁的标准航运租船契约形式。ASBA(USA)还颁布了美国油轮运量计划，与 Worldscale 相类似，不过只在美国各港口间往返的美国籍的琼斯法案油轮的租船人和船主之间有效。

ASBA(USA)油轮经纪人小组是伦敦经纪人小组的美国版。伦敦经纪人小组负责的是建立不同规格油轮的平均运费率评定(AFRA)标准。在石油公司下属公司之间建立船运费用的 AFRA 运费标准已经被众多的税务机关作为一种公正的船运成本所接受。ASBA(USA)油轮经纪人小组是由居于领导地位的美国油轮经纪人组成的,这样可以在内部公司合同的要求下提供比较独立的运费评定,而不必参考市场运费标准了。运费的评定是随机地抽取 5 名经纪人进行的,这 5 名组合出来的经纪人分别从事于特定的航线/货物/船只的经纪活动,而不包含提出信息要求的经纪工作信息。最高和最低的运费被排除掉之后,将剩余三个的报价进行平均即可。

很多位于北美、欧洲和亚洲的 ASBA 组织都是国家轮船经纪人及经纪社协会联盟(FONASBA)[1]的成员。在一些国际性组织如 BIMCO、伦敦的轮船租约经纪人学会以及独立油轮船主国际组织(Intertanko)成立之前,FONASBA 代表着 ASBA 组织的共同利益。

3.2 ASBATANKVOY 租赁前言及第一部分

ASBATANKVOY 是由 ASBA(USA)颁布的标准格式的油轮航程租船契约,包括前言和两个部分。前言和第一部分包含的是需填入的信息,而第二部分则包含的是说明租约条款和各项条件的条文。前言中列出的是达成的交易中所包含的日期、船主、租船人及船只信息。第一部分必须描述出船只的总载重量、船只的分级注册标记、夏季海水中总载重量的吃水深度、能容纳的货物总量,以及按船主的要求可允许的一定范围的正负值。

船主可能变动的装载范围,一般是预计装载量的百分之五上下,这样船主就可以获得超过油轮总装载量的那部分有限的控制权。这百分之五左右的偏差就使得船主可以利用装载港口较低的燃料舱费用,在保证能达到卸货港的前提下多购买一些,这样就能减少货物的装入量了。船主总是希望在能预计到海面风浪或暴风雨天气时调整货物的装入量。船主还希望在能预计到海面风浪或暴风雨天气时调整货物的装入量,并能够反映给船只的高位/低位载重量,在航行的时候对载重吃水线区域进行调整。

第一部分还应建议油轮是应该作涂层处理还是制作盘管、其最后两次装载、所处位置、预计从此次效力算起哪一天能够接触租约、装货时间，以及抵达装载港的时间等。装货时间起始于开始的那一天，而终止于解除的那一天，如果船只在装货开始之前抵达装载港，并且码头有停泊船位，货物又已准备妥当的话，那么租船人也可以让船只靠岸。否则，这艘船就不得不等到开始装货的日期，直到得到准备妥当的通知，才能开始计算装卸货时间。而如果船只在开始装货日期之后才到达港口，租船人则可以选择仍接纳这艘船的服务，或者干脆取消此次租约。

3.3 安全港口

装卸货港口以及租船人改变所选的停靠港口等信息都应当列于航程租船契约的第一部分当中。停靠的港口可以直接指定名称，不过在油轮贸易中，一般都是将港口说成是某某地区，这样租船人有更大的灵活性来确定是停靠在"阿拉伯湾的某个安全港口"还是在"地中海地区的两个安全港口"。

"安全港口"带给人的感觉就是舒适、温暖，能受到保护的港湾，在这里船只可以免受外海的危害，并能享受当地人的热情接待。由于这幅温和的画面是如此舒适且让人安心，如果船主怀疑租船人的关于安全港口的保证是否属实，就很难给出确切的说法。很多诉讼案件已经给出了对安全港口的定义和解释，包括大致的天气状况、大风大浪的出现频率、冰雪及变向风出现的可能[2]。法庭决议还针对轮船的大小对安全港口的海港入口、水路、海峡的宽度及深度，海底弯道的直径给出了明确定义。如果港口中的海峡或指定的泊位无法在海水低潮时提供足够的水深，该港口就不能称为安全港口。当船只停泊的时候某个港口可能是安全的，但如果出现了天气的突然变化，使得船只本身受到破坏或者威胁到船上的人员时，该安全港口也可能变得不安全。在确定租约后，在船只抵达前被认为安全的港口也可能不够安全，因为随后可能爆发战争、出现敌对状态、国内不安定状态，或者是在诸如中东、非洲及东南亚地区出现非恐怖以外的情况，等等。

安全港口即是指其泊位是"可以停靠的"。油轮可能到达某个指定港口，但却只能遗憾地发现其装卸码头并不适合停泊。如果海峡被掩盖或出现淤塞的话，或者有船只在此处沉没的话，可能减少水深，使水位下降到油轮的吃水深度以下。其他船只为优先装卸货而造成的航道阻塞或者天气条件阻止船只靠岸时，泊位可能会变得"不可停靠"。如果泊位出现不可停靠的情况，法庭已作出决议，即租船人对由此造成的时间损失负有责任。

3.4　运　费　计　算

ASBATANKVOY 中的第一部分列出了货物（原油、汽油）的性质和已指明的发生运费，通常表示为 Worldscale 运费形式。当航程结束时，为了算出实际的运费，需要将从 Worldscale 运费手册中得到的对特定停靠港成立的 WS100，乘以租约中协商好的 Worldscale 运费比例。举个例子来说，WS100 运费率为每吨 5 美元，而协商的运费比例为 W80，那么得到的实际运费就应当是 $5 ×80%，也就是每吨 4 美元乘以货物的总吨数。

从概念上看可能觉得很简单，但计算运费实际上常常会引发争端。问题不在于运费本身，而在于实际运送的货物到底有多少，由于在岸上装载和从油轮上卸货时采用的测量方式不同[3]，货物的数量会是个很复杂的问题。首次称重是在出口码头进行的，一般采用在岸边标注装载前后的不同罐内液面高度的方式，或者是采用管道流量计来记录泵入油轮的货量，而有时则是将这两种测量方式结合使用。这二者之一的测量结果就将是进入发货账单的货物数量。

任何测量方法都带有固定的和随机的误差。固定误差与测量过程本身有关，也就是说，当误差原因找到之后，这部分误差是可以校正的。如果某个流量计的读数总是比实际装载货物量多出 1%，一旦发现这一现象，将读数减少一个百分点即可得到正确的读数。岸边的储罐在装载和卸载时的内部容量随着储罐形状的改变可能会不尽相同。这一现象的原因可能是由于罐基础沉降到地面以下，或者是由于内部结构应力造成的。一旦发现原因，由于储罐液位变化带来的货物容量偏差即可被校正。

而随机误差的产生则不同，可以这样解释，由不同的人分别来测量房间的宽度时，各个不尽相同的结果即是随机误差。不过，与储罐液位读数的微小差异相关的随机误差可能会造成油轮总载重量的巨大变化。例如，装载前后大型靠岸储罐液位约 1 毫米的差异可能会带来总载重量数十立方米的随机误差。而对构成油轮货物组成的看法的微小变化重则将带来诉讼风险。在测量 25 万吨货物时,0.1% 的差异即是 250 吨油,假如每桶 15 美元,而每吨 100 美元的话,那么损失索赔量就高达 25000 美元。

另一种误差来源则可能是由于靠岸储罐的液位读数无法反映出介于岸上油库和油轮之间管道中的存油所造成的。表面上看,在装载前后管道当中的残存油品总量不应当发生变化,而问题恰恰就在这里。举个例来说,管道中很可能就存在着泄漏问题,那么残存油品的量就会不同。某些假设已经装载到油轮上的总油量实际上已经补偿了自上次油轮装载后由于管道泄漏造成的油品损失了。

除了对装载的货物进行岸边测量之外,轮船人员还将通过测量油品表面与罐顶的距离即空高的方式来对储罐进行计量。通常使用的空高测量计都是 Shand & Jurs 浮子液位计和 Metritape 电阻卷尺[4]。将空高数据和罐内容积及油品密度相关联,即可得到实际的载油量。测量的位置通常都不在储罐的几何中心,这样一来如果轮船载重不是完全平衡的话,就还必须引入修正系数。储罐的校准通常都是以轮船的设计方案作为依据,而设计方案中一般都没有完全考虑储罐的内部结构尺寸,或者是内部积聚的淤泥。而油品的密度是温度的函数,会随温度的变化而变化,因此,容积转换成重量还必须考虑实际温度与标准温度之间的差异,从而获得准确的载重数据。取油品中某个位置的温度并不能说明整罐油品都是这个温度。所有这些因素都会是误差的潜在来源。

油品的购买和运输、运费的计算都是以重量为基础而不是体积。但绝大多数的油品测量则都是基于体积的,比如测量靠岸储罐的液位差,或者是测量管道中油品的流动量。吃水线与油轮装载线之间的关系可以用来估算油品、燃料舱、储藏室、润滑油以及船上所有水的总重量,而后面罗列的这些因素的精确测量对于获取所装油品的实际重量非常必要。读取船身外的吃水线标记将会带来随机误差,而如果轮船本身没有装载平衡的话还会存在固定误差。用船身标记的方法来测量油品重量是基于海水和淡水之间的密度差。码头可能位于淡海水中,也就是在河流入海口的港口处发现的海水与淡水的混合物。而这种淡海水,由于其密度的特殊性,将会对油品的测量带来又一误差源。

在储罐顶部留有一定的空间是十分必要的,因为当轮船经过温暖气候地区时油品会发生热膨胀。一般来说,储油罐都只充装到总容积的98%,以避免发生溢流。在这部分空间中还会发生原油中轻质组分或者轻质成品油如汽油的挥发现象。在卸油港口,由于载货航程中蒸发损耗造成的油品损失量可以通过在储罐内安装气体加压装置得以减少。造成船上与码头上不同的油品量读数的原因包括以下几点：

（1）储罐内泥浆的含量。

（2）随后发生的温度变化。

（3）由于蒸发损耗造成的油品损失。

（4）海水的污染。

（5）储罐中能减少内部容积的淤泥量。

（6）经原油洗涤后仍粘附在储罐内表面无法排出的残留油品，以及当轮船没有调整平衡时无法泵出的低洼处油品。

3.5　货物滞留条款

石油的出口商自然是希望能够收到装载在油轮上的油品货款。而石油的进口商则只愿意给付在他的码头上卸下的油品量所对应的货款。这二者之间的差异就有可能导致油品索赔。基于这一原因，装载到油轮上的油品量，以及最终卸放出的量都应当由独立的第三方来进行计量。油品损失索赔文件应当包括提货单、装载港为收货方开具的发票、第三方出具的装卸油品量证明以及其他相关证明。

在航次租船契约中，货物滞留条款规定了油轮主对出现的油品损失索赔案件所承担的责任。一般来说，如果有无法泵送而滞留在船上的部分油品的话，油轮主会同意以降低运费的方式赔偿给租船人。这些条款一般都会补充在标准形式租约中或者包含在石油公司标准租约当中，会有很多种不同的形式，分别列举如下：

（1）租船人可保留委派独立检察员来确定从上一次卸油之后，提货单上注明的装载量是否超过5%残留在船上。

（2）货主应对提货单上指明的油品数量负责。

（3）船主将承担由于蒸发、装卸及粘附造成的最大不超过总装载量5%的航程损失。

（4）在卸油完成时，油轮及海岸检查人员将共同确认油轮上储油舱的情况。如果此时的检查表明仍有油品残留在船上，租船人将有权扣除部分运费……不过，如果租船人采取了此类措施的话，船主也有权委派第三方检查员，而这里进行的检查则应由船主提供时间并承担费用。

（5）如果在卸油时船上残留的油品比装油前还要多,租船人有权扣除与这部分油量等金额的运费、运费成本,以及确保油品能如独立检查员要求的自由流动所付的保险费用。

（6）由独立检查员在装载港以空高方式测出的,并且残留在船上的超过总装载量 0.3% 的液体或可泵送货物,应当扣除相应的运费。以往的航程残留在船上的多余部分油品不能为船主带来额外利益。

对油品损失索赔最有力的防卫方式就是有效的轮船操作管理和正确操作顺序下的货物处理系统。船主对于索赔可以采取如下辩护证据,即轮船的签收单及卸货报告、对船只和货物处理系统的检查报告、货主出具的装载时和运输过程中货品出现差异的拒收通知、航海日志、事实陈述以及其他支撑船主观点的相关材料。通常来说,这种索赔纠纷都可以通过在船主和租船人之间进行协商来解决,在仲裁人员或者仲裁委员会介入或者诉诸法庭之前一般都能结束纷争。货品索赔损失一般是由船主所在的保护及赔偿协会(P&I)承担,但是保护及赔偿协会将会竭尽全力寻求补偿索赔的可能性,如果必须的话还包括对石油的进口商或出口商采取法律手段。有趣的是,超过提货单上数量的所卸油品则不会存入船主的账户。

3.6　手续费及法定管辖权

航次租赁中一般包括了一定数量的手续费,通常是 1.25% ,这部分费用是由船主支付给经纪人的。在一次交易中如果使用到了两个或者更多的经纪人,那么就将按照各自在租约中的先后顺序来分配手续费。如果需要的话,一般可以选择伦敦或者纽约来处理常规的手续费纷争,并主持相应的仲裁活动。同样,船主也会保证其为 TOVALOP 会员,并且在整个租约期间维持其会员身份。

3.7　装卸货时间及延迟时间

公认的标准装卸货时间为 72 个工作时。如果实际装卸时间超过了议定水平,那么船主就有权就延迟时间向租船人要求赔偿。延迟费用一般是由船主和租船人协商确定,或者偶尔参考 Worldscale 手册中的延迟图表进行处理。对后者而言,日平均延迟费用是按照一定的油轮规格查询延迟图表上的延迟费用来计算的,然后乘以 Worldscale 提供的参考费用。例如,对于吨位在 175000～199999 吨之间的油轮来说,其延迟费用为每天 30500 美元[5]。对于 W60 类型的租船协议来说,其延迟费用则为 18300 美元每小时 30500 的 60%）或者是 762.5 美元每小时。船主一般用每小时的平均延迟费用率乘以实际的超出时间来计算延迟索赔的费用。一旦船主和租船人对延迟时间达成了共识,这种方法就会很简单,不过除非其中的每一个环节都很顺利,否则的话延迟索赔总是会带来争议,就像我们平时说的"一次拖延,次次都拖延"。

ASBATANKVOY 航程租约中的第二部分列出了不同的条款,其中就包括关于计算延迟时间的内容。这当中包含的计算延迟时间的条款与其他航程租约合同中的方法都不一样。由船主和经纪人所在协会起草的标准租约合同在计算装卸货和延迟时间时更着眼于二者的合作前景,而石油公司的标准租约合同则更偏向于石油公司自身的利益。不过,对石油贸易来说,计算装卸货和延迟时间通常都还比谷物或其他普通货物更简单一些。石油码头上每天的货物处理时间是 24 小时,每周 7 天。谷物和其他货物由于需要用到码头装卸工人和搬运工,因此一天只能工作 8 个小时,并且要除去周末和节假日,还必须是天气许可的情况下才能进行。

在达到港口时船长一般都会发出准备靠岸的通知。同样的,在得到准备靠岸的通知之后,租船人也有权怀疑该船是否真的已经做好靠岸和装卸货的准备。法院已经对发出靠岸准备通知的船只作出了明确规定,比如,必须获得健康许可证,了解当地风俗习惯,并获得指定停泊区域的港口准入授权,等等。在得到即将在指定的停泊区域靠岸的通知后 6 个小时,或者是当轮船已经停泊在装卸泊位上时,装卸时间从二者当中较早的一个开始算起。由于船只问题造成的装卸货时间的延迟不能计入装卸货时间。当港务局不允许夜间作业或在特定天气情况下作业时,也不能将这部分时间计入装卸货时间中。并且,船只在抛锚近岸以及在排出压舱水和废油过程中耗费的时间同样不能算作装卸货时间。

在租船人控制范围内发生的装卸时间延迟应当计入装卸货时间,不过由此造成的延迟费用应按以下情况发生的延迟费用的一半计算,即发生火灾、爆炸、遇到暴风雨、码头设备故障或员工罢工的情况。如果装卸货的延迟是由于反油轮的工人运动或者拖船员工罢工引起的,那么这部分时间也不能算作是装卸货时间。此时,租船人有权自己出资更换泊位。在多港停泊时,在特定的港组内寻找泊位所耗费的时间不算装卸时间,而"在特定泊位组中的某个港口或码头"中更换泊位所耗时间则必须计入。

对轮船是在更换港口还是在更换泊位的解释将引发是否计入装卸货时间的争论。如同其他航运业涉及的问题一样,在遇到无法解决的争端时,对装卸货时间的计算也是在法院指派人的指导下解决的。BIMCO 和 FONASBA 两个协会都颁布了标准事实陈述声明,即对以下内容的详细记录,包括发出准备靠岸通知、货物装卸操作的开始和结束时间,含终端装卸操作的所有细节[6]。与货物装卸操作相关的各方都必须签署事实陈述声明——包括船主、租船人、代理人以及货物的供应方和接受方。理论上讲,事实陈述书应该是无可争议的,仅仅是所发生事件的记录而已。不过,采用事实陈述书来计算装卸货时间,从而作为延迟费用索赔证据时,情况就变得非常复杂了。

3.8　船主保证书

在 ASBATANKVOY 航程租约的第二部分中,船主作出保证,其拥有的船只是适合于海上航行的,并装配有能正常工作的进出油泵和加热盘管(如果需要的话)。船主必须严格执行重要尽职调查,从而确保其船只已经为海上航行做好了装配工作,除非是遇到船长或租船人都无法控制的海上险情才可能影响到正常航行。轮船能装载整装的货物(除非经特殊许可,否则不应携带散装货品),装载过程一般是在漂浮状态下进行的,考虑到轮船的吃水深度、燃料舱容量、储藏室容量及海域情况,不得超过可能的载重要求,并要留出货舱内的足够空间以适应热膨胀效应。

3.9　提　货　单

船长必须在提货单上签字,提货单上一般都注明了货品的质量和数量、运抵港口以及船只效力的租约情况。提货单可以起到如下三个作用:① 表示船主已认可此次航运,② 作为航运文件的主题,以及

③ 作为租约的参考和合同条款。提货单有时候是可以协商确定的,而有些时候则不可以。当油轮已经驶向卸货港时,可协商调整的提货单此时就能进行调整。而当油轮已经到港,代表初始提货单的个人就有权负责货品的转送。当市场油价变化无常时,在油轮行驶过程中,提货单有可能被转手更改 50 多次。为了允许其买卖活动,可调整的提货单一般都不能提供担保。购买方必须实质性地占有原始提货单,以作为其所有权的证据,因为船长无权将货品输转给除原始提货单所有人之外的任何人。

而无法调整的提货单则不具备这样的商业灵活性。如果作了此类标记的话,提货单上就不允许作任何改动。无论是否可以更改,提货单上所描述的航运货物的质量和数量上的任何差异都将是日后向运输方索赔的基础。另外,提货单还必须与船长持有的复印件完全一致——在原始提货单上不允许有任何改动。

3.10 赔偿保证书

如果货物已经接卸在租船人指定的码头,并且货主未能出具原始提货单时,赔偿保证书能够保护船主的利益。没有出具提货单,船主无法确定是否将货物输转给了正确的货主。而且,当租船人要求将货物接卸到非提货单上提及的地方时,也需要初始赔偿保证书。虽然 P&I 协会不推荐将赔偿保证书作为提货单的补充,但其确实有使用的便利性[7]。P&I 协会坚持认为对于除大型石油公司外的其他企业,银行是不会向其提供赔偿保证书的,因为这可能改变由于将货物发错买家而带来的索赔的性质。租船人要求为提货单补充赔偿保证书的权力说明可能包含在与下述实例相似的补充条款中。

3.11 无法提供提货单

当油轮抵达预定卸货港口而无法出具原始提货单时,租船人可以同意提供赔偿保证,从而使油轮和船长免于受到货主就提货单问题提出的索赔。由于提货单缺失而造成的轮船滞留应当由租船人承担责任。当能够提供原始提货单并得到认同时,此项担保就失效。

3.12 关于提货单的最高条款

关于提货单的最高条款中规定,为提货单提供基本法律依据的立法基础应该是海事法案的美国货物运载法,或者是与提货单相关法案的统一(布鲁塞尔),后者通常被称为海牙法案。最高条款禁止船主放弃自己的权利或优惠政策,也不允许其提高包含在法案中的责任和义务水平。提货单上任何与"法案相对抗……的条款都应当删除"。

海牙法案规定了执行尽职调查过程中船只应具备的条件,如下所述[8]。

(1)轮船必须适合海上航行,配备有适当的操作人员、设备和给养。

(2)轮船必须适合货物的接收、运输和储存。

(3)必须密切注意货物的装载、搬运、填装、传送及卸货。

(4)必须向托运人出示提货单。

当承运方受到以下原因的索赔时,海牙法案可为承运方提供有力的辩驳。

(1)在轮船的航行和管理中,出现了船长、领航员或水手的失误或疏忽。

(2)发生火灾、海上事故、不可抗拒力量、战争、内乱、罢工或者检疫隔离等。

(3)法律程序中的逮捕或扣押。

(4)托运人出现失职,货物的内部缺陷,包装或标记不充分,或者有无法探测到的潜在缺陷。

(5)除承运方确切的失职外的任何理由。

海牙/维斯比法案扩大了责任范围,将海牙法案进行了扩展,使其能够包含诉讼内容,在提货单已提交给第三方之后其细节仍然明确。托运人通过获取货物保险来保护自己,以免遭到超出责任范围的诉讼纠纷,以及就托运人合法辩护范围内出现的损失进行的索赔等。如果出现的损失是由未执行尽职调查的承运人造成的,那么货物保险商可以按照海牙法案或美国货物运载法的规定向船主提出赔偿要求。船主可以向其所属的P&I 协会寻求补偿,但如果实际情况与协会规程相抵触时 P&I 协会也无法解决船主的问题。

3.13 尽 职 调 查

ASBATANKVOY 的第二部分还包括船主的保证，即坚决执行相关尽职调查，将货物安全地运送至卸货港，并且通常是船上卸货。如果有必要对所运油品进行加热，那么船主还得保证执行将油品维持指定温度的尽职调查。"船主应当按照尽职调查行事"，在租船契约中经常使用这样的说法，当租船人发觉船主并未严格执行尽职调查时，这也是一种更为妥当和合理的要求方式。很多关于船主是否执行了尽职调查的纠纷都已经通过法庭决议的形式得以解决，并且以建立法定优先权的形式为此类纠纷进行了说明。

3.14 运费及空舱费

航运过程中发生的运费是基于租船契约中按照检查员出具的证书上说明的实际装入轮船的货物量进行支付的，这部分费用应由租船人承担。租船人支付的运费在除去付给船长的报酬后，余下的即是付给船主的款项，付给船长的报酬也可能是租船人代表船主进行支付。租船人不得在运费中扣除油品中所含水分和沉淀物对应的费用。当租船人无力支付整船运费甚至不能支付其保证的最少运费时，便出现了所谓的空舱费用。此时只要轮船仍适合于海上航行，那么在得到租船人要求的情况下，船长有权将所运货物进行散装分运。空舱费实质上就是对未运输货物支付的运费——它代表着散装货物和整装货物之间的区别。

3.15 港口的确认

在轮船发出准备从上次卸货港或燃料供应港或者是租约签署地点起航通知的 24 小时以内，必须对专门指定的装载港口确认。在装货时，租船人有权在未确认卸货港时将油轮指派到某个目的地。例如，某艘油轮的最终卸货目的地是英国/大陆（法国的波尔多/汉堡区域）以及包括丹麦在内的斯堪的纳维亚地区，而租船人有可能将其指派到英吉利海峡大西洋沿岸的某个地区。在油轮抵达该地或者在那之前,租船人必须确认具体的卸货港。租船人未能指明卸货港或者在已经抵达时改变停靠港,由此造成的装卸时间的延长和费用的增加必须由租船人自行承担。

3.16 货物输转

当温度在指定的闪点以下时租船人不得进行装载活动。租船人将承担油品泵入轮船所花费的费用、风险以及可能出现的危险事故,而油品泵出时,相应的费用、风险和可能出现的危险事故责任则由船主承担。划分风险和事故责任的界线是油轮上油品管汇的岸边连接软管。用于油品装卸的软管是由租船人负责提供、连接和断开的。任何与船主有关的风险和费用都由租船人承担。直到连接软管断开,装卸油时间才停止。如果油轮是在海上码头进行装卸作业的,那么油轮必须配备适当的抛锚设备、锚绳以及用于连接浮动软管的相关设备,费用由船主承担。

除非经另行商定,否则所有的税金、港口税及其他政府征收的与航运和运费相关的全部费用都应由租船人支付,而船主只负责所有与轮船有关的费用。通常来说,船主不会因为在装卸油过程中使用码头、泊位或泊船设备而缴纳费用,但是船主由于私人原因,如等候订单、清洗油轮或者进行维修而滞留在码头、泊位或占用泊船设备时,所发生的费用应当由船主自行承担。船主应当确保其油轮、管道系统以及泵机组均保持清洁状态,能达到租船人的要求。而且,当执行尽职调查能够发现轮船不再适合于海上航行,由此造成的油品降级事故,或者由于船主在运输和卸油过程中的失误造成的损失,同样也应当由船主承担。

3.17 常见的例外情形

只要船主在为油轮的海上航行、人员和设备配备以及给养供应做准备的过程中执行了相关的尽职调查,那么他就不必为海上事故、危险情况等造成的损失承担责任。这些事故包括与其他船只相撞、搁浅、爆炸、锅炉爆炸、主轴断裂,以及船身、机械设备的潜在缺陷或人员失职等。人员失职是指船长或船员违背船主的利益而作出的故意的错误行为[9]。其他例外情况还包括遭遇战争、海盗和武装强盗、被公众逮捕或扣押、劳动力纠纷、内乱、海上危险,以及不可抗拒因素,如天灾等。所谓不可抗拒因素是指不可预见也无法防止的事件，遭遇此类事件可能会使运输货物的租约落空。

3.18 共同海损

在海上航行的过程中，为了保证轮船和船员的安全，将所载货物向海上抛掷也不是稀有的事。由此也产生了一项长期的传统，存在于共同海损概念当中，即谁从此类牺牲中获益，谁就将对受损方提供适量的补偿。这一传统的历史可以追溯到7世纪产生于地中海罗德斯岛的相关规范。这一规范还是提货单的前身，船长必须凭此提货单向托运人提出所载货物接受的请求。关于向海上抛掷货物，罗德斯岛法[10]则中是这样描述的：

> ……为了保证轮船能够抵御暴风雨的袭击，将所载货物抛掷一部分是合法的。而且由于此类事件少有发生，而所有货物基本都属于同一个商家，因此很公正地规定，货物被抛掷并不是货主一家的损失，损失按照价值比例而不是体积的比例由所有参与此次航运的各方共同承担。

上面的阐述形成了共同海损这一概念的基础。"共同"一词在海上保险中指的是对于一般险情[11]中所有资产相关的部分损失和"共同损失"。假设一艘油轮投保的船身险是1000万美元，装载了各价值500万美元的两部分货物，而两部分货物分别在两家保险公司投的保，其中一笔货在海上遇险时遭到损失。承担全部500万美元损失的不仅仅是一家保险公司，所有的保险公司都将按轮船和货物投保的总价值各自所占份额共同承担。在上面的例子中，轮船和货物的总投保额是2000万美元，提供船身险的保险公司应承担总损失的50%，而承担货物保险的两家公司则各承担25%的损失。受影响的货物保险公司需要负担500万美元，但实际上会接受到船身保险公司250万美元以及另一家货物保险公司125万美元的补偿。这样一来，遭到损失的货物保险公司在共同海损的规定下实质上只承担总损失25%的份额，即125万美元。

上面这个简单的例子说明了共同海损的实质，但在解决共同海损纷争时，情况要复杂得多。约克－安特卫普法案为解决共同海损纷争提供了统一基础的框架性文件，尽管在各海运国各自的法律和惯例都各有不同。有趣的是，约克－安特卫普法案取得了超越各国立法的优先权，各国立法中与该法案不同或相违背的条款都将服从于它[12]。该法案由于其广泛受到海事协会的认可并且不需要得到国家法规或国际惯例的赞成，因而非常独特，取得了超越各国法律的优先权。

杰森条款中针对货主对共同海损作出补偿提供了担保，即使美国的立法可以允许货主不承担由于船主在航行或管理上的失误造成的共同海损责任。"杰森"一词来源于1912年在航海历史上该条款生效的法庭诉讼事件。新的杰森条款[13]中规定，由于船主未执行尽职调查而造成的损失及耗费的资金不得由货主来承担共同海损。

3.19 双方都存在过失

"双方都存在过失"的碰撞条款来源于一项早于海牙法案的历史惯例，当时船主试图在航运文件中添加一项内容，即当油轮卷入某场冲突时，货主不得向船主索赔。虽然美国法律允许就卷入冲突的油轮进行货物索赔，但是在船主与货主之间达成的合同中此项条款并不允许货主向船主索赔。这就迫使货主不得不向卷入冲突的其他船只提出索赔。

不过，对于在美国进行判决的冲突案件来说，法庭决议对于两艘轮船承担责任的公正划分将决定着两船船主承担责任的大小。例如，如果法庭认定双方责任对等，那么货主就应当向两位船主各索要一半的赔偿。但是海牙法案之前关于航运合同的条款禁止货主向运输其货物的船主进行索赔。这样一来，货主就只能得到来自于另一艘轮船船主支付的他应当承担的那部分赔偿额，也就是货主只能收回其损失的一半。双方都存在过失这一碰撞条款就能确保此类事件不会发生，尽管这一条款目前正面临挑战，并且在美国的法律上得不到认可。承运方不得再补充任何限制条款，也不能根据提货单最高条款扩大其法律责任范围。

3.20 战 争 风 险

如果油轮正按照租约要求驶向推测起来可能安全的港口，而此时战争或者内乱爆发，那么船主或者船长有权命令轮船不停靠在预订港口。租船人有48小时的时间来等待船主决定在目标预订目标港口附近选择另一个安全港口停靠。如果在48小时内租船人未得到任何通知，那么船主有权将运载的货物卸载至任意港口，即使不在原目标港口的附近区域，而此次航程仍然被认为是已经结束了。如果卸货地点选在原目标区域附近，那么运费仍按之前商定的水平计算。而如果不在原目标区域卸下了货物的话，那么运费仍按原商定的水平计算，再加上偏离原目的地造成的费用，因为船主有权扣押货物，要求获得额外的运费。如果情况发展到不得不诉诸法庭时，租船人将不得不受制于船主，因为即使租船人不同意卸货地点，船主仍然应当选择一定的地方将货卸下来。

某些油轮可能会因为其所属国家问题遭到拒绝停泊的待遇。例如，美国就有权禁止悬挂着下列国家国旗的船只停靠美国港口，如古巴和朝鲜。如果主权国家采取了此类行动，船主有权将船行驶到安全港口并卸货。航程合同仍然被认为是完成了，船主应当得到运费，并且还应得到由于偏离计划航程而对应的补偿。某些国家则可能会得到优待，如利比里亚和巴拿马，由于其在国际事务中所处的中立地位，使得船主无须这方面的担忧。当布什政府与巴拿马发生政治冲突时，人们曾担心可能会取缔巴拿马船只停靠美国港口的资格。事实上这样的威胁并没有成为现实，船主因为担心潜在的危险，已经迅速地将选择从巴拿马变成了其他具有国籍优势的轮船了。

3.21　偏航及海上救援

在航行过程中，船主有权命令油轮靠岸，有无领航员均可，拖曳轮船进港或借助于其他拖曳船只，或进入某个港口方便船员或乘客就医，或者是为船只添加燃料。船主还有权在出现事故、挽救生命和财产时寻求其他轮船的帮助。如果获得成功，船主将获得全部灾难赔偿。

海上救援在海事活动中是一项长期的传统。一艘可能面临沉船危险正在挣扎的轮船意味着可能出现货物和船身承保公司的全部损失。过往船只伸出援手，如果不是出于人道主义，那么就一定是出于商业目的，即维护承保公司的利益。在这种情况下，保险公司应当慷慨地向提供救援的船只给予奖励。当某艘轮船正处在困境中而另一艘轮船试图给予帮助时，那么二者之间必须达成救援协定。救援协定的标准格式是劳埃德救援无效果无报酬协议，在现代社会，协议的签署可以通过传真形式完成，由出事轮船和救援方的陆地组织出面签署，而不必在救援人员实施任何救援行动之前得到船长签署协议。虽然现代通信手段可以加快救援的实施步伐，但有时候也可能会造成时间延迟。当年的 Amoco Cadiz 事故中，将救援复杂化的原因之一就是船主试图与救援人员就救援协议进行协商而造成的拖船延误,从而使整个救援行动的开始受到了影响。

只有一种情况例外,即当失事油轮在无效果无报酬协议下未能幸免于难时,救援人员无权获得任何经济赔偿。救援协会将站在承保公司的立场上,将在执行救援行动过程中为轮船的保护、货物保存以及财产搜救提供信息、建议以及推荐方案。如果救援人员通过拖曳方式、聘用船员操作轮船或其他方式成功地将失事船只拖回港口,那么救援协议就将生效。

救援协议中指出,英国的关于救援行动的法律具有普遍适用性,并且救援人员为保护其自身利益,可以暂时扣押船只及其上运载的货物。当劳埃德理事会代表承保的保险公司提交了一定的救援保证时,救援人员所采取的扣押行动才得以解除。劳埃德理事会[14]对 1982 劳埃德法案管辖范围内的劳埃德保险公司市场具有整体控制权,在劳埃德(劳埃德委员会)范围内选拔会员、外来会员等都得由劳埃德理事会提名,并由英国银行理事予以确认其会员身份。

由劳埃德理事会提交的救援保证可以保护救援人员的利益。如果没有得到这样的保护,或者如果救援人员有理由相信轮船或者货物将被运走,从而有悖于他们的利益时,他们将有权扣留船只及货物。一旦救援人员的利益得到了救援保证的保护,他们将不能扣留任何船只。船主以及轮船和货物的承保公司则可以继续完成预订事项了。

由劳埃德理事会任命并遵守劳埃德相关法规的仲裁员应当得到救援人员和救援协会的口头及书面证词,随后就整个事件以及损毁程度展开调查。仲裁员在调查过程中将主要考查获救船只和货物的价值、救援人员所付出的艰辛和救援技巧,在搜救船只和货物时遭遇的危险,在提供搜救服务时响应的迅速程度,救援设备的备用状态和效率,以及在救援过程中花费的开支等[15]。

从这一点来看,仲裁员掌握着补偿的标准。如果救援人员未提起上诉的话,那么最终的补偿就将是决定性的并有一定的法律约束力。而如果遇到上诉的情况,那么上诉仲裁员将会出席法庭听证会,此后作出的决议则是决定性的,具有法律约束力。救援协议中无效果无报酬条款的唯一例外情形,是指对于已装载的油轮而言,虽然救援失败,但能够防止引起环境污染的情况。在这种情况下,救援人员可以获得在搜救失事油轮过程中实际花费金额 30% 到 100% 不等的补偿。劳埃德标准格式救援协议已经根据 1989 年国际救援公约进行了相应的修订。

3.22　仲　裁

由租约引起的纠纷一般会交由仲裁小组来解决,仲裁地点的选择是按照租船契约 ASBATANKVOY 第一部分进行的,通常是纽约或者伦敦。仲裁小组由三人构成,其中一人由船主选定,第二人由租船人选定,最后一人由前两方的仲裁员指定。此三人中只要有两人赞成,决议就生效。法庭决议对于确保补偿金享有法律约束力具有很重要的意义,因为补偿金中包含了救援人员受到的损失和花费的经费,并且还包括了律师诉讼费。

仲裁活动的地点选择是十分重要的,因为美国和英国的法律系统当中存在着大量的不同之处,比如内部管理、商业条款含义的法律解释、责任义务的实质和范围、责任的划分以及过失的分摊,等等。例如,在英国的法律体系中,直到每一个细节都达成一致之后合同才真正成立;而在美国,只要主要的条款达成一致合同就生效了[16]。这样一来,在英国法律中,相对微小的细节上的不统一就将影响整个合同的形成。而在美国,主要条款一经统一合同就已经开始生效,而其中细微的差异可以在日后通过调查研究并以仲裁的形式寻求解决方式。

在仲裁的过程上,美国和英国也有不同。在美国,仲裁小组只控制主要诉讼程序。受委托的仲裁员总是会维护其委托人的利益。而在英国,仲裁员一般都保持中立和独立,只与仲裁各方保持很有限的联系。美国仲裁小组很容易作出裁定,因而难于分辨出输赢。在英国,仲裁小组只在已经分出胜负的情况下作出裁定。在美国,在不经解释的情况下,或者难于给出原因的情况下就已经作出仲裁结果了。而在英国,仲裁结果的给出,必须要提供支撑仲裁结果的原因,这样仲裁结果才会有高于法律的效力。在美国,参与仲裁的各方只需缴纳自己那一部分诉讼费,而在英国,输家还必须为其对手缴纳诉讼费。

与法制系统的熟悉程度显然会影响到仲裁地点的选择。美国石油公司的租船人就情愿将仲裁地点选在纽约,而英国的租船人则首选伦敦。其实法律仲裁或矛盾的解决可以在任何地点进行:日本租船人期望纠纷在日本解决,法国租船人期望在法国解决,而德国的租船人则期望在德国解决。各个国家都有其自身的法律特殊性。巴黎 Chambre 海事仲裁法案为任何一方提出仲裁要求提供了机会,在已经获得补偿之后再次申请另一个案的裁决[17]。这为作出更加公正和独立的决议提供了额外的保证。

德国海事仲裁协会拥有一套独特的规定，与其他海事国家有着显著的不同[18]。德国仲裁人员被要求在一定的时间内迅速地作出裁定。他们会在听取原告陈述之前浏览书面证词。在法庭听证会上，他们会公开向原告透露他们的意见，并要求其作出回应。这样做的原因之一，是仲裁员认为相对于原告自己来说，他们不可能更了解事情的真相，因此就期望能对案件有充分的了解。原因之二在于，公开的讨论形式可以使仲裁各方鉴别仲裁员的想法。参与德国仲裁活动的各方对这种研究方式并不会觉得奇怪。美国和英国的仲裁活动则截然不同，在这两个国家，原告是不可能知道仲裁员决议的本质的，在仲裁结束之前也不可能知晓结果。德国的仲裁活动结果是具有决定性意义的，不可撤销，法国的仲裁结果可以再次调出仔细研究，而在美国和英国，要对仲裁结果进行强制执行则必须经过法庭判决。仲裁结果的强制执行只能在仲裁发生地所在的国家法律框架内进行。这也会影响进行仲裁地点的选择。

3.23 其他事件

任何人不得强迫轮船停靠在冰封的港口，除非得到船主的同意。如果船长不认为某个港口是不冻港，那么租船人必须指定一个不冻港，并将由此造成的时间延迟计为装卸时间的一部分。有不少的诉讼案件都是于船主和租船人关于某个港口是否不冻意见相左而造成的。租船人不得让船只进入检疫隔离区，如果进入了有老鼠出没的港口的话，租船人还必须承担船只消毒的费用。租船人不得在其船只上运输打包的货物或非液体散装货物。

航程租赁合同中不允许在文字材料中添加任何破坏船主法律责任范围的条款。当未收到运费、滞留费或者空舱费时，船主有权扣押船上的货物，不过，因为在支付运费之前货物实际上已经卸下了，而且直到轮船驶离卸货港之后才可能结算空舱费，所以扣押货物的做法实际上并不可取。由于未履行租约责任而造成的损失，索赔的内容包括所有可证实的损失以及聘请律师的费用。租船人可以以"二船东"的身份将轮船转租给其他人，只要还能继续适用租船契约的全部条款和适用范围。船主应当参与到租船人消除石油污染计划中来，并且不得将含油污水或者任何形式的含油污物随意排放，仅仅在威胁到船只、货物和船员安全的极端情况下除外。

3.24 租船人条款示例

租船契约中还包括一些其他条款,即会对标准格式产生影响,或者是一些补充内容。每个石油公司都有自己的一套"标准"条款,作为标准形式租船契约的补充。这些条款一般由石油公司提出,然后补充在标准形式租船契约中。以下内容即是除上面已经提到的关于货物滞留及赔偿文献的各项条款以外,补充在标准形式租船契约当中的租船人条款的示例。

3.24.1 业务方针

船主必须遵守所有现行法律,以确保所有账单和报告都能精确地反映所有活动和运输的真实情况。

3.24.2 驳运

在驳运过程中花费的时间也应算作装卸时间或者滞留时间。在收到准备靠岸通知后六个小时即开始计算时间,或者从驳运船作好准备的时间算起,两个时刻中从较早的一个算起。停泊或者驳运的区域不能算作是补充的港口或者泊位,并且从驳运区到港口之间花费的时间也不能算作装卸时间或滞留时间。

3.24.3 1990石油污染法案

对于和美国进行的交易,船主还必须保证其船只遵守美国海岸卫队污染及安全法规,即必须遵守美国海岸卫队的油轮响应计划,并且购买了服从于1990石油污染法案的石油污染责任保险(通过其所属的 P&I 协会购买的 7 亿美元保险)。如果租船人必须就石油污染责任给予财政支持的话,那么船主应当保证租船人免受随后可能发生的财务风险。

3.24.4 货物装卸

船主必须保证油轮装配有离心式卸油泵。如果对方提出要求,那么将由船员来负责在允许的 45 分钟内连接和断开所有的软管,并由船主承担费用。如果这项操作超出了预计时间,装卸时间以及滞留时间都将在 45 分钟后终止。

3.24.5 停泊时间

油轮必须在 24 小时以内将全部油料卸载,并在油轮一侧保持 100psi 的最小流速。只要在卸油时间上出现的延迟不是租船人的责任,那么他不必对卸油超时负任何责任。如果油轮无法保持卸油速度,租船人有权命令油轮驶离码头,而由此造成的时间和经济上的损失都应由船主承担。

油轮必须在结束卸油和断开软管之后迅速离开泊位,或者在完成操作后五小时内撤离,具体时间选定为二者中较早的一个。

3.24.6 船——船输转

船主应当确定油轮是装配完整的,并且能够安全地执行"国际船舱运输石油公司国际海事论坛中石油产品船——船输转指南"中的各项条款。租船人有权使油轮在码头、泊位、航程中或者在漂浮在海上进行输转作业。一般都会要求租船人在输转过程中提供必要的设备,而船主也应当允许租船人的管理人员上船作业,包括主控人员。在确定运费时,驳运区不能作为独立的港口或泊位。时间的计算则是从接到准备靠岸通知(NOR)起六个小时后开始,或者是从油轮准备好驳运的时间开始,具体时间选定为二者中较早的一个,而驳运时间的结束则是以驳运设备从油轮移出为标志。在驳运区和码头之间的时间则不算作装卸时间或滞留时间。

3.24.7 燃料舱取样

租船人有权在装卸油码头自行付费对燃料舱进行检查和取样。

3.24.8 代理机构

租船人可以以竞标的形式在装卸油码头任命代理机构进行油轮的检查。

3.24.9 铸铁阀门

铸铁阀门及接头不能用在油轮外侧的管汇阀门和接头处,必须使用钢制或球墨铸铁材质。

3.24.10 预计抵达时间

油轮必须在抵达前 120 小时/72 小时/48 小时/24 小时内向租船人报告预计抵达时间。如果船主不照做,那么由此造成的时间延迟或相关损失都应由船主承担。

3.24.11 燃料舱

船主应当确保油轮从装载港驶出时配备了足够的燃料,能完成整个预计航程,由于船主未能配备足够燃料而使租船人蒙受的全部损失都将由船主承担。

3.24.12 货物转移限制

在未经租船人许可的情况下,船主不得在货舱内任意转移货物。

3.24.13 加热油品

对于需要加热的油料,船主必须保证油轮有加热能力,并且/或者在租约许可的情况下,可以维持每个储罐内最高 135 华氏度的水平。租船人有权要求油轮将温度提高至 135 华氏度的最高水平,并在卸油过程中保持这一温度。如果油轮不能维持要求的温度值,那么由此造成的卸油时间延长不能算作装卸时间或滞留时间,造成的损失则应由船主承担。

3.24.14 调查及取样

船主允许租船人或租船人的代表任命独立检查员在装载前、装载过程中以及装载后进行油料、燃料舱及其他储罐的检查和取样。该独立检查员提交的工作报告将说明所载油料的质量和数量,由油轮工作人员签字认可后,对双方都将是决定性的,具有法律约束力。

3.24.15 装卸时间例外情况

当在每个港口的第一个泊位抛出第一个锚链时,到此次装载日的早上 6 点这段时间,包括用于排放压舱水和污油的时间都不能作为装卸时间,除非能与油料操作同步,在其他装卸港收到准备靠岸通知 6 小时内的时间也不能作为装卸时间。

3.24.16 泊系缆绳

每艘油轮都必须配备最少数量的泊系缆绳以便进行空舱停泊。

3.24.17 墨西哥装载港

在进入墨西哥港装货前,船主必须向墨西哥国立石油公司提供以往 20 次装货的信息 ——装载日期、装载港、货物种类、提货单上的总桶数、提货单的计量基础、接收到的货物实际总量、油轮的最大载重能力以及最后一次入干船坞修理的日期。

3.24.18 毒品及酒精政策

船主必须保证其油轮遵守"石油公司国际海事论坛关于控制毒品及酒精登船的准则",并且必须执行相关的尽职调查。

3.24.19 惰性气体检测

船主应当保证油轮配备了适当的工作惰性气体系统,并且油轮的操作人员及船员必须对其操作达到熟练程度。油轮在抵达装载港前就必须在储罐中充装惰性气体,并在整个航程及卸油过程中保持惰性气体充装状态。由于惰性气体误操作而造成的时间损失应由船主承担。租船人有权在计量的时候要求对储罐降压，但是惰性气体的泄放和再次充装所耗费的时间则应由租船人承担。

3.24.20　压舱

油轮在抵达装载港时必须充装清洁的压舱水。

3.24.21　原油清洗

油轮应当执行 ICS/OCIMF 中关于储油罐原油清洗（COW）中的"储罐原油清洗准则"。用于清洗原油所耗费的最多 8 小时可以算作装卸时间的一部分。如果油轮未进行 COW 操作，租船人有权对残留在船上的液体或可泵送货物扣减保险、运费等费用。

3.24.22　国际公约

船主应当保证其油轮完全遵守相关的国际公约和协议，以及其他主权国家、港口所在地或任意政府港务局的各项书面要求。由于未遵守上述条例而造成的任何延迟及损失都应由船主承担，租船人对时间延迟造成的滞留不负任何责任。

3.24.23　租船契约协议

当实质性合同真正签署了之后，经纪人发出的传真信息才能作为租船契约各项条款的书面证据。这些传真信息应当在租船契约确定后 24 小时内提供。

3.24.24　复查权

租船人有权复查船主有关操作、维修及油轮管理方面自租约完成后两年以内的财务记录。

3.24.25　详细说明

当船主与租船人之间发生纠纷时,船主应当提供以往六次航程的提货单及油轮情况记录、油轮的物理尺寸和总体布置图、校准表以及以往三个月内的油轮航海日志。

3.24.26　改进卸油方式

船主同意尽其最大努力尽可能彻底地将油品卸出。租船人有权指派代表上船检查油轮并监督油品作业。这名代表可以在不干扰油轮操作的前提下对最大卸油速度提出建议。任何单纯由采用代表提出的所谓优于常规卸油方式的方法而造成的时间延迟应当算作装卸时间或滞留时间。

3.24.27　天气

由天气造成的在装卸港口的时间延迟中有 50% 可以算作是装卸时间。

3.24.28　佛罗里达海峡

油轮应当保持相对于佛罗里达海岸线外标志暗礁存在的航标最少10 英里的距离,任何由此造成的费用都应当算作运费的一部分。

3.24.29　时限

船主的索赔申请,包括滞留造成损失的索赔,都必须在完成此次航程后 90 天以内提交给租船人。

3.24.30　通信

油轮必须遵守租船人在其航程订单上提出的通信指令,任何由于不遵守这些指令而造成的延迟都应当由船主承担。

3.24.31　上部装油

船主必须在抵达装载港前 24 小时内通知租船人船上污油的数量和性质。未经租船人许可的情况下，污油不得向岸上泵送。除非租船人特别指明，否则都将采用上部装油的方式。

3.24.32　航速

在天气及航线许可的情况下，油轮在负载情况下航速应为＿＿＿＿＿节。在天气及航线许可的时候，如果可能的话，租船人可以要求油轮提速至＿＿＿＿＿节，并将在原定运费基础上多加＿＿＿＿＿点。运费的按比例分配方式中就包含了油轮部分超速的情况。

3.24.33　英国水域航线

船主必须遵守由英国航运会颁布的英国水域航线指南。

3.24.34　船主承担的费用

如果油轮未遵守所有法规、规定及装载港口的要求时，所有的花费和损失都将由船主承担。

3.25　租船人意见调查问卷

如果租船人和船主双方都认可租船契约的各项条款，那么船主必须完成一项石油公司的意见调查问卷，其中将包含以下内容：

（1）油轮的名称、船级社、注册号、建造年份、造船厂、所属国家、船主、前船主、调用年份、船身及 P&I 承保公司。

（2）船长及船员国籍，英语运用能力。

（3）油轮自重、总载重及净登记载重吨位，苏伊士及巴拿马登记吨位

（如果需要），空船重量、总长、船幅、深度以及夏季载重吃水深度。

（4）上次进干船坞修理的情况以及按船级社要求未完成修理的项目清单，国旗所属国以及港口所属国。

（5）管汇数目、船首距船尾管汇的距离以及在空载、压舱及负载状态下水面与管汇的距离。

（6）油轮没入水中时每英尺深对应的货物重量、在充装至总容量98%时的储罐容积，以及无论油轮采用的是盘管还是涂层方式，污油罐及燃料舱的容积。

（7）油料的泵送能力、起重机及吊车容量以及自然隔离的储罐数目。

（8）原油清洗的细节、惰性气体系统以及清洁的或隔离的压舱罐情况。

（9）船级社检查及认证情况，最近一次专门检查和总体检查情况，以及最近一次修理情况。

（10）装油管线的状况、国际运费、SOLAS 安全设备及安全施工、安全的无线电通信，以及各种美国的和国际石油污染协议认证，包括 TOVALOP。

（11）油轮代理人的确认、出现事故或漏油时的联系人，包括 OPA90 版认证的个人。

（12）最近三次运送情况、油轮现状、装卸港的港口代理人。

（13）搁浅、触礁、相撞及污染事故历史。

3.26　租船人码头停靠规定

人们可能认为，采取了签署标准形式的航程租约合同、由租船人补充一些附加条款、为尽可能多的标准形式合同进行编码以及填写租船人意见调查问卷等一系列的手段，船主就完成了所有该做的事。事实上并不是这样，船主除了需要确保油轮遵守健康、风俗、港务局等一系列相关法规之外（可能需要由租船人及港口所属地区或国家进行相关的调查），还必须遵守租船人关于油轮停靠其码头的相关规定。以下内容是对某个石油公司提出规定内容的简介。

船长或其指派人与码头的代表之间会在租船人的码头召开一次输转前的会议。货物的装载、储罐的安排、储罐空高表以及压舱罐清单都将在此次会议上提交给码头代表。直到油轮的安全检查单完成之后才能进行油品的输转。而且,油轮的管汇设计、阀门及接头、分隔器和减压阀以及管汇的软管连接等都达到租船人的要求之后,才能进行油品的输转。最大的装卸油压力必须得到双方的共同认可。在油品输转过程中,船上人员应对油轮进行定期的检查,此间可能会得到码头代表的协助。

如果出现电爆或者出现无法除去烃蒸汽的静止空气的话,油品的输转就不能进行,即使开始了也必须马上停止。输转过程中必须与船上通晓英语的无线电操作人员保持无线电联络。未经授权或罪酒人员不得登船。储存易燃易爆物品的货舱必须作出标记。油轮的惰性气体系统中,氧气含量不得超过 5%,如果货舱内氧气含量超过 8%,或者无法维持最小正压时,油品的输转必须马上停止。船长必须保证码头能清楚地了解船上的所有情况。如果油轮由于设备故障而无法维持足够的卸流速度,而码头操作人员又对此作出过明确要求,那么油轮必须立刻断开与码头的连接并离开泊位。

在安全区域,标志着油轮正在进行输转作业的指示灯和旗帜必须位于醒目位置,绞车等装置必须按工序严格执行,并在船首和船尾间采用规定的最小规格和数量的栏杆及脚线。油轮的消防水带、水压和应急设备必须处于待命状态。必须在通道处作出标记,禁止吸烟,所有舱门、舷门及油罐孔口都必须保持关闭,移动电缆及空调都必须关闭。厨房用火、引擎室维护、维修作业包括处理紧急事件的船上人员的保留都必须进行相应的限制。不得出现煤烟或可见的烟囱排放。船上和陆地的计量系统应定期进行比对校准,以消除油料输转过程中大的偏差。必须经常性对泵房底部及侧翼进行检查,以确保无泄漏发生。必须对出现溢流或漏油等事故准备好应对预案。

3.27 其 他 情 况

油轮航程的安排,其开始过程和常规事务相似,租船人和船主就运费达成一致,油轮就将在将油品运输到卸货港的装船时间内按要求出现在装载港。上述协议的达成将会引起以下一系列事件的发生,包括多项条款的磋商、完成调查问卷以及遵守码头规定,等等。船主还必须遵守关于健康、风俗及港务局等各方面的各项规定和要求、主权国规定以及作为国际公约的执行者的各项要求。以上所有内容对于油轮执行商业任务都是十分必要的。

3.28　航次租赁中可能出现的变化

对于单次航程租赁来讲,可能出现的变化情况通常是租赁和租船合同的续约。连续航程租赁是指油轮在指定港口之间完成直接的连续航程。租船契约不同于连续航程租赁之处在于,它不会指定某艘具体的油轮,而且每次承运之间的时间间隔也不会和整个往返航程时间有任何关系。举个例子来说,租船契约是指在阿拉伯湾和日本之间运输25万吨原油(误差为正负5%)的合同,按约定好的运费,连续运输5年,每季度运输一次。在这种合同下,船主和租船人需要紧密合作,以确认在四个季度中怎样安排运输时间最能满足租船人的要求。一旦时机选定,船主就将任命油轮完成航程,油轮的任命可能是凭他自己的意愿,也可能是由在现货市场聘请的人员来确定。但租船人对任命的油轮进行确认之后,油品就将开始运输,并且这样的操作将在随后5年里以每年四次的频率重复。

参 考 文 献

[1] *Fairplay Book of International Organisations*, published by Fairplay Publications Ltd. , Coulsdon, Surrey, U. K. ,1990.

[2] *The Safe Port* by W. E. Astle, published by Fairplay publications Ltd. , Coulsdon, Surrey, U. K. ,1996.

[3] *Tanker Chartering & Documentation*, November 994, organized by Cambridge Academy of Transport, Cambridge, England.

[4] *Petroleum Tankship Operations* by Arthur Mckenzie of Tanker Advisory Center, N. Y.

[5] *New Worldwide Tanker Nominal Freight Scale "Worldscale,"* published by Worldscale Association, N. Y. and London, 1995.

[6] *Laytime Calculations* by William V. Packard, published by Fairplay Publications Ltd, Coulsdon, Surrey, U. K. ,1993.

[7] *Tanker Chartering & Documentation*, November 1994, organized by Cambridge Academy of Transport, Cambridge, England.

[8] *Tanker Chartering & Documentation*, November 1994, organized by Cambridge Academy of Transport, Cambridge, England.

[9] *Dictionary of Marine Insurance Terms and Clauses*, by Robert H. Brown, published by Witherby & Co. , Ltd. ,1989.

[10] *Legal Developments in Maritime Commerce*, by W. E. Astle, published by Fairplay Publications, London, 1983.

[11] *Dictionary of Marine Insurance Terms and Clauses*, by Robert H. Brown, published by Witherby & Co. , Ltd. , 1989.

[12] *Insurance in Shipping*, June 1994, organized by Cambridge Academy of Transport, Cambridge, England.

[13] *Dictionary of Marine Insurance Terms and Clauses*, by Robert H. Brown, published by Witherby & Co. , Ltd. , 1989.

[14] *Dictionary of Marine Insurance Terms and Clauses*, by Robert H. Brown, published by Witherby & Co. , Ltd. , 1989.

[15] *Insurance in Shipping*, June 1994, organized by Cambridge Academy of Transport, Cambridge, England.

[16] *Tanker Chartering & Documentation*, November 1994, organized by Cambridge Academy of Transport, Cambridge, England.

[17] *"A Fair and Independent Justice"* by Pierre Raymond in the 1995 BIMCO Review, published by The Baltic and International Maritime Council, Bagsvaerd, Denmark.

[18] *"Maritime Arbitration in Germany"* by Dr. Peter Holtappels in the 1995 BIMCO Review, published by the Baltic and International Maritime Council, Bagsvaerd, Denmark.

4 定期租赁

　　单次航行租赁适用于在装卸港口之间进行单程航行的油轮,并且装卸时间都有明确的限制。而定期租赁则是指在一段时间内租用一艘油轮,短则几个月,长则可能20年或更长。租船人按月支付油轮的租金,通常是以多少美元一天计算。船主负责确保油轮的良好状况,保证其适合海上航行,承担所有操作风险和全部操作费用。租船人负责向船长提供航线说明,并承担租用油轮的风险和全部航行费用。如果租船人没有获得油轮的租用权,而油轮已经做好海上航行的准备的话,那么租船人仍必须向船主支付定期租赁的费用。

　　与航次租赁相似,BIMCO、ASBA以及各家石油公司也对定期租赁给出了一系列标准格式的租约协议。其中运用最广泛的,即下文将介绍的,是由壳牌石油公司颁布的"Shelltime4"号定期租赁协议。

4.1 油轮状况描述

　　定期租赁开始于油轮、船主和租船人的确认。船主应保证其油轮已经在指定的船级社进行了登记注册,并且:

　　"油轮的每一项指标都应当适合于运输原油和/或石油产品……有良好的密闭性,坚固,整体状况良好,适合于完成航运任务,并且其机械设备、锅炉、船身及其他设备……均处于有效的待命状态。"

　　油轮的储罐、阀门和管道系统都应当密闭不漏油,推进装置应当与指定的燃料等级相匹配。在白天和夜间穿越苏伊士运河和巴拿马运河时还应当遵守苏伊士及巴拿马运河条例,并且具备所有需要的认证信息。船主还应当保证附加的油轮信息必须是真实的。定期租赁中对油轮的描述应当比单次航程租赁中详细得多。在单次航程租赁中,租船人最多可能征用油轮两个月时间,而定期租赁时则可能在整个租约期间只征用一艘油轮。除了在单次航程租赁中所列各项以外,定期租赁下对油轮的描述还应当包括以下内容:

（1）机械设备和推进装置、发电装置、锅炉及蒸汽流量，以及燃料耗量。

（2）淡水蒸发装置流量、燃油耗量、扫舱泵及压载水泵排量、污油罐结构、装卸油能力、油品位置与类型以及船舶加油管汇。

（3）加热盘管、惰性气体、原油及储罐清洗系统以及停泊和举升设备的情况。

船主应当服从油轮设计方案中的详图及草图设计，以及运载油料系统的详图、草图情况，包括储罐、泵、阀门、管道以及进出油管汇。其他应遵守的还有油料通风和惰性气体系统、停泊安排，以及对壳牌运费贸易问卷调查的反映情况。

4.2　船上人员配备

油轮的驾驶必须由称职的船长和船员进行，而且要达到国旗所属国对操作人员的要求，并带齐所有的有效资格证书。他们必须按照海员培训、认证及警戒标准的国际公约进行相关的培训，并且要求取得较好的英语运用能力。船主必须保证，作为船员一份子的船长将严格按照预定计划，在完成航程及油品输转过程中全力确保租船人的利益不受损害。

4.3　应坚守的职责

船主应当执行相关尽职调查以维持油轮的良好工作状态。如果油轮的状态不好，定期租赁的租金就会相应降低。当油轮不再适合于海上航行时，油轮就将停止工作，并且收不到对应的租金。发生这种情况有时候可能是无意的，比如机械故障或员工罢工，有时候也可能是有意为之，比如为油轮检修双方商定的共同安排。如果停止工作超过 30 天，除非是先前就已经得到同意，如进干船坞维修，否则就可能使船主违反合同要求，从而给租船人中止租约的机会。

租船人是否利用其中止租约的权力会受到市场运费水平的影响。在市场坚挺的时候，定期租赁通常都为租船人提供了低廉成本的机会，而租船人通常都会留给船主足够的耐性容许其纠正出现的问题。当现货市场开始走向衰退时，租船人的耐性也会随之减弱。如果现货市场能以更低的成本实现运输，那么从经济的角度出发，租船人就有可能会中止租约。

4.4　周期性贸易和装货时间

租约的有效期、装载油品的不同种类和标号以及对油品的加热要求都应当与贸易限制条款一并指明。所进行的贸易活动仅限于在英国学会限制范围内进行，并且不包括战争或疑似战争的地方。在 1996 年，曾有一项试点性租约禁止油轮停靠以下国家的港口，包括黎巴嫩、以色列、埃及、朝鲜、古巴、海地、伊朗、伊拉克、南斯拉夫、缅甸、阿尔巴尼亚、安哥拉、利比里亚、柬埔寨，并且不允许在中国大陆与中国台湾之间从事贸易活动。法律禁止美国租船人排斥以色列，因为这将导致类似排斥从埃及 Sidi Kerir 到土耳其 Iskenderun 之间的地中海东海岸线港口贸易的结果。此外，任何人不得迫使油轮从事破冰工作，也不能使其跟随破冰船之后。

租船人应当严格按照尽职调查行事，保证油轮所执行的航程是在安全区域内、有效港口、泊位、码头、船坞之间，并与其他油轮或驳船停靠在一起。船—船输转必须遵守 ICS/OCIMF 船—船输转指南。只要租船人按照尽职调查要求将油轮引导至上述安全港口，那么与安全港口相关的任何责任都不得由租船人承担。租约条款中还将包括装货时间、销约时期、将油轮提交给租船人的大致地点以及到定期租赁有效期结束时向船主移交油轮的大致地点。

4.5　由船主和租船人提供的信息

船主应当负责所有的操作费用，包括船员报酬、油轮保险、货舱、设备的维护费用。租船人从船主的利益着想而花费的开支应当由船主退还给租船人，并且还应当就此项服务向租船人支付 2.5% 的手续费。租船人需要负担所有的航程费用，包括油轮的燃油费、拖船费、领航费、港口及代理费、货物装卸费以及运河通行费等。厨房和其他少量内部消耗的燃油由船主支付。如果由于船主的意愿改变了航向，比如船员需要医疗救助或者进行紧急维修的话，造成的航行费用仍应当由船主买单。

4.6　人员雇用及佣金支付

从历史上看，定期租赁的佣金支付都是以美元计，按每月每总载重吨位进行计算（$/总载重吨位/月）。在准备向石油公司进行定期租赁投标时，船主应当考虑每年的人员佣金，并除以 11.5 得到每月佣金数额。这样可以考虑到计划内的进干船坞修理，以及每半年进行一次其他常规维修，而在此期间船主得不到任何收益。支付给船员的月佣金就可以通过除以油轮的总载重能力得到，即 $/DWT/月。在 20 世纪五六十年代，船主已经证实，以较低的 $/DWT/月佣金进行投标可以获得大型油轮的规模经济效应。虽然大型油轮能实现规模经济，但要真正实现规模经济，正确的方式应当是将油轮的定期租赁方式转变为运费率来计算。

传统总是会发生改变的——现在，定期租赁的租金已经变成了按天计算（$/天）。定期租赁的租金应当提前一个月支付，并扣除租用中断时间对应的租金、租船人代表船主预支的部分，以及在下一个月预计发生的租用中断费用。应该提供详细的财务状况，并给出附带条文，即由于船主银行在向船主的账户提供信用支付时发生延迟或事故时，租船人不负任何责任。

从历史上看，当受到经济利益驱使时——比如在坚挺的现货市场环境下——不少船主曾试图通过诉讼的方式，即未收到按租船契约应当得到的租约金，来中断与石油公司的租约。这一问题到后来演化成了对"收到"一词含义的争议。油轮的租金是由租船人按照租约中规定支付的，但是并未向银行系统指明支付时间。这样一来，船主就可能对"收到"租金提出异议，因为其账户并没有真正收到款项。

租船契约中的每一个字在法庭辩论中都可能受到挑战和质疑——因此壳牌石油公司的租船契约附带条文就专门提出了对银行延迟付款承担责任。不过，如果没有进行支付，船主应当通知租船人是谁规定的支付租金的延迟天数。如果确认没有支付，那么船主将有权将撤回油轮停止服务，并且不得损害船主的任何权力。这就意味着，船主在必要的时候可以就租金的支付提起法律诉讼，即使油轮都已经没有再运载租船人的货物了。

4.7　租船人对油轮的使用情况

在油轮的运行不受妨碍并且搭载人数在限制范围内时，租船人可以在油轮上运载其他货物和一定数量的乘客。租船人对船长和船员行为的任何不满都应由船主进行调查。租船人有权向船长提出航向要求，并可以查阅油轮的航海日志。在满足租约的各项基本条款的前提下,租船人可以将油轮进行转租。如果加班的情况是由租船人造成的,那么他应当向船长和船员支付加班费。向油轮上泵送油料的过程应由租船人向船主支付一定数额的费用,而如果需要再次泵送的话,则应由船主向租船人支付一定的费用。船主应当向租船人对其在聘请领航员、租用拖船和雇佣码头工人方面所遭受的损失进行补偿。

4.8 提 货 单

船长应当按照租船人或者其代理人的要求在提货单上签字。如果船长已经按租船人的要求签署了提货单,或者租船人提供的文件不够规范,由此而造成的所有问题,责任都应由租船人承担。不过,当租船人要求将油料卸在不同于提货单上要求的地点时,船主没有必要服从其要求,除非他能提供原始提货单,且需要提供令人满意的补偿说明。

4.9 末 次 航 程

如果油轮由于意外原因在本该到港再次装货的时间上出现延迟的话,那么租船人有权延长定期租赁的时间,以完成此次航运,并将油轮移交到最近的许可装货点。

4.10 油轮及租约中断时的损失

当油轮接收到或者被宣布发生推定全损的那一天,租约就自动终止。无论是油轮在役过程中出现中断,或者是其表现大打折扣,该油轮都被认为是出现了租约中断情况。租约中断的时间也应算作是租约周期的一部分。造成租约中断的原因还包括以下几点:

(1)人员及货舱不足。

(2)油轮进行维修,包括准备维修所耗费的时间,比如进行脱气处理及入干船坞修理。

(3)机械设备、锅炉、储罐涂层出现的部分或完全故障,以及其他任何可能引起服务中断的原因。

（4）大修、维护及鉴定。

（5）碰撞、搁浅、事故或其他油轮损坏。

（6）间歇的油轮服务中断，累计时间超过 3 小时。

（7）船员罢工、拒绝出航、不执行命令，以及玩忽职守等。

（8）对伤病船员进行救治并拖延油轮航程 3 小时以上。

（9）船员未经租船人许可进入传染病区而造成的隔离检疫期。

（10）由于船员从事走私或其他违反当地法律的活动而造成油轮被扣押。

（11）途中由于船员伤病或油轮需紧急维修而偏离原定航线靠岸所造成的时间损失——此时油轮处于租约中断状态，直到其回到原定航线，在这个过程中造成的燃料及港口租用费由船主承担。

（12）国旗所属国对油轮贸易进行限制，征收繁重税金。虽然这些限制在法律上是有效的，但是如果租船人认为油轮是处在租约中断状态的，那么船主自行付费从事的贸易就应当是自由的。

4.11　周期性检修和油轮检查

如果船主已经向租船人进行通报，那么船主有权在预订的规律的时间间隔内对油轮进行检修，比如 60 天的维修时间。租船人可以提供一个停靠港，并采取一系列措施以确保油轮正按预定时间靠近检修港。在准备检修、检修中以及检修后直到油轮各项指标都已经适合于继续航行的这段时间内，油轮都保持中断租约状态。船主可以不接受租船人提供的港口，不过如果他自己选择停靠港的话，耗费的时间和由此造成的损失都将由他自己承担。租船人有权在任何必要的时候对油轮和各项数据进行检查，船主必须全力配合。

4.12　油轮性能

船主应当保证在低于特定的蒲福风级的风浪条件下油轮仍能保持一定的航行速度和燃料的供应。当油轮的航速和燃料供应超出了船主保证范围时，油轮的租金应当作适当的调整，或提高或降低。租船人应当按照租船契约上指定的最小需求量为油轮提供燃料。

4.13 海上救援和扣押权

发生海上救援时花费的费用应当由租船人和船主共同承担,所获得利益也应当平等地共享。对于未支付的定期租赁租金,船主有权对油轮上的货物进行扣押,而当租金可能已经提前支付但还没真正收到时,或者船主违反租约某些条款时,租船人也有权对油轮进行扣押。

4.14 有害货物及出口限制

租船人不得装载对油轮有害的货物,也不能装载可能会使油轮遭遇被政府部门追捕和扣押的货物。另外,也不能要求船长将油轮驾驶到出口商禁止的地方去。

4.15 油轮停航时的储存

租船人有权将油轮储存起来,由此节省下来的运行费用,如解散船员以及海事保险费的减少,本来获益者是船主,但现在这部分获利应当转移给租船人。

4.16 征用及战争爆发

如果政府需要征用的话,那么油轮应当被视为处于租约中断状态。当美国与苏联、中国、英国或荷兰等国爆发战争的话,租船人有权取消租约(壳牌石油公司就是英国与荷兰合资的)。如果租约要求油轮去往战争爆发地区,或者有战争威胁的地区,租船人应向船主追加额外的保险费用及船员奖金。

4.17 与航程租赁合同相似条款

以下条款与航程租赁合同中讨论过的条款十分相似:例外情况、战争风险、双方都存在过失冲突、新杰森、最高条款以及石油污染,覆盖范围包括 TOVALOP 和 P&I 协会在漏油污染发生时按国际公约和 OPA90 法案进行的责任划分。壳牌石油公司的租约发生诉讼时,适用的法律被指定为英国的法律,出现的争议将在仲裁法案的规定下交由单个仲裁员处理。不过,任何一方都有可能对裁决结果持有疑问,并要求上诉至最高法院,或者要求最高法院发出指令,要求仲裁员就其裁决原因给出理由说明。最高法院也可以为仲裁员提供信息,即要求其提交有据可依的裁定结果,以及对仲裁过程中产生的法律问题的决议情况。

4.18　租船人条例

　　Shelltime4 中包含了 42 项条款,通常被壳牌以外的其他石油公司用作标准形式的租约合同。在随机选取的由其他石油公司采纳的 Shell-time4 租约中,总共有 53 项条款补充到原来的租约合同中去,于是总条款数便上升至 95 项。这其中有部分条款是在原有租约合同条款的基础上扩展而成的,所有条款都必须经租约各方协商并达成一致,并遵守以下规则:

　　(1)遵守美国 OPA90 版的各项规定。COFR 和 OPA 各项费用都应由船主承担,但需要由租船人进行补偿。在汇报漏油事故时船主必须遵守所有要求,包括向租船人提供指定的各项信息。

　　(2)船员资格必须满足相应条件,包括在未经租船人允许的情况下不得更改船员国籍及达到最低英语运用能力要求。

　　(3)若船主不履行其保证事项,从而造成的费用损失都将由船主自行承担。

　　(4)油轮应满足路易斯安那州海上石油港(LOOP)的各项要求。

　　(5)建立最低惰性气体、原油清洗及油品加热特性的要求。

　　(6)建立油品管汇设计及材质标准。

　　(7)明确输油管汇的最少泵送时间和泵送压力。

　　(8)船上油品处理装运设备应满足 OCIMF 标准;船—船转运设备则应按照 ICS/OCIMF 标准进行操作。

　　(9)在停运期间,只要油轮能在 24 小时内做好航行准备的话就可以进行维护工作。

（10）船主保证油轮对其他石油公司也是适用的，这样租船人才能从事相应的商业活动。

（11）由于船主执行租船人要求而造成的对港口、建筑、泊位、船坞、锚具、海底管线，或者对停靠的驳船及油轮等造成的破坏，租船人不负任何责任。

（12）应当包括对油品保留、运送过程中的损失、提货单以及赔偿书等方面的条款。

（13）应注明船主对船身、P&I 以及过量污染责任等投入的保险。

（14）油轮满足所有国际公约要求，租船人有权检查油轮及油轮的文字资料。

（15）油轮应遵守国际海事组织、国旗所属国及油轮可能行驶的州省等地颁布的交通隔离和路线指南。

（16）应在船上为租船人的代表和泊系船长提供居住房间和生活用品。

（17）在获得船主许可的前提下，租船人有权自行付费安装额外的泵机组和其他设备来方便油品的装卸。

（18）船主应保证船员都已获得了工会的认可，认为其达到了全球国际运输工人联合会的要求，并在整个租约期间都携带有 ITF 证明。

（19）租船人可以自行付费在不同的允许总载重量下对油轮进行复查。

（20）船长应完全执行租船人的书面航程指南。

（21）油轮可以转租给其他人，但是租船人必须负责转租后的油轮仍然执行租约的各项条款。

（22）共同海损纠纷必须在纽约解决。

（23）船主提出的索赔要求必须在纷争出现90天以内提出。

（24）租约应受到全美海事法律的管理。出现的争议应在纽约由三位仲裁员组成的小组解决，一位代表船主、一位代表租船人而第三位则是由前两位挑选出来的。任意两位仲裁员赞成的决议即具有最终决定意义。最终的裁决应由具备赔偿执行权的法庭来作出。

（25）租船人的港口运输代理将代表船主处理船员的小型事务，由此发生的费用应由船主补偿给租船人。

（26）租船人提出的油罐清洗等要求应自行承担费用。

（27）租约已经生效之后国际法规发生了变化并造成船主多于25000美元的损失应由租船人进行补偿。

（28）应包含经纪人酬金细则。

4.19 间断的定期租赁和空船租约

间断的定期租约是指仅进行单向航行的定期租约。这种租赁形式不常用在石油贸易中，一般用于谷物类交易，而船主对港口收费和停靠时间不是太确定。对于定期租赁，油轮的燃料及港口停泊费都是租船人支付的。在货物卸下之前只要租船人持续地支付定期租赁的租金的话，一般不会出现滞留索赔。

空船租约，有时候也叫做让与的定期租赁，是比较少见的情况。船主将"空"船租给租船人，没有船员，也没有任何补给，并且不承担任何运行责任。空船租约的租船人自行支付所有的运行及航程费用并承担全部运行责任。租船人应按照船主的意思购买船身保险，并负责油轮的维修。油轮重新发运之前需要得到海事调查员的认证，认为油轮处在其年限的正常维修状态，或者得到某机构提供的油轮通过特殊检查的证明。

空船租约的租船人对油轮具有完全的控制权，就像是自己的油轮一样，通常都被认为是船东，或者在油轮运费下跌时被叫做绝望的船东。租船人可以租用油轮，或按照租约的某种形式将其转租出去，只要不违反基本的空船租约条款即可。空船租约的租金支付不得受任何因素影响，除非是保险公司宣布油轮整体报废、被国旗所属国查封，或者由于不可抗拒因素使其航行能力遭到破坏。在这些情况下，空船租约是最安全的租约形式，就租船人而言可以将财务风险与租约联系起来。

从船主的长期利益出发，空船租约的租金代表着其投资的回收。银行对油轮的资金投入取决于空船租约的严格性。例如，日本租船人可能会参与到和船主的空船租约中来。随后船主可以从银行处获得贷款，并将空船租约作为偿还贷款的首要方式。船主可以使用银行提供的贷款从指定的属于同一合作伙伴的造船厂购买油轮。

买方通过租购合同的方式获得油轮，该合同即空船租约，在最后一笔空船租金交纳之后，该租约油轮的所有权就转移给了租船人。当买方不

具备购买油轮的全部资金时就可能会出现租购合同。空船租约就给租船
人提供了一种新的选择,即在租约结束时可以以约定的价格买走油轮。
如果油轮的实际价值超过了约定的价格,租船人可以按该价格将油轮买
走,反之,也可以将油轮归还给船主。空船租约的租金可以反映出油轮的
所有权是否在租约结束时转移给了租船人,租船人是否有义务或权利购
买,以及油轮是否可以简单地归还给船主,后者是最常出现的情况。定期
和空船租约都可以通过协商达成,并商议其中的细节和各种方案,并将其
作为各方协商的最终结果。

5 油轮运营及国际法规

船主在油轮运营方面所具有的独立性一般不受公众意见的干扰,只与实际的商业情况相协调,因而这种独立性变得越来越难于控制。船主的独立性意味着天生就会为了极小的利润空间而牺牲掉安全。不安全的油轮运营永远不会被认为是可行的,因为油轮本身就是一项投资,而其经济收益则取决于有效运行的能力。虽然曾有先例证明某些船主可能会因为油轮海上事故而获利,但绝大多数收益都是来自于安全可靠的航运服务的。船主在决定提供给租船人和托运人的航运服务水平时过去曾经并且现在也仍然有回旋余地。尽其所能的提供一流服务的企业被称为头等运营商。

5.1 头等运营商

头等运营商可能是运营自己油轮的船主,也可能是与船主有合同安排的油轮运营管理企业。托运人或租船人对航运服务的认可程度是基于油轮运营商的表现,当然,他可能是也可能不是油轮的船主。头等运营商,无论是船主本人还是油轮经理人,都应当意识到,油轮的最终投资回收都是与提供给托运人及租船人的航运服务水平密切相关的。他应当聘请有能力的船员,以提供高效的航海服务。对于制定政策和操作步骤的岸上人员和执行命令的船员两方来说,安全都是最为重要的[1]。内部安全管理是指船上人员应当执行的各项措施,用于控制油轮内部及甲板上潜在的燃料及油品火灾和爆炸事故、油品蒸汽中毒事故、恶劣天气下油罐翻滚或纵倾事故等。头等运营商在处理以下情况带来的危险时会很有经验,包括冰冻和严寒气候、油轮翻滚、纵倾和晃动时机械设备的操作以及船员在桅杆、船舷、封闭空间以及油品储罐内作业时的安全操作。只要确保船员时刻谨记安全工作要求并穿戴适当的保护设施,那么完全可以减少事故风险。

外部安全措施则指的是为了避免相撞及搁浅事故而选择在目标港口安全停靠从而结束航程等做法,这样做的目的是为了避免船员生命遭到威胁或者油轮及所载油品不受破坏。这里面包括遵守航道规则行驶,采用辅助设施协助导航,发出适当的灯光及可视信号,放低蒸汽引擎速度,探测声音信号并在可视或近岸水域发出警告信号等。精湛的航海技术应当包括合理地避开风暴,如果已经遇上风暴,则应当减速行驶,改变航向,采取措施尽可能使船员人身安全、油轮及所载油品损失降至最低。而精湛的航海技术则得益于有效的船员训练,让船员取得进步,在有限的工作时段内效率得到提高,从而确保船员随时警惕油轮内外危险的发生。岸上工作人员则不应给船长施加压力,不能以牺牲安全操作来换取航程的利益。当油轮上人手不够,造成船员工作时间过长,降低了警惕性或者一味地坚守着航程安排时,这种情况是可能发生的,也许会导致油轮在降低了可视性或远离近岸水域后搁浅或与其他油轮相撞,或者遭遇到风暴等恶劣天气。岸上工作人员和船员必须将其行动统一起来,从而确保制定和遵循的操作步骤是合理可行的;船员接受到的是正确的培训,警惕性很高并热情高涨,准备好了各项技术及设备储备以确保安全,在油轮运行中安全始终处在首要位置。

头等运营商还会将业务范围延伸到油轮的购买上,油轮的设计和建造的质量标准会对维护费用以及油轮的使用寿命产生较大的影响。岸上工作人员会对造船厂的项目建议书作出评价,就方案提出改动和修正,在建造和维修期间监督整个进程,并在可能购买二手油轮时进行检查和评估。一旦购进油轮,就将为其配备船员和精良的机械装备,包括按制造说明书要求的操作设备,并执行预设的维护程序,在维护早期将问题设备进行标注,对备用设备进行周期性测试,以确保其随时待命,当设备出现严重故障时采取快速有效的补救措施。

头等运营商必须拥有称职的岸上工作人员,来补充船员的工作。岸上工作人员实质上就是向托运人或租船人以直接的方式或聘请经纪人的方式提供船队服务。他们会帮助安排海事保险、提起诉讼、处理现金支付事宜、进行财务控制和财务计划、按公司合同规定安排油轮的行程。岸上工作人员一般都通过港口运输代理来安排与客户、公共健康、港务管理机构等的事务,处理船员交接班,为油轮提供货舱、设备、淡水、燃料、零部件等补给品,并提供紧急维修服务。

从历史上看,岸上工作人员和出海的船员几乎没有接触的可能性。经验证明,海上高级管理人员和岸上工作人员的深入交流可以提高生产能力和服务水平。事实证明,二者的紧密协作可以在托运人和租船人中建立良好的声誉。而作为头等运营商的良好声誉将带来不可估量的经济效益。签署合约的托运人及租船人在与声誉不好的运营商合作时不会将其货物放心地托付给他们或者作出任何承诺。公司的声誉尽管不会出现在资产负债表上，但却是一种无形资产。

5.2　次等运营商

前面就提到过，声誉不好的运营商其实大量存在。其中原因之一在于，广泛存在于航运业务中的单一层次市场对所有运营商支付的运费都是一样的。虽然头等运营商对成本分析得很透彻，他仍然希望能够支付给他的船员多余最低运费的报酬，因为他知道对于精良的船员来讲更好的劳动付出应当由从更为安全可靠的服务中获得补偿。更安全的运营可以减少保险费的支出，可以减少索赔的情况，从而从较少的停航时间中获取更大的利润。精良的并且技术上合格的船员可以大大降低维护和修理的费用。

不过，这部分收益却很难确切的量化。在公司管理层中的一般决策者，也就是专门考虑成本支出的高级人员可能会要求提供详细的数量化账目，包括可以减少多少维修费用，减少了频繁事故后可以获得多少额外的工作日，从而确定最高等级的船员应该拿到的报酬数额。有了这些信息，管理人员就能进行成本/效益分析，可以对给员工更高的报酬和节约下来的维护费用的收益两者之间进行比较。但是，怎么才能够精确地量化出雇佣熟练的技术合格的船员而减少的维护费用以及由此增加的收益呢？要解决这个问题，就必须知道如果雇佣的是更为合格的船员到底会使维护费用以及停航时间发生什么样的变化。由于这些信息一般难以了解，因而雇佣熟练船员带来的益处难于量化，花费的雇佣成本和取得的收益就很难用货币的形式来比较了。

从另一方面来讲，一个处在行业最底层的较差的运营商雇佣的是最廉价的船员，而不考虑他们的能力或动机时，在运营过程中奉行维护和维修项目最多化政策，降低交给海上保险公司的投保金额，而这样一来低的费用就可能导致工作意愿的降低和资金支付上的不作为，最终导致诉讼的发生。以这种方式来运营油轮运输业，其节约的资金立竿见影，并可以进行量化。这种做法能提高眼下的现金流动速度，但无法为以后的事业作好铺垫。问题是，未来总是要来的。这样目光短浅的做法最终会带来灾难性的后果,曾经就出现过这样的情况,随着维修费用的逐步升高和停航时间增多引起的利润下降,最终使得船员彻底爆发。有些时候,托运人或者租船人就会反问自己,为什么当初会与这样一个劣迹斑斑的运营商签定合作协议。在情况变得越来越糟时,他们就不会愿意继续与其合作了。进入商业交易能力的衰退会导致利润的降低,大量的停航时间再加上由于长期忽视而造成维修费用的迅速上升,使得船主的现金流发生拥堵,最终将花光船主在油轮上的全部投资。

上面提到的这类运营商在做出决策时还会有一个新的影响因素:各种国际组织以检查、整治和公众舆论的方式越来越多地介入进来,逐渐削弱了贸易活动的独立性。这样的变化从本质上看与行政收费不同,不会对头等运营商带来实质性的影响。所有的次等运营商则会持续地受到不断更新的标准所带来的越来越大的压力,这将大大增加其总成本。只拥有单艘油轮的运营商可能不会聘请能够处理文案工作的岸上管理人员。拥有一两艘油轮的小规模运营商会发现,相对于拥有多艘油轮的运营商来说,他们会处在竞争的劣势,因为那些运营商可以将与国际组织和各种规章制度打交道时发生的管理费用分摊到每艘油轮上去。小型运营商不得不放弃其油轮经营生意,或者将其油轮转包给别的船主或能够满足国际运营标准的油轮经理公司。

将油轮运营规章制度强加给运营商的国际组织中,有一些是政府机构,而另一些则可能是船主和运营商、租船人、海事保险业及船级社的代表。这些组织之间因为有着责任和利益的交叉而互相联系在一起。由不同的国际组织动机以及他们对油轮运营造成的潜在影响会很大程度上影响到油轮运营商的前景。

5.3 国际法规的起源

自海洋贸易开始之日起,海事安全就一直是船主最关注的问题。事实上,如果油轮的主人同时也是船长,那么他就会非常关注油轮是否能安全地抵达下一个港口。船主作为油轮的所有人将对油轮的运营情况、所载乘客、船员及货物进行全面的控制。在 19 世纪,将油轮的所有权和运营权分离开来是十分普遍的。船主只需要留在岸上寻找下一次航程的货源即可,而船长则受雇于船主,执行他的命令。船主不会亲身经历常常发生的海上危险。这使得船主将他的注意力紧缩在对利益的追逐上,而很少关注高安全标准的油轮维护上，因为这意味着一部分支出。在市场行情走低时，对于航运市场来说是很正常的情况，船主没有别的选择，只能是找找捷径缩减运营开支，否则就将面临破产的威胁。

早在 1868 年，一位国会议员，同时也是位煤炭商的 Samuel Plimsoll，发动了一场针对"报废"油轮的运动[2]，并由此引发了一系列事件，最终导致皇家委员会在 1874 年开始干预不再适合海上航行油轮的问题。首次国际海事会议于 1889 年在华盛顿召开，会议通过了防止油轮相撞事故的措施（航道行驶规则）和海洋救援措施（SOLAS），建立了密集水域和限制水域的海运航道，规范了浮标和信号系统，规定对危险沉船进行标记和拖移，并对其他航运问题做出了规定。在 1889 年的会议当中，议程之一便是掫出建立一个永久性的国际海事委员会，不过直到 1958 年随着联合国政府间海事咨询组织的出现这一议程才得以实现，而建立的这个组织目前我们将其称为国际海事组织（IMO）。

不过，在 1897 年，一个代表着海事法律的私立组织就已经在比利时成立了，其名称是国际海事协会（CMI），其宗旨是"海洋是各个国家之间的天然纽带，为海洋建立一个概念上合理、深思熟虑且公正的统一法案，并使其内容可执行性强"。比利时政府发起了一系列的"布鲁塞尔会议"，为制定国际公约提供了一个讨论的平台，而会议的议题后来被 CMI 进行了系统的表述。由 CMI 发起的布鲁塞尔会议公约在 1910 年宣布生效，即油轮相撞及海上救助公约。随后，又接着颁布通过了关于责任限定、货物运载、海上留置权、由相撞引起的民事及刑事案件、油轮扣留、乘客责任义务及其他问题的布鲁塞尔公约，甚至包含一部分非海事公约。最后一次布鲁塞尔会议于 1979 年召开，颁布的是一部非海事公约，其内容是替代原油的 SDR 黄金标准。CMI 的各项法案目前由国际海事组织的法律委员会负责执行。

随着号称不可沉没的 Titanic 号在 1912 年沉入海底，公众的关注焦点开始集中在了海事安全上。当时的造船商坚持认为应限制救生船的数量，并将其作为节约成本的措施之一。Titanic 号上携带的救生船就只够容纳所载乘客和船员总人数的一半。几乎没有人认为在刚刚触礁时 Titanic 号会真正沉入海底，所以第一艘离开的救生船都没有装满，从而将死难人数扩大到船上所有人员总数的三分之二。更严重的是，在 Titanic 号附近的其他船只上的船员尽管看到了射向空中的紧急信号，却荒唐地认为那是有人在举行庆祝活动。而且这艘船上的无线电接收器则根本没有收到求救信号。

　　安全政策、程序和法规都是在血的教训中总结而来的。Titanic 号的悲剧促使国际公约组织对海事活动建立起了最低生命安全标准(SOLAS),包括携带足够救援所有乘客和船员人数的救生船。另外,海上航行的船只也必须随时监测特定无线电频率以确保能收到求救信号。Titanic 号的悲剧也促使国际冰凌巡逻提供相关信息,该组织是由美国投资,由海岸卫队执行并随时汇报北大西洋中冰山的具体位置和漂移情况。

5.4　国际海事组织

　　联合国的组织机构设置为创建一个永久性的组织提供了机会,该组织专门从事于处理已建立的国际海事协议,并防止某个国家在海事问题中采取单方面行动。1948 年,联合国大会通过了一项决议,建立了首个专门致力于海事事务并专注于海洋安全的国际政府组织[3]。最早在联合国赞助下关于海事事务的公约于 1954 年颁布生效,比政府间海事咨询组织(IMCO)的正式建立早 4 年,随后在 1982 年被命名为国际海事组织(IMO)。该国际公约主要处理的不是海事安全问题,而是海上石油污染,标志着这一新的国际组织将包含所有海事事务,而不仅仅局限于海上安全。公约原稿中的第 1(a)条对公约的目的是这样解释的"为政府创建国际贸易中可能影响到航运业的全部技术因素的规章制度和条理方面建立政府间合作机制;鼓励和促进有关海事安全、航行效率和防止及控制海洋污染等方面的最高实践标准的广泛接受"。

　　IMO 是坐落在英国唯一的联合国组织,在 1995 年已拥有 149 个成员国及一个准会员(中国香港)。IMO 成员国每两年举行一次集会,不过在每两次集会之间,32 个海事国家中都会推选一个代表理事国作为该国际组织的管理机构。在得到成员国许可的前提下,该代表理事可以任命一名秘书长,由他来管理和领导多达三百人的内部机构人员。这些工作人员与五大主要委员国一道,共同行使 IMO 的技术职责。

　　IMO 的下属组织机构中首先是海事安全委员会,它通过众多的分委会来处理航海安全、无线电通信系统、搜救、海上救生等事务,并负责建立关于培训和航行、危险物品装载、油轮的设计和设备配备、防火、油轮稳定性和吃水深度、渔船的安全操作、与货舱和被装货物及大宗化学物质运输相关的规范。其次是海洋环境保护委员会(MEPC),该组织建立于 1973 年,负责 IMO 关于防止和控制由油轮引起的各种海洋环境污染。再次是法律委员会，该组织是以 1967 年 Torrey Canyon 油轮事故引起的法律问题为契机建立起来的，在 CMI 的支持下处理 IMO 内部及外围法律事务。第四是技术合作委员会，它负责提供技术援助，主要针对的是发展中国家。最后一个机构是促进委员会，旨在减少和简化油轮进入或离开港口码头所必需的各项手续和文字材料。

这些委员会和相关的分委会将起草初步的文件，在正式生效之前必须经指定国家认可。批准公约生效的国家数目随着通过该公约能起到的重要性的不同而不同。超过 30 部公约和协议以及 600 多部法规只在批准其生效的国家起约束作用，而不是对每个成员国都有效。有两部关于石油污染责任的公约就符合这样的情况，它们经一定数量的国家认可已经生效，但只对除美国以外的其他海事国家起限制作用。

通常来说，批准国际公约生效需要由起草该公约的成员国采取补充法律或其他行政措施。对于美国而言，国际公约部分由美国法律起草的，议案必须得到议会认可然后由总统签字生效。有两部关于石油污染的国际公约在美国无效，因为这两部公约未能成为美国法律体系的一部分。但是绝大多数的国际公约都已经进入了美国的法律体系，包括美国海事活动货物运输法案，这部法案中包含的就是全部海牙法案的内容，而海牙法案是 20 世纪 20 年代基于运输货物的海洋舰艇责任范围及实质而达成的一项国际协议。从另一方面来看，国际公约也可以作为一般的协议来执行。总统得到宪法的授权可以参与到协议中来，但是必须得到参议院的许可协议才能真正生效。举个例子来说，Woodrow Wilson 总统签署了包含建立国家战略同盟条款的凡尔赛公约，但该协议并未得到参议院的认可，因此美国没能成为凡尔赛公约的成员国。

正式的 IMCO 组织成立之后最早通过的公约是 1960 年的海上生命安全（SOLAS）公约，该公约的内容包含了关于油轮稳定性、机械及电力设备的安装、消防设施、火情探测和灭火装置、救生设备、无线电通信系统、航海安全及危险物品携带等方面的安全问题。之后的补充条款则很难付诸实施，除非经历同样的烦琐且漫长的审批程序否则是无法通过的。1974 年提出并于 1980 年通过的新版 SOLAS 公约中采取的是行政程序，这样一来，由海事安全委员会提出的补充条款可以自动在预订日期生效，除非有相当数量的国家对补充条款提出正式的反对意见。这样就使补充条款的添加更加方便，也使 SOLAS 公约能随时保持更新。

5.5　吃水深度公约

油轮装载到其许可总载重量时就被认为是"装载至标记线",可以通过标记在船身上的称为载重线标志的吃水线来确认。载重线标志是以Samuel Plimsoll的名字命名的,他首次在1874年的皇家委员会上提出促进安全航运的想法,并由此促成了英国商务部的成立。该部门下达了强制性规定,要求油轮必须在船身上作出标记线,并在油轮满载时必须保持可见状态。如果标记线被淹没了,就说明油轮装载的货物过多,会影响到安全航行。必须将多余货物卸掉直至标记线露出为止。商务部现在已经更名为英国运输部下属海事指挥部,主要负责油轮的设计、建造、分类、设备配备、操作安全货物的安全装载,同时还是各项国际公约适用到英国籍油轮的引进机构。

载重线标志表示的是冬季、夏季和热带环境下在海水中航行时的安全满载量,以及夏季和热带环境中在淡水中的载重能力。夏季、冬季和热带地区吃水深度区域分别适用于特定的季节和特定的地理区域中。一般说来,大型原油轮在热带地区时装载至吃水深度时,其容量要比夏季吃水深度时要多出3个百分点。与此类似的,冬季的满载吃水深度下容量要比夏季少3个百分点。在夏季的阿拉伯湾,一艘使用热带地区吃水深度线的油轮装载至热带地区标记线时,如果它经过的是适用夏季吃水深度的地区的话,则必须将其载重量修改至符合夏季吃水深度标准。这样一来,在阿拉伯湾已经装载好的油品,再加上燃料、储备物资、淡水及其他物品,使总重量已经达到油轮的总载重量,那么当它进入适用夏季吃水深度线的地区时,它超出总载重量的部分就只能是用于支撑其到达该地区的燃料的重量。

最初的关于吃水深度的国际公约在1930年获得通过并生效。在组建了IMO之后该组织就一直致力于该公约的修订工作,但直到1969年关于安全测量油轮最大吨位的更新版本才得以采纳,而且只在1980年才获得一定数量国家的认可(25个国家,即达到全球商业航运注册吨位国的65%)。注册吨位是指油轮的装载能力,包括船身以内的空间和适用于货物、补给品、燃料、乘客和船员搭载的主甲板以上的封闭空间,每100立方英尺为1英吨。而净吨位则是指注册吨位中只有较少部分用于容纳船员、航海设备和推进机械，每吨含 100 立方英尺。在计算巴拿马和苏伊士净吨位时可以采用不同的定义方法。该公约，由于其相对比较重要，所以要获得通过要求相对较高。其他公约的认可只需要达到全球商业航运注册吨位国的一半，或者有时候更少。

5.6　国际航道规则

　　1889 年在华盛顿召开的国际海事会议将引导油轮在风浪中相遇、航线交叉、赶超的未成文的种种责任和特权编撰成册，形成了独立的法律体系。1960 年，这些条文被海上生命安全会议采纳得以通过，但并未成为 SOLAS 公约的组成部分。直到被纳入预防海上撞船事故的国际法规 1972 公约（COLREG 1972）之后，这些条款才正式发挥法律效应，而前述公约中同样包含了交通分流的内容，其中海上交通又尤其密集，如英吉利海峡。如今最繁忙的水域是马六甲海峡和新加坡海峡，这两个地方的轮船交通分馏计划是由当地海事部门专门建立的。新加坡附近海域的管辖权属于新加坡船只管理信息系统（VTIS），该系统看上去更像是主要航空港控制交通的航空控制系统。管理航行和避免撞船事故的条款是干巴巴没有人情味的，但真正应用[5]起来却并不尽然。

　　超高频（无线电）信号会持续地发出噼啪声，将信息汇报给 VTIS。操作人员会警告对应的船只有其他轮船即将赶上并超过它，两艘轮船的经纪人会互相联系，及时了解临近船只是否也会去往同一个目的地；通常来讲这样可以帮助轮船寻找他们预约的领航员……Leung（World pendant 号超大型油轮船长）利用的是自动雷达测绘辅助系统（ARPA）绘制的图表和船桥处视窗位置的望远镜两者提供的导航辅助操作，通过图表来查询轮船所处的位置——每隔 30 分钟雷达开始旋转时测绘一次，望远镜则每几分钟就移动一次……以检查前方经过的船只，给出正确的方向命令，从而确保按照图表上标记的轨道行驶而不被当前的错误信息误导造成偏航。

5.7　IMO 及技术进步

　　通信系统方面取得的主要技术进步已经写入国际海事卫星组织 1976 公约和运行协议当中，并于 1979 年颁布生效。卫星系统为海事方面指定了特定的空间卫星频率。每艘商业轮船上都配备了卫星通信设备。而现在所有的轮船上其实都没有配备完整的卫星通信系统,它应当包含双向音频和传真通信,还应当有天气信息接收装置。

天气信息可以用不同的形式表示,最常见的是地球的卫星云图形式,与电视上看到的气象信息相类似。卫星云图是以网格线来表示经度和纬度,并勾勒出大洲和主要岛屿的轮廓。气象图则表示的是高低压区域,冷热气流锋面,风速和风向以及描述气压的等压线。卫星云图和气象图为领航人员提供了足够的信息,使其能够预先知道风暴的情况,并及时纠正航向以避开风暴。油轮运营商可以提供轮船上的电脑风暴追踪服务,并给出风暴来临前一天或两天的预计轨迹图。有了轮船当前所处的位置信息和预计到达的目的地方向,此项服务还能规划出最优的行程路线,避开风暴,并使改道行程最小。此项服务的计费标准是以节约下来的改道费用为基础的,即以节约下来的时间和燃料的数量作为标准。

美国国家气象服务及世界气象组织颁布了不同气象组织之间进行信息转换所用的呼叫编码、频率、时间和航程进度,从而有效覆盖全球包括南极洲在内的所有洋面。公开的海洋天气预报不仅仅局限于本地区,而应该是全局性的。全局天气模式是大范围的天气模式,覆盖 200 ~ 2000 公里范围,而每个气象事件的测量则从数小时到数天不等。全局天气信息是通过分析卫星云图和当前由地面站和卫星船报告的观测天气情况得来的。发送给海上轮船的无线电传真信号[6]应包括以下内容:

(1)带注解的全局卫星云图,表明云层覆盖及包括热带气旋在内的天气干扰。

(2)靠近地面站的海洋区域局部雷暴发展情况的雷达测绘图。

(3)包括地面及船上观察站提供的带注解的天气情况全局表面分析图。

(4)未来12 小时、24 小时、36 小时并扩展到未来 2 ~ 5 天的全局表面天气预报。

(5)由地面及船上观察站提供的海浪高度和方向的海浪分析报告,以及基于天气信息的计算情况。

(6)未来一星期或更长时间的海洋温度分析及预报,以及异常情况分析。

(7)海上冰山的位置及情况描述。

(8)其他用于特殊用途如研究或渔业作业用的图表,提供的是温度、矿化度及不同深度的洋流情况信息。

（9）高空天气情况，提供海拔高于 5600 米位置的风力、温度及大气湿度情况。由于高空气流将驱动表面压力系统和锋面的形成。

IMO 公约处理所有类型船只的事务，不仅仅只针对油轮。另一部针对技术进步的 IMO 公约是 1972 年颁布的对以容器装载货物油轮的安全容器国际公约，这种货轮在"第二次世界大战"后基本取代了传统的货轮样式。IMO 同样还涉及渔船的安全问题——不过这是一项复杂而又危险的任务。商业船只在风浪中航行时可以将各个舱门关闭，等到达港口安全地区时再打开，而渔船刚好相反，在进出港的时候关闭舱门，风浪中再打开。IMO 对这种海上活动的关注开始于 1977 年的渔船安全 Torremolinos 国际公约。

5.8 培训、认证及警戒标准

安全这一问题是存在于船员心中而不是船只本身，这种认识促使 1978 年海员培训、认证和警戒标准国际公约（STCW）的诞生，随后该公约在 1984 年生效。该公约旨在建立关于海员培训、认证和警戒的最低标准。它与国际劳工组织（ILO）对管理人员、有法定资格的海员、厨师的认证标准一起，为执行这两部公约的国旗所属国雇佣的船员提出了最低的资格要求。1995 年，STCW 公约中又增加了补充内容并进行了修订，新公约于 1997 年 2 月颁布生效。补充内容旨在纠正原 STCW 公约中的不足之处，即：

（1）为实现轮船各项功能建立明确的安全高效资格认证体系，并在国际上广泛使用。

（2）确保政府对 STCW 认证的认可度。

（3）在培训中引进现代的新观念，在轮船结构上引进新的发展趋势，减少传统的甲板和引擎部分之间的隔离空间。

修订后的 STCW 公约给航运公司增加了更多的责任和义务，进一步要求海员必须获得相应的资格才能从事安排的工种。该公约的第一章第一条中指出，"航运公司、船长和船员各自都担负着保证各项任务都尽力完成的职责，各项措施都必须严格执行，确保船员为油轮的安全运行作出积极的贡献"。国旗所属国应当"要求公司在签约雇佣海员为其轮船效

力时必须满足现行公约条款的要求"。每一个签署了修订的 STCW 公约的国家,下属轮船运营公司都必须确保:

(1)每位海员必须持有对应的认证证书。

(2)轮船的人员配备必须满足安全要求。

(3)保留必要的海员档案信息并随时可以查阅。

(4)海员在其职责范围内得到正确的指导,熟悉轮船的情况,能应付常规和紧急情况。

(5)船员能有效应对安全事故和污染防治方面的紧急情况。

颁发给船员的证书不一定是轮船所属国家政府给予的。效力于利比里亚轮船的船员可能具备的是英国颁发的资格证书。政府颁发的资格证书必须满足 STCW 标准要求。如果船员的资格证书不是轮船所属国家颁发的,那么在三个月时间内轮船所属国必须对该证书进行认证以确保其继续有效。航运公司有权审查船员资格证的有效性和真实性,而政府则作为停用、吊销、挂失和毁坏证书再次使用的注册机构。

轮船上人员的配备是国旗所属国按照 SOLAS 公约根据船员的数量和资格认证情况确定的。航运公司必须掌握每个海员海上经验、培训情况、身体状况和过去完成任务情况的足够的书面材料。为船员开设的正式熟悉轮船的项目包括两大部分,是以这些海员能理解的语种进行的个人在警戒、安全、环境保护方面的培训以及紧急情况处理方面的训练。船上熟悉项目则包括就安全问题与其他船员沟通的能力,了解当有人落水、探测到烟雾或火星,或者是火警或弃船警报拉响时分别应该采取什么行动。船员应当清楚紧急集合的位置和安全逃生路线以及装运站的布置情况,放置和穿戴救生衣的地方,如何辨别火警和使用消防设施,如何对付事故或其他危及生命的紧急情况,以及如何使用防风或防水门。为了使船员能自如地应付上述情况,船员和官员必须随时沟通。这听起来应该是最基本的要求,但是实际上官员和船员语言不通是常有的事。让船员经常进行实际紧急情况演练都要留有这些活动的详细记录。修订的 STCW 公约中还规定了最少的休息时间,以确保船员的健康,"满足工作条件要求"。

修订的 STCW 公约对当班的官员提出了英语语种要求,以确保他们能充分理解图表、航海出版物及天气信息,并能够与其他轮船进行交流。引擎值班人员也必须掌握一定的英语,要能读懂并且翻译英文的工程出版物并能用英语进行交流。STCW 推荐国旗所属国对海员作出基本英语词汇要求，使他们能够正确应对安全及污染防治情况。推荐航运运营商执行的另一项规定是建立防止滥用毒品和酒精的条款。

1995年补充内容最显著的特点是建立了统一的资格标准，而在过去资格标准是各个国家政府自行规定的。航行及工程值班人员的资格认证包括最少海上航行经验时间及接受的最低培训和教育程度限制。从业资格当中包含了运行轮船所必需的全部指定任务。举例来说，在航行中有一项从业资格是"规划和执行航程并进行定位"。这就是说，这个人必须精通天文导航、地面导航和海岸导航技术，熟悉使用电子定位系统、回声测深仪、指南针、转向控制系统及气象信息。为了实现轮船对航行的种种要求，在规划和建设航道及定位（前面刚刚提过）时就应当提出各种资格要求，包括维持安全航行的警戒要求、对雷达的熟练使用、处理紧急情况及求救信号的能力、英语运用和理解能力、以信号方式发送和接收信号的能力，以及操作轮船的能力等。

修订的STCW公约除航行之外还提出了六项其他功能：货物搬运及充装，控制轮船的运行并照顾船上人员，海洋工程，电力、电子和控制工程，维护和维修，以及无线电通信。修订公约还允许给同时在甲板上和引擎舱内工作的人员颁发双重资格证书。这就需要在轮船进港口之后的繁忙时期进行工作的重新分配。组合工种增加了事业发展的可能性，并与传统的一直停留在一个部门的职业生涯产生巨大的差别。不过，这样的双重资格证书不能用于缩减船员规模或降低行业的整体性。

按照最初的STCW公约，港口所属政府的控制检查员有权对所有停靠的轮船进行检查，以确保海员持有所需的证书，海员的人数符合国旗所属国人员配备方面的安全要求。另外，如果轮船遭遇事故、非法卸货或被开到未知的或不安全的航道中时，检查员也可以对海员的资格或能力进行评估。修订版公约允许检查员检查海员的资格证书，从而确保国旗所属国已经对别国颁发的资格证书进行了认证。修订的公约还围绕"澄清理由"扩展了适用条件，如果认为轮船的操作方式"可能给人员、财产或环境造成威胁的话"，港务局在评估海员的资格时就可以采纳新的扩展后的条款。

颁发STCW证书的国旗所属国必须出具符合IMO和STCW标准的书面证据，说明其认证过程中的掌握的质量标准，包括独立的评价体系，对持有别国颁发证书的外籍海员进行资格审查时掌握的接受标准。关于培训、考试以及评价方式的详细报告应提交给IMO，作为其认证项目的组成部分。IMO 会把所有符合 STCW 标准的国家政府罗列出来。如果海员持有的证书不是这个清单上所列的政府的话,IMO 将认为他不够资格,不过政府的海事管理机构不必严格执行这一规定。IMO 本身就设有培训项目,在瑞典马尔莫的 IMO 世界海事大学,为来自发展中国家的有经验的人员提供更高级的培训。来这里就读的学员都是将要就任陆地管理职位的船长或总工程师,或者是将要成为海事研究机构教师、审查人员或鉴定员,以及负责技术工作的港口经理人。

5.9　国际安全管理规范

　　除了查明海员的培训及警戒能力之外,IMO 对轮船的运营还担负着另一项更积极的任务,即为轮船的安全运行和污染防治指定国际安全管理(ISM)规范。ISM 规范是由 IMO 海事安全和海洋环境保护委员会共同起草的。IMO 体系已经认可了 ISM 规范,但海事安全委员会仍在考虑采用何种执行方式。其中一种执行方式是将 ISM 规范纳入 1974 年的 SO-LAS 公约当中,而这部公约是所有海事参与国强制执行的。ISM 规范一旦作为普通的运行规范执行,将对航运公司的管理和运行产生深远的影响。它会使运营商们在行使其作为二等或三等运营商的独立性时变得更加困难。

　　ISM 规范在序言中声明其目的是"为轮船的安全管理和运行以及污染防治提供一个国际性的标准"[8]。该规范承认对轮船进行管理需要有一个组织来"回应船上的各种需求,从而获得并保持高标准的安全及环境保护"。该规范是基于以下原则和宗旨的,即"认识到没有两个航运公司或船主是完全相同的,轮船也是在不同的条件下运行的"。陆地管理组织被认为是海上安全运行的组成部分。"良好的安全管理,其根本应该是从上至下的执行。对于安全和污染防治来说,决定最终效果的是处在各个等级的个人对政策的执行情况、从业资格、态度以及工作动机"。

　　ISM 规范期望指定的组织考察之后能给轮船运营公司颁发一个认可的书面文件。轮船拥有的安全管理证书能证明陆地及船上的操作人员已经满足了规范上的所有要求。ISM 规范要求每个轮船运营公司建立一套安全管理系统(SMS),用以提供"说明书和执行程序,确保轮船的安全操作和环境保护策略符合国际及国旗所属国相关法律规定"。这就要求规定出授权的等级和陆地与轮船之间人员的通信线路,建立事故和违反

ISM 规范事件的汇报程序，处理紧急情况的措施，进行内部审计和管理评审。

ISM 规范要求陆地管理人员，特别是即将踏上最高领导岗位的管理人员，应当与船上工作人员就安全和污染防治等问题保持直接联系。这一举措能够促进原本独立工作的两个团队之间的相互合作。但也有一些人看出，这样做可能会使航运公司更大范围地暴露于法律行动面前。船员与陆地上指定工作人员之间保持联系，当轮船出现事故时，船主可以更详细的了解船上是否存在操作不当的地方。这就给船主增加了更大的失去保险金和减少赔偿的风险。另外，ISM 规范还增加了船主在轮船发生意外事故时遭受法律指控的可能性。ISM 规范，从其本质来讲，就会使陆地高级管理人员难于以不了解船上情况为理由推脱责任——这对于减少赔偿和避免法律追究是一场严酷的考验。

船长必须执行公司的安全及环境保护政策；培训、激励船员从而保证他们服从管理；并监督公司的 SMS 系统是否严格执行。陆地工作人员则必须查明船长是否具备一定的资格水平，了解公司的 SMS 管理方式，并对执行 SMS 管理提供必要的支持。陆地工作人员必须采取适当的行动确保轮船上配备的是有从业资格的经认证并且身体状况良好的海员，满足国内及国际上对海员的全部要求，新进人员也必须进行安全及环保政策教育，并且这种教育活动必须在首次出海前进行。此外，陆地工作人员还必须负责建立处理船上潜在的包括训练过程和演习中遇到的紧急情况的实施步骤。SMS 的目的就在于保证船上和陆地工作人员能够处理任何可能出现的危险、事故和紧急情况。

在此基础上还建立起了反馈机制，这样执行 SMS 的效率就能及时进行确认、汇报和纠正。ISM 规范中就包括了审查公司对 SMS 执行情况进行核实、复查及评价工作的书面要求。对于头等轮船运营商来讲，采纳这些规范应当是通过行政手段来执行。推测起来，头等运营商可能不会改变其运行模式，ISM 规范中也承认了可以有很多种实现安全运行的方法。不过，头等运营商起码得执行与 ISM 规范中列出的主要条款相吻合的运行方式，并且严格执行规范中的管理要求。

1995 年，ISM 规范被 IMO 公约体系认可，并在 1998 年 1 月成为强制性执行规范，但其生效方式问题仍然没有得到解决。一旦生效机制建立起来，该规范就将成为遏止不规范运营商的有效法律手段。但是 ISM 规范的确减弱了独立轮船运营商的势力。头等运营商在满足 SMS 指南要

求的前提下不会遇到任何例外情况,只要其行动在 ISM 规范许可的范围
内,那么他们就有采取独立行动的自由。

5.10　搜索及救援

　　1979 年提出的关于海上搜索及救援的国际公约在 1985 年获得通过
并生效,大大提高了执行搜救任务的力度。由于各个国家都有自己的搜
救行动,因此由于缺乏实践经验和沟通机制,国际合作实际上很难开展。
即便如此,大多数国家还是保留了本国的搜救组织。其中之一便是美国
的海岸卫队,该组织从 1958 年就开始建立在北大西洋开展自发互助轮船
救援(AMVER)系统。在得到 IMO 认可之后,AMVER 随后建立起了一个
由 130 多个国家组成的全球性轮船保护组织。

　　参与到 AMVER 中来是自由并且绝对自愿的。AMVER 组织成员均
被要求用合同无线电台系统向 AMVER 系统定期汇报轮船的位置、航速
和预定目的地。这些信息有助于计算机一直对轮船的位置进行有效的评
估。如果发生了紧急情况,AMVER 计算机系统马上就能确定所有事故
船只附近的轮船,及时通知它们,并通知最近的搜救组织及时赶赴现场实
施救援。

　　显然,让尽可能多的船主加入该系统中来是制约 AMVER 系统有效
性的关键因素,这样 AMVER 才可能确认所有附近船只并对呼救信号作
出反应。搜救成本并不是采取行动的障碍,因为这项服务是免费的,但是
就算 AMVER 在紧急情况之外不会公布这些信息,有些船主出于商业原
因还是不太愿意暴露其轮船的位置。不过,不管是不是 AMVER 系统成
员,为了对呼救信号及时做出回应,所有船只都必须监听特定的紧急
频率。

　　在 1994 年当一艘搭乘有 1000 余名乘客的意大利客轮 Achille Lauro
号在非洲的 Horn 附近海域发生火灾时,搜救行动的全球性[9]发生了戏剧
性的变化。该船通过紧急频率发出的呼救信号被一艘路过的轮船接收
到,随即将乘客进行转移,同时也通过国际海事卫星组织的卫星将事故信
息发送给了位于挪威斯塔万格的海事救援合作中心(MRCC)。斯塔万格
市的 MRCC 立即联系了位于英国法耳默思的 MRCC 组织,于是依靠
AMVER 的组织,一支由三艘轮船组成的救援队随即在非洲的东海岸集结
完毕。一艘壳牌石油公司的油轮由于其配备了精良的通信设备被指定为

搜救调度船。不到 9 个小时，乘客和船员就安全地转移到小型救生船队上，仅造成极少的人员伤亡。

游乐船也可以配备全球海事呼救及安全系统（GMDSS），一旦触发该系统，就将向运转中的通信卫星发出呼救信号。卫星则将呼救信号中转至最近的 MRCC。轮船发出的呼救信号只能给出轮船自身的信息，而无法给出具体的位置。具体的位置只能通过至少三个不同的运转中的卫星接收到的呼救信号之间微弱的时间差异来确定。有了卫星的当前位置和卫星接收到信号的时间差异，计算机系统就能非常精确地判断出事故轮船的具体位置。这样一来，小型的游乐艇也能发射出便于精确定位的呼救信号。即使这艘游乐艇沉没，GMDSS 仍然会在海面上继续传输信号，为生还者安排救生筏或救生衣。Achille Lauro 号上装载的 GMDSS 系统帮助挪威和英国的 MRCC 精确地寻找到位于非洲 Horn 附近海域的所在位置。它的位置很快就通过通信系统转达给了救援舰队。一些商用轮船的运营商认为，相对于一般商用船只而言，为游乐船市场设计的呼救系统的可靠性应当提到更高的水平，而其他人则认为保持现有状况就可以了。

与 GMDSS 同类的还有全球定位卫星系统（GPSS），这套系统基本上能提供对整个全球的覆盖率。只要某艘船位于至少三个巡航卫星范围之内，GPSS 系统就能精确定位它的位置。卫星会发出信号，三个卫星接收到的信号与信号之间微弱的时间差可以由船上装载的计算机系统进行处理。计算机中存储了卫星在任何时间点上的确切位置，与前面提到的时间差结合起来，就能准确地计算出轮船的位置。这套系统已经发展到可以将轮船的位置用电子图表的形式表现出来。这样，驾驶台上的轮船操作员就能够随时清楚地了解轮船所处的方位了。

最初 GPSS 系统是为了军事目的建立起来的，后来随着苏联的解体逐渐转为民用。它无与伦比的精确性使得那些探宝的人几乎不费什么力气就能够返回曾经找到的失事船只遗骸的确切位置。航行及安全方面的通信内容可以在美国海岸卫队导航中心所列出的公海海事安全信息无线电频率表中找到，这里面还包括 GMDSS、GPS、差分 GPS、劳兰导航图、奥米伽导航系统、国际 NAVTEX 以及国际海事卫星组织安全网络等。国际冰山巡逻组织依靠国际海事卫星组织的通信设备发出冰山位置的传真图并从过往船只处搜集冰山信息。

参 考 文 献

[1] *Toward Safer Ships & Cleaner Seas* by Dudley, Scott and Gold, published by Assuranceforeningen GARD, Arendal, Norway.

[2] *International Shipping by Bruce Farthing*, Second Edition, published by Lloyd's of London Press, Ltd. , London, 1993.

[3] *IMO What It Is, What It Does, How It Works*, Publication 103/88 by IMO, London.

[4] *International Shipping* by Bruce Farthing, Second Edition, published by Lloyd's of London Press, Ltd. , London, 1993.

[5] "*Two Weeks in the Life of a VLCC*" in the February 1993 issue of Lloyd's List Maritime Asia, published by Lloyd's of London Press (Far East) Ltd. , Hong Kong.

[6] *A Mariner's Guide to Radiofacsimile Weather Charts* by Dr. Joseph M. Bishop, published by Alden Electronics, Inc. , Westborough, Massachusetts.

[7] *The Revised STCW Convention*, published by the International Shipping Federation, London, 1995.

[8] *International Safety Management Code*, published by IMO, 1994 edition.

[9] *AMVER Bulletin*, Number 2 – 95, published by the U. S. Coast Guard, 1995.

6 溢油预防及质量保证

第一部综合的污染防治公约,即 1973 预防轮船污染的国际公约不仅仅面对的是来自石油的污染,同时也包括来自化学物质、垃圾及污水的污染。这部 1973 海洋污染公约(MARPOL)以及随后于 1983 年生效的 1978 协议后来被共同称为 MARPOL73/78。这部公约大大减少了轮船向海洋排放石油的总量,并禁止向黑海、红海及其他关键区域排放石油。公约的内容包括了用于减少污染和提高油轮安全性而对独立压载罐、原油清洗、惰性气体系统、上部装油等方面提出的要求。

6.1 独立压载罐

MARPOL 要求,如果安装了独立压载罐,那么单壳船体的大型原油轮在运行 25 年时必须逐步停止服役,最多有 5 年的缓冲时间。现在所有的油轮都要求配有独立的压载罐(双侧双底)或者在单侧单底时采用中舱设计。美国石油污染法案就要求所有停靠美国港口的在役时间 20 年的油轮在 2000 年以后全部安装双层壳体,或者是新建双层壳体的油轮。双层壳体就意味着双侧双底。这样,人们就会发觉 IMO 与美国议会是不相容的,后者直接就要求进行双侧双底设计,而不需要咨询造船工程师。对于 IMO 和美国两方而言,他们都要求将货舱的侧面和外层壳体之间的垂直空间专门留作独立压载罐。双底双层壳体的油轮同样也可以用作压载罐。这样做可以保证压载水不会像单层壳体油轮那样与石油发生混合而导致污染,在单层壳体设计中,货舱就直接作为压载舱。因为从轮船中泵出的压载水是不会与油发生混合的,所以单单这一点就能够显著减少海上石油污染。如图 6.1 所示,图中表示的是两种简化的双层壳体设计,可以看出货舱和压载罐是相互独立的——装油的货舱里没有压载水存在。

议会要求的双层壳体设计最初显示出的弊端在于,按照双层壳体要求建造的船只没有船中线隔舱板。在油品装卸过程中,这些油轮将会向一侧倾斜,从而对岸边装卸设备以及油轮本身带来危险。后来在新建船

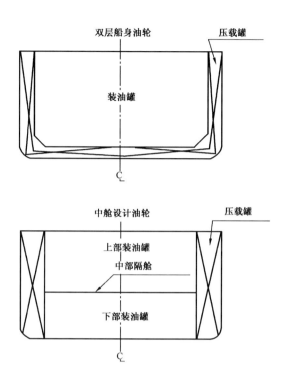

图6.1 典型剖面图(双层壳体及中舱设计)

只中引入了船中线隔舱板,对没有船中线隔舱板的船只在装卸过程中进行严格的压载控制,这个问题才得以解决。这些在货物处理中遇到的意料之外的倾斜现象说明新船设计中还存在着各种风险。无论船只的设计在图纸上看上去多么完美,真正对其效果的检测只能是实际观察按照新型设计建造的船只到底表现如何。

IMO 提出的另一种双层壳体设计方案则是中舱设计。这种轮船有双层的侧体,而底面仍是单层的。货舱与外侧壳体之间的空间被称为翼舱,由它作为独立压载罐。在双层壳体设计的轮船上这些压载罐要比翼舱更宽,这样才能容纳等量的压舱海水,从而补偿双层底板油罐产生的影响。双层壳体之间更大的跨越距离为保护轮船不发生碰撞提供了更大的空间。

下部货舱底板所受的压力是由中舱以下原油的重力所造成的,而船身外侧所受压力则是船底至海平面的静水压力。如果船身外侧压力大于内侧压力,当单层底板的船身发生断裂时这一正压差可以使所载油品仍然位于轮船里面。

　　IMO 也对可能造成船身断裂的单层底板的基础进行了类似的研究。研究表明,这些基础中有 80% 被认为是低能量基础,不会对第二层船身造成断裂破坏。这样,双层船身设计的轮船对被研究的 80% 的基础而言是可以防止石油污染的。发生碰撞的话可能会造成中舱设计油轮的单层底板的断裂从而造成少量的溢油,但不会像传统的没有中舱的单层船身油轮那么严重。外界海洋环境与货舱内侧之间的正压差会将绝大多数油品控制在油轮内部。

　　通过以上研究得到的结论就是,对所研究的 80% 的可靠基础而言,双层底板设计的油轮不会产生溢油,带有中舱的单层底板油轮出现溢油的量则远远少于常规的单层船身油轮。不过,对于剩下的 20% 的基础而言,也就是所谓的高能量基础,这种情况下油轮会产生足够的冲力使双层底板油轮内外层全部断裂,研究表明此时溢油的产生量可能会比中舱设计的单层船身油轮以及传统的单层船身油轮都要大得多。最能说明这一问题的就是埃克森国际石油公司的 Valdez 油轮事故。这艘单层船身的油轮在撞上 Valdez 海上暗礁时底板发生了断裂。轻质原油使得油轮漂浮在海面上,从而使驳船和其他油轮能够将油品从事故船只上运走。这样出现的溢油大概占到总装载量的 15%。而如果采用的是中舱设计的单层底板油轮的话,由于存在正压差,可能会减少溢油的量。但这仅仅代表着一部分人的观点,因为如果该油轮安装了双层底板,当两层船身都发生断裂时,两层船身之间的压载水可能会溢出,从而使满载的油轮彻底沉没。而这会使得油品的转移变得更加复杂,增加流入环境的石油总量。

　　对双层船身设计持否定态度的人同时也指出,油轮底部的双层结构之间的网状或框架结构可能会由于在将其重量传递到外层船身时产生的内应力而自动开裂。内层结构上的裂缝会导致石油蒸气向独立压载罐空间泄漏,从而形成爆炸性混合气体,对船员以及对这部分区域进行检查的人员造成生命威胁。双层船身设计还增加了必须定期检查的区域,以防止海水的腐蚀和人员活动造成的金属疲劳。需要有人经常巡查的大块区域则是费时费力的事,比如检查轮船的外涂层以防止海水的腐蚀。研究表明,双层船身油轮上需要检查的区域非常庞大,由船员进行彻底的检查几乎是不可能的。与双层结构设计相关的由老化和金属疲劳引起的潜在技术风险至今仍未全面了解清楚。

　　在某些方面,双层结构和中舱设计油轮之间存在的争议并不符合OPA'90 的要求,所以自然而然地也就无法获得停靠美国港口的资格。

类似这样的贸易限制会破坏轮船的经济价值。另外,中舱设计的确在油品处理、加热方面存在着不足之处,并且其清洁系统也必须能够容纳货舱倍增之后的容量要求。货舱里中舱上下两部分被分成了独立的两个舱,每一个都需要独立的配套系统,包括原油清洗和惰性气体系统以及人员进入设施。另外,中间舱设计本身对于船主来说就存在技术风险,因为在这样的设计下,油轮内部不能再添加任何货舱。

6.2 原油清洗及惰性气体系统

20 世纪 70 年代末,大型原油轮在油罐清洗过程中货舱发生了多次奇怪的爆炸事故,造成了多艘油轮的沉没。那个时候,油品在卸至岸上的油罐时是用新鲜空气进行置换的。卸油完成后,货舱罐中的残留油性物质是用悬挂在货舱罐上方的旋转式喷嘴设备喷出的高速海水进行清洗的。对于小型油轮来说这样做没有什么不妥,但对事故进行深入调查后发现,对于大型原油轮来讲,这种多孔穴的结构会造成与雷暴环境相似的影响。海水高速冲击罐壁会产生静电,而雷闪放电会引燃货舱罐内的爆炸性混合气体。一旦确定原因,引入原油清洗和惰性气体系统的安装就会终止新型油轮设计相关的技术风险。

现在,当原油向岸上泵送时已经不再使用新鲜空气进行置换了。惰性气体是一种阻燃剂,注入储罐中可以减少氧气含量,将其降至支持燃烧的浓度以下。如果发动机排气量不足的话,还可以在油轮上安装惰性气体发生装置,这种设备是一种燃烧装置,可以消耗掉其中的氧气。当氧气含量低于 11% 时就无法再支持燃烧[1]。惰性气体系统可以将含氧量降到 8% 以内,并保持储罐内压力略高于大气压,从而保证没有新鲜的含氧丰富的空气进入其中。

原油清洗(COW)与油轮卸油是同时进行的。一部分油品会在预设的温度范围内被充入 COW 清洗设备当中,并在高压高速状态下喷射到货舱罐的内表面上。COW 清洗设备都预先编制了程序,会集中清洗货舱罐的不同区域,从而确保所有的储罐表面都被原油充分清洗。特定温度范围内的原油高速喷射到储罐表面,比起用冷海水来除去含油残余物质来要有效得多。现代应力消除装置也运用了类似原理,这种装置也是依靠蛋白质本身来对抗蛋白质应力。某些原油轮在货舱罐的底部做了涂层处理从而确保原油清洗的有效性。货舱罐底部汇集起来的油品将与剩余油一起泵送到岸上。

油轮不能空载航行，这将会使推进螺旋桨部分暴露于水面以上，并且无法抵御恶劣天气的影响。要保持海上航行的稳定性，油轮必须充装载重 1/3 的海水。如果油轮上没有独立的压载罐，那么这 1/3 的海水就必须装在货舱罐里作为压载水。这部分水被称为污浊的压舱水。在海上航行时，其他货舱罐必须用高压盐水进行冲洗，以除去里面的含油残留物。海水与含油残留物一起，从货舱罐底部泵送到污油罐中，并存储在那里进行油水分离。

清洗过后的货舱罐被认为是干净的压载罐，当油轮靠近装载港时，需要装入其中的压载海水可以泵送上船，而不需要考虑污染的问题了。由于干净的压载海水是在海上装载的，那么污浊的压舱水就必须从船上泵出。货舱罐中的含油残留物会漂浮在污浊压舱水的表面。在泵出的过程中，污浊压载水中的含油量会受到密切监视。在压载水完全泵出油轮之前卸油工作就必须停止下来。相对较少的含油残留物和海水的混合物将会存留在货舱罐底部。这部分液体将泵送至污油罐进行进一步的分离，或者留在货舱罐中，下次装载时从上部进行，使油品处在海水和含油残留物的混合物上方。

当油轮中有独立的压载罐时，货舱罐就不必用来储存压载水。压载水不会与含油残留物相接触，当油轮靠近装载港时就可以直接泵送了。货舱罐不必再用高压海水冲洗，除非有人要进罐进行常规检查或维修，这在油轮的日常工作中是很常见的。含油残留物和冲洗海水的混合物就可以留在储罐底部，下次装油时从上部进行就可以了。或者这部分液体可以泵入污油罐，依靠重力沉降将油和水分离开来，之后水被泵送出去，剩余的海水与含油残留物的混合物留在罐中作为下次运输油品的一部分。

轮船工作人员需要进入货舱罐前必须特别小心，确保货舱罐是通风良好的。货舱罐内人员的工作将受到甲板上管理人员的监控，保证他们在罐内不发生油蒸气中毒事故。进罐安全检验单里应当包括以下信息：进入罐本身的情况；进罐人员的名字；进罐的目的及预计待在罐里的时间；进罐人员是否穿戴保护服及保护工具并佩戴起吊装置；是否准备了甲板上救援用呼吸机及起吊设施；惰性气体线路和油品阀门的状态是否符合工作要求，所有阀门都应处于关闭状态；进出油罐时关于油罐清洗、照明及便携式通信工具是否齐全等[2]。如果油轮需要入干船坞修理，在清洗货舱罐时还应特别注意，因为有可能使含有洗涤剂的加热海水混入。

6.3　上部装油工艺

　　货舱罐底收集起来的含油混合物和污水都将泵入污油罐。经过重力沉降将油水初步分离之后,污油罐里的水将通过监测设备泵送出船,并确保泵送过程中污水里油的含量微乎其微。在进行下一次装载前,含油残留物将被泵送到货舱罐内,并从上部和油品一起装进货舱罐,作为下次装载油品的一部分。所谓的污油罐既可以用作分离设备,也可以作为盛放污油的储罐。MARPOL73/78 中都要求采用原油清洗和上部装油作业,这样可以大大减少原油轮造成的污染量。MARPOL73/78 对惰性气体系统的安装要求能有效地促进卸油过程中的安全性。

　　从一方面来看,原油轮相对于成品油轮来讲其优越性就在于剩下的含油残留物可以作为下批油品的一部分。对于成品油来说这是完全行不通的,成品油是不允许上次装油后的残留油与此次油品发生掺混事故的。IMO 要求,对于无法通过上部装油方式处理的来自污浊压载罐和船底的污水应当妥善安置在岸上的接收罐中。Intertanko 就曾抱怨许多港口,其中有一部分位于像地中海这样的敏感地区,这些港口没有适合的专门处理污油的压载水和含油残留物的接收装置。各种港口所需接收设施清单中应当还包括支撑 Intertanko 观点的各项具体描述细则[3]。

　　该港口没有接收污浊压载水或污油的接收装置。

　　该港口没有接收污浊压载水或污油的接收装置。其他全部废水废物总量不得超过载重量 5.5 吨的货车的最高载重限制(如果需要的话也可以提供第二辆货车)。

　　有限量的压载水和清洗储罐所用污油可以交给私有承包商来处理,总量的限制取决于数量等级和所处年份。这种承包商一般都拥有 2 万升左右的循环油罐。

　　尽可能早地发出通知,这样就有大约 6 周的时间用于清空罐内现有废液。

　　另外,世界上有些地区根本没有适合的岸上接收装置。

　　炼油厂一般会有 5 个储罐用于接收污浊压载水和污油,总容量大约是 30500 立方米。这些污水和污油可以连接在装卸设备上免费地进行排放。

奇怪的是,有些主要装卸油港口却没有岸上接收装置,即便有也有非常严格的限制条款。安装这些设施并不是什么费力的事。就这种现象而言,一个比较典型的例外情况是北海装油港,该港口对石油污染极为敏感,类似的还有其他位于欧洲、北美、南非、新加坡和其他地区的港口。即使有些国家的某些港口具备接收条件,也不能说明其所有港口都能够提供此项服务。甚至就在同一个港口内,可能也会存在某些泊位无法提供轮船接收服务。没有污水和污油处理能力或仅有部分处理能力的泊位数量明显少于能提供此项服务的数量。

随着时间的推移,不具备独立压载罐的单层船身油轮将逐渐淡出历史舞台。带有独立压载罐的双层船身的油轮中不会出现压载污水。过去储罐清洗留下的含油残留物和机舱污水将成为下次所装油品的一部分。这对租船人来说是有利的,由于残留在罐中的油品所造成的损失将转移到下一次装载的油品上去。但是成品油轮就不允许从含油残留物的上方进行装载,对于靠岸的其他类型船只来说都应当是这样。如果没有污油污水接收装置,这些含油残留物最终将排放到大海里去。独立压载罐和上部装油工艺的采用已经大大减少了排放到全球海域的石油污染总量。随着新型的双层船身油轮逐渐取代过去的单层船身油轮,这种情况还会得到进一步改善。事实上,全球海域范围内最主要的石油污染源已经不再是油轮,而是人们由于疏忽而将汽车润滑油倾倒在街道排水系统当中造成的,这些润滑油将全部进入河流,而最终流向大海。

6.4 轮船运营商保证质量的主动性

IMO 是一个政府(联合国)部门,主要解决轮船运营中的各种问题。也就是说,轮船的运营商们实际上是没有领导权的,只能在其所在的公司里供职,负责所提供服务的质量。事实上情况并不完全是这样。1988年,5 家轮船管理公司聚在一起讨论了提高轮船管理水平的可能性[4]。这一事件促成了轮船管理标准规范草案的提出和 1991 年 ISMA 的最终形成。“将管理标准提高,从而获得更加安全、更能顾及环境保护、更加可靠和可控制的轮船管理业”这一想法引发了轮船运营的质量推进运动,使得船级社不得不采纳各种规范,船主必须适应来自工业界的规范(ISO 9002),而 IMO 也必须制定安全和无污染航运的相关规范。

6.5　ISO 规范

　　国际标准化组织(ISO)是一个全球性的国家标准体系联合会,成员国接近 100 个。ISO 建立于 1947 年,是一个非政府组织,旨在提高促进国际贸易发展的各项标准。最早的 ISO 标准规定的是测量长度的温度,这一规定为国际贸易建立了一个合理的、一致的并且能够得到广泛认可的测量方法。ISO 9000 是由 ISO 担保的一个一般参考标准体系,其中指明了公司为确保其产品质量而必须建立的产品质量管理及转换过程[5]。ISO 9002 对于众多生产厂家来说则更为常见。其中的 19 个分支体系旨在要求厂家能够生产出符合质量管理要求的产品。这并不是说生产出来的就一定是优质产品,它只是一个确保生产出优质产品的管理体系。这 19 个分支体系中包含了文献政策、操作程序和工作规程,从而保证厂家始终遵照执行。相关文件中包含了管理职责、质量保证、经常性的合同研究、文件和数据的控制、购买活动、客户提供的样品、产品确认以及溯源性,等等。其他内容还包括质量控制过程、检查和测试步骤及采用的测试设备,以及确保只有通过检查的产品才能提交给客户的各种手段。ISO 中还有一些其他的分支体系,控制的是不合格产品、产品的处理和交付、纠正措施、处理客户埋怨的预防性措施,等等。为了保证生产过程和产品特性而进行的质量记录、内部质量稽查、培训、维护及统计方法都必须采取行政措施。

　　期望进入 ISO 标准体系的公司应当委托一家经认可的第三方注册机构。对该公司现有的质量管理措施和相关文件资料必须进行检查并与 ISO 标准进行对比。另外,还设立了新的质量保证体系来监管原有的不足。该公司和注册机构将召开多次预评碰头会来审查进展情况并执行进一步改正措施。之后才会进行正式的评估活动,如果评估合格,那么该公司就正式通过 ISO 认证。对于美国公司而言,注册认证实际上就是证明该公司的质量体系符合美国国家标准协会和美国质量管理学会 Q 9002 (ISO 9002)。其他国家也有自己的注册机构。注册完成加入 ISO 体系并不能真正说明该公司的产品或提供的服务就一定是优质的;只是意味着,如果该公司确实执行了 ISO 9002 中的各项要求,那么它的生产过程和相关记载就应当保证能够提供高质量的产品或服务。

如果轮船运营商已经被认定满足 ISO 9002 标准的要求，并且在提供航运服务时能够照章办事，那么他就能够提供优质的服务水平。这不是说实际提供的服务就一定是高水准的，而只是说每年的审查和认证都能够促进其服务水平的持续提高。一旦进入 ISO 体系，任何一家公司在没有审计人员同意的情况下都不能脱离书面质量管理要求的控制。准备文献资料、进行注册并随时更新相关文献记载是一项劳神费力的事。航运公司加入 ISO 质量管理体系这一行为引发的最大争议在于，这一标准体系实际上针对的是生产或者制造厂家，而不是提供航运服务的航运公司。

6.6　国际轮船经理协会（ISMA）

ISMA 是一个由 30 多个轮船运营商和约 10 个船员组织组成的国际性组织。该组织是"从事航运业的多家企业的组织，旨在促进和保护其成员的利益"[6]。其目的在于"提高其成员的从业道德水平和实践标准，……提高所有航运经理在从业时对海上航行的安全警觉性……提倡对官员和海员进行培训……就现有和/或提案中的制度与不同的改革机构保持密切联系……认真考虑负责制度运行、修订或颁布的主管部门提出的看法"。

ISMA 很谨慎地指出，该组织本身并不是雇主联合会，在与工会组织对话时也不会扮演雇主联合会的角色。ISMA 会颁布两种从业认证——一种是给轮船经理的，而另一种则是颁发给船员管理人员的[7]。证书必须以 ISMA 执行的审查为依据。审查小组成员分别由欧洲三大领头船级社的代表构成（劳埃德船级社、德国劳埃德船级社和挪威船级社）。而其他的船级社则作为 ISMA 的审计人员。ISMA 的审计标准分别由三个工作委员会建立，即负责管理、人力资源提供和培训以及保险三方面的委员会。ISMA 标准通常被认为比 IMO 的 ISM 标准、ISO 9002 认可的标准或由挪威船级社提议的标准都更为严格。事实上，这也正是 ISMA 规范备受争议的原因之一，当已经有了一个标准的驾驶执照之后，为什么还需要拿到更高级别的呢？

ISMA 规范分为三个部分：对所有公司都适用的通用准则，仅适用于船员管理公司的船员管理要求，以及从事轮船和船员两方面管理工作的公司适用的轮船管理细则[8]。通用准则当中首要的就是职业道德问题。期待 ISMA 办法认证的公司必须证明其采用的管理策略具备以下条件：

（1）遵守 ISMA 规范。

（2）不得接受无力胜任或没有资源予以支撑的业务。

（3）向每个客户平等地分配资源。

（4）就可能造成的利益冲突或任何危险状况及时向客户提出建议。

（5）尊重客户的信任。

（6）强调安全、环境保护和财产保护承诺。

（7）不知情的情况下不参与不安全或不合法的商业活动。

（8）提供相关保护政策，以防酗酒和沾染毒品。

（9）坚持合理的现金和资金管理原则。

应当指出的是，每项条款的执行情况必须有详细的书面记载，不能简单地由管理人员在一张纸上签字了事。除职业道德以外，通用准则当中还包含了其他部分，如管理组织、岸基人员、账目情况、质量体系、资料控制以及内部审计。按基础人员的部分要求公司指明所有人员的最低资格和从业经验要求，提供工作内容简介，并说明其聘请的人员能够满足某个职位的全部要求。新任命的员工应当了解公司的基本情况，进行适当的岗前培训并在最初的试用期内对其进行严格管理。检查执行和运行情况时有必要建立一个评估系统，同时还需要有一个正式的培训计划从而提高前述活动记录过程中的技术认知水平。

文件管理则要求公司有一整套控制文件和来自 ISMA 规范的数据规程，包括检查和认可规程、指定地方文件资料的可靠性、过期文件的删除、修改文件的审查和许可程序、采取适当措施确保文件的修订状态已经得到确认，避免使用过期的或已废除的文件。对文件资料进行分类则要求公司建立、存档并维持对以下工作的监督程序，即对文件进行确认、检索、文件归档、存储和配置工作。还有一些标准是关于以下方面的，包括管理协议、船上人员、安全、环境保护、应急计划、操作能力、购买活动和合同签署、技术支持、保险、货物处理和照管、与法律法规的一致性以及通信规定等。ISMA 规范还包含了一些其他规范中不曾涉足的内容，如财务管理、市场及保险方面。有出入的文档内容最终有两条出路——一种方式是在得到新的认证之前进行纠正，另一种方式采取的是根据审计情况在规定时间内进行纠正。

6.7 保存记录的重任

轮船经理面临的最大障碍可能是用于建立必要的文档资料所花费的时间和精力，只有建立了这样的资料系统才能确保规范中的条款已经通过审查，而不一致的内容才能够得到及时的纠正。无论轮船经理的认证是由哪个组织颁发的，岸上和船上工作人员的账目记录和管理过程中琐事的记录都呈指数规律上升。船长负责保证对所有活动都作好充分的记录工作，包括船员培训、工资表和加班情况、货物订单、航程记录、货物系统测试、含油残留物、甲板及工程活动日志、安全检查、会议和演练、预防性维护、船级社检查、装卸货、货舱罐清洗、船坞修理、事故和大小事件以及港口所属地区检查情况，等等[9]。这些一般类别记载项目通常与保存记录的范围不一致。油品装载时的保存记录单里应当包含租船人的装载订单；储罐清洗、清洁和准备工作报告；污油回收报告；压载计划；油罐检查认可记录；油轮装载说明；交货前检查；轮船损耗表和待装油品总量；油品质量分析和装载数量报告；甲板及引擎状态记录；油品运货单/提货单；油品加热说明及相关记录；油品记录簿；装载港申报的污油/沉淀量；污油处理许可；燃料装载文件；抵达及离港报告；空舱及短程运载资料；以及关于拒付的详细说明[10]。

以上要求和相关的对卸油提出的行政要求从建立油品诉讼的法律基础这个角度来看显得十分重要，其他一般类别的保存记录情况，如船员培训及设备机械维护等，总的来说，同样会大量地耗费轮船管理人员的时间。对于 ISM 规范提出的这些行政要求，无论是否满足 ISMA 标准，都会是一项沉重的负担，可能会使得船长和官员们忽略他们的首要职责——油轮的安全运行。

有些轮船运营商考虑得更多的是为了达到认证要求，要满足 ISMA 标准会消耗多少成本，以及花费在文档材料上的时间和精力。前面就曾提到过，对 ISMA 持反对意见的人指出，制定高于 IMO 的标准其实没有什么意义。不过，ISMA 则希望 IMO 的 ISM 规范不纳入到 SOLAS 公约中去，这样可以为 ISMA 的推广和生效提供另一种机制。自然地，ISMA 宁愿 ISM 规范基于 ISMA 审查基础上，或者由国旗所属国要求本国油轮必须得到 ISMA 认证。"ISMA 系统的广泛接受将鼓励中立的公平的审查机制的建立,并将在全球范围内捍卫平等的标准体系"[11]。

不管 ISM 是如何执行的,单艘轮船的运营活动都将面临破产的危险。对于只有一艘轮船的运营商来说,耗费在获得认证和文字材料上的费用将非常高昂。如果拥有多艘轮船,那么运营商可以将这部分费用分摊到每艘轮船上去,并且有充足的岸上工作人员来承担认证所需耗费的精力,因此具有天生的优越性。但这并不是说单艘轮船运营公司就无法生存,这一艘轮船的运营完全可以交给其他运营商,以分担认证的管理费用从而提高经济效益。

航运公司在管理其船只时更情愿去涉足其他公司的船只,这样就可以减少自身的管理费,并将剩余船只的管理费用分摊到所有船只上去。让船主去运营其他船主的船只,最大的争议就在于他只会部分地关注花费在竞争对手船只上的精力,不会像运营自己的船只那么尽心尽力。轮船经理公司则代表船主对轮船进行管理运营,几乎不会或者很少偏袒船只所有权带来的利益。这样就可以减少船主在权衡自己的利益和他所管辖的对手所有船只时可能存在的偏袒做法。

市面上已经有多家头等轮船管理机构可以代替船主运营其船只。其中历史悠久的当属 Denholm 轮船经理公司,它成立于 1866 年,是一家家族经营的英国轮船管理机构[12]。这家企业最初是一个位于苏格兰的港务及经纪公司,后来于 1872 年正式涉足轮船所有权。它在经营航运业的过程中经历了经济蓬勃发展时期、大萧条时期以及战争。"第二次世界大战"结束后该公司决定重建其船队,并于 1957 年与 Erling Naess 签订了首个轮船经理合同,开始运营 Naess 的商船。Naess 由于他在利比里亚船队的人员配备问题受到了美国工会压力,此时决定将其拥有的 14 艘轮船的经理权交给 Denholm。

这一事件促使 Denholm 进入轮船经理业,并将其重心从轮船所有活动转移到经营上来。到 1964 年,Denholm 已经管理了来自 12 个不同国籍船主的 64 艘轮船。在随后的数年中,该公司逐步建立起了一套轮船管理体系,将过去独立的海洋、技术及管理部门进行了整合,创建了一个官员培训项目,建立起了从发展中国家招募船员的专门办公室,并建立了全球性的船员迁移和港务服务体系。曾经有一段时间,Denholm 经营的船只多达 100 多艘,分别来自 40 多个国家的船主,几乎占到当时全球船队的 1%。

Denholm 和其他轮船管理企业一起管理着轮船和船员,处理购买、维护及维修、保险以及行政管理业务,这些业务可以单独提供,也可以打包整体提供。一旦船主同意就这些服务项目开出预算,那么轮船经理公司就必须将所用经费控制在船主的预算范围之内,除非遇到不可预见的事故或非正常情况,在上述情况下,得到船主的同意后即可追加部分费用。轮船管理公司可以提供 ISM 规范中包含的质量管理、招募合格的官员和船员、提供船员和官员培训等服务,并利用船员和官员们处理大量不同类型船只的丰富经验来帮助船主解决一定的技术难题。

另有一家称作 Norbulk 的轮船管理公司则在其服务内容中列出了包括新建船只的设计、规划许可和施工管理及已有船只的改造、技术管理等方面的内容;其服务范围还包括人员配备、保险、燃料管理、润滑油系统在内的贸易管理项目;以及提供各类检查和勘测服务。这些服务内容对于刚刚入行的船主或对仅有一艘轮船的运营商来说能起到越来越人的激励作用,能促进他们将其轮船的经营活动转包给轮船管理公司,从而确保享受到的服务能满足客户需求,并能以合理的费用执行轮船运营方面的国际法律法规。

6.8 单一层次市场及质量管理

对于质量管理,经常出现的一个问题就在于租船人是否愿意就获得头等服务支付“高于市场价”的这部分费用。通常来说,租船人是不愿意出这部分钱的。通过观察市场是单一层次还是双重结构就可以看出这种意愿倾向。单一层次市场是指无论轮船运营水平如何船主所得费用都完全相同。这种市场结构意味着,如果船主为了获取更好的运营模式而支付了额外费用的话,他将不会因为这部分支出而获得任何补偿。在单一层次的市场中,通常租船人会采取的做法是,以二等或三等运营商的费用争取头等运营商的服务。单一层次的市场又不会向头等运营商进行补偿,因为二等及三等运营商不会有额外的费用要求。头等运营商可以将一艘受雇的轮船与一艘未受雇的二等运营商的轮船进行一个比较,单一层次市场当中,船主花费人力物力想要成为头等运营商这种做法是没有意义的。由于绝大多数市场的情况都是单一层次的,因此,成为头等运营商所需承担的社会责任和个人荣誉以及不能狭隘地仅仅追逐利润,这些观念都将是有利的推动力。

建立双重市场的核心问题,即将运营商的等级进行区分,难度在于租船人才是价格的控制者。即使租船人愿意向头等船主支付高于市场价格的费用,这也将由内部团体的账务管理人员作出标记,并保持对成本的跟踪。租船经理一般不会提高公司的成本,除非高级管理层清楚地阐明该公司的油品必须由头等运营商管理的船只来运送。这样的话双重市场就能够建立起来,而头等运营商也可以因为提供了高档的服务而获得一定数额的补偿。遗憾的是,由于双重市场少有出现,因此造成了油轮主和运营商的懈怠情绪。效力于日本的油轮就处在双重市场环境中。日本租船人近年来对在役时间短的新油轮表现出了显著的关注[13]。1990 年,在役 15 年以上的油轮占到日本油轮总数的 44%,到 1995 年,这部分油轮的比例锐减到 5%。日本的超大型原油轮 VLCC 的平均在役时间为 6 年左右,而欧洲和美国海域同等油轮的在役时间则接近 16 年。当然,高质量的服务是与油轮在役时间息息相关的,这种假设本身就会挑起运营旧油轮的头等运营商的不满。不过,租船人仍然会理所当然地认为价值 1 亿美元的新油轮其运营水平自然就会很高,即使实际情况可能并非如此。

这些新建的造价高昂的油轮所需的额外费用其实与它所提供的服务水平之间并没有太大的关系,更重要的是是否有高额的财政支持。1995 年效力于日本双重市场的 VLCC 运费差额高达 1700 美元/天。如果船主的 VLCC 相对较新,由于这一差额带来的财政及保险增值将高达十倍以上——每天就比旧油轮多 1700 美元。相对于近期建造的 VLCC 船主而言,新建 VLCC 的船主不会因为能提供更好的服务而获得补偿。即使用来吸引新建油轮的费用增值相对来说比较少,但是大体看来,欧洲和美国的租船人不会轻易地支付哪怕只有 1/10 的额外费用来运作一艘新油轮。这也说明了租船人是不会愿意支付"高于市场价格"的费用的,无论是采用新油轮代替旧油轮的方式还是要求更高档次的服务,情况都是如此。

参 考 文 献

[1] *Toward Safer Ships & Cleaner Seas* by Dudley, Scott and Gold, published by Assuranceforenigen GARD, Arendal, Norway, 1994.

[2] *Toward Safer Ships & Cleaner Seas* by Dudley, Scott and Gold, published by Assuranceforenigen GARD, Arendal, Norway, 1994.

[3] *Reception Facilities for Tankers*, published by Intertanko, 1993.

[4] *A Profile of the International Ship Managers Association*, published by ISMA London, August 1994.

[5] *The Iso Handbook*, published by CEEM Information Services, Fairfax, Virginia, 1995.

[6] *Memorandum of Association of the International Ship Managers Association*, London.

[7] "*ISMA:Managing the Future*," supplement to Lloyd's Ship Manager, London, October 1995.

[8] *Code of Ship management Standards*, effective September, 1994, ISMA, London.

[9] *Toward Safer Ships & Cleaner Seas* by Dudley, Scott and Gold, published by Assuranceforenigen GARD, Arendal, Norway, 1994.

[10] *Toward Safer Ships & Cleaner Seas* by Dudley, Scott and Gold, published by Assuranceforenigen GARD, Arendal, Norway, 1994.

[11] *A Profile of the International Ship Managers Association*, published by ISMA London, August 1994.

[12] *Ship to Shore*, J. & J. Denholm, published by James & James Ltd. , London, 1991.

[13] *Shipping Intelligence Weekly* of 20 October 1995, published by Clarkson Research Studies, London.

7 船级社、船主及石油公司的初步行动

Edward Lloyd 于 1689 年在伦敦开了一家咖啡馆。在伦敦证券交易所谈生意的商人们常常光顾 Lloyd 的咖啡馆,来这里打听消息和新闻,而 Edward Lloyd 总是非常乐于给他们提供信息。这大大地促进了咖啡馆的生意,以至于到了后来 Lloyd 甚至可以出版单页的简讯,名称为 Lloyd 新闻,内容都是包括航运在内的商人们感兴趣的新闻。他甚至向其他港口付费购买信息以拓宽其咖啡馆的信息来源,如果消息重要的话还可能会通知相关论坛。Lloyd 的咖啡馆逐渐成为了两大活动的中心:一是商人们安排其货物的航运事务,二是保险商们为轮船及货物提供保险服务。喝着咖啡或者烈性的酒,船长就可以为他的轮船讨要到待运输的货物,然后为轮船和货物安排保险事宜。

随着时间的推移,商人和保险商都觉得有必要为运载货物的轮船建立一个基本情况要求[1]。成立于 1760 年的船舶登记协会以"等级"的形式颁布了关于船主、船长、轮船的吨位、在役年限、造船厂及船身和配备设施状况的详细要求,使商人和保险商对他们将要租赁和提供保险的船只的基本情况有一个全面的了解。这个协会其实就是劳埃德船级社的前身,目前该协会已经登记注册了约 8 万条全球船队的信息了。

1821 年的冬天,约 2000 艘轮船及船上的 2 万名海员在海上遇险造成巨大损失,造成数家法国保险公司破产。这些惨剧导致人们开始怀疑轮船分类体系的效率,进而怀疑其存在的必要性,随后直接促成了 1829 年法国船级社在比利时的安特卫普成立,后来该社又迁至巴黎。成立这个船级社的目的在于"为所有的涉海行业提供服务,包括向船主、经纪人和海员提供服务,归根结底是为其提供保险……以这种方式降低受损轮船面临的风险"。美国航运部于 1862 年由海事保险商发起并成立,最初的目的是为从事海上贸易的官员进行测试和颁发从业执照。其业务范围后来在 1869 年进行了扩展,将商船的勘察和注册也纳入进来。1864 年,挪威船级社由几家合资的保险公司发起并成立,为投保船只的整体情况提供一个不受干扰的信息来源。这样一来,随着时间的推移,相对于商人

和经纪人而言，船级社与保险商的关系变得越来越密切。

成立船级社的目的在于建立覆盖所有类型轮船包括海上钻机的设计、施工和勘察（检查）的标准、指南及所谓的规范[2]。这里提到的勘察工作会一直贯穿轮船的整个寿命期。颁发给轮船的分类认证书可以保证其设计和建造都是严格按照规范进行的，并且其船身的结构和主要机械系统都适合于轮船将要效力的目标。轮船还必须进行定期的检查从而确保始终保持良好状态。有些部件一年大约只检查一次，而其他部件则检查周期更长。每四年或五年会对新建船只进行特殊的检查。检查的项目包括主引擎、辅助电力系统和轮船安全设备、航行部件、通信及控制设备、舵、主轴和推进装置、货舱罐及装卸油系统、涂层、船身镀层以及其他构件等。简言之，所有从外观上能进行检查的部分都必须检查到。如果某艘轮船不能满足要求，或者不能纠正主要的缺陷，那么它就不能被视为"状态良好"。这种轮船不得挂上所属国的国旗，不能停靠港口，也不能获得保险或承运业务。一般这种轮船都只有拖到废料厂去。

有些船主让其所有的轮船加入了持续的检查项目，这样的话，即便是超出了每四年一次的检查周期，也能对轮船开展各种检查。在这种情况下，船主对检查情况能做到更好的控制，并能够缩减年检查预算，而不会每四年进行一次费用巨大且无法量化的所谓检查。另外，船主本身是很希望通过连续检查来了解其轮船的情况的，他不会对检查出来的问题抱有任何惊讶态度。船级社还将提供法律方面的服务，如保证轮船符合IMO公约中关于吃水深度线的要求，符合海上生命安全（SOLAS）公约、石油污染（MARPOL）、载重量测量及下列其他规范和标准。

（1）消防系统及检测和扑灭火灾能力。

（2）危险货物运载能力。

（3）轮船稳定性。

（4）救生船、救生筏、救生衣及其他救生设施。

（5）导航辅助装置及声光信号发射系统。

（6）通信设备。

（7）污染防治。

（8）吃水深度标记线和其他载重测量方式。

历史上船级社主要关注的是轮船的外部特性和运行状态，而不会去证实轮船的操作性能。由于某些船级社已经涉足轮船的操作审查，如果轮船加入了SOLAS公约的话，船级社将尽力使之符合ISMA规范要求或者ISM规范要求，因此前述情况已经发生了转变。1996年初，149个签约国中超过 100 个国家向国际船级社协会(IACS)的船级社成员提出法律委托,要求向其轮船颁发安全管理证书(SMC),并向岸上组织颁发认可文件(DOC)[3]。不过国旗所有国有权给任何组织颁发 SMC 和 DOC。IACS 期望所有国家都只授权 IACS 旗下的船级社来颁发认可证书,从而确保这些证件的有效性和统一性。并且所有的证书颁发工作必须在 1998 年 7 月 1 日 ISM 规范生效前完成。船级社对其进行的认证工作必须十分谨慎才能保护自己免于追究,因为约 80% 或更多的海事事故都是由于人为失误造成的。船级社检验的是运营轮船所采取的政策和程序是否符合相关法规要求,而不是针对实际的轮船运营。

7.1 国际船级社协会

为了能挂上所属国家的国旗,任何轮船都必须保持"良好"的状态,即必须通过指定船级社的检查(或勘察)。现在世界上有超过 40 个船级社。其中的一些船级社是经济严重萧条的产物,迫使船主以任何可能的方式获取认证。不过,只有极少数的船级社真正在从事轮船的检查工作。领头的 11 家船级社联合起来组建了国际船级社协会(IACS),这个组织将 42000 艘商船进行了详细的分类,几乎占到了全球总注册吨位的 90%以上。IACS 成员在 1995 年注册的轮船吨位如表 7 - 1 所示[4]。

表 7 - 1 按注册吨位排列的 IACS 成员

		注册吨位,百万吨
IACS 成员	劳埃德航运船级社	94.8
	美国航运部	87.2
	日本船级社(日本)	87
	挪威船级社(挪威)	69.8
	法国船级社(法国)	32
	航运海事注册部(俄罗斯)	24.2
	德国船级社	21.3
	中国船级社	13.6
	意大利船级社	11.0
	韩国航运船级社	10.4
	波兰船级社	3.3
非正式成员	印度船级社	5.2
	克罗地亚船级社	2.4

IACS 的目的与 IMO 相似,都是提高海上安全和海洋环境污染防治的最高标准,并作为咨询和合作机构从事相关的国际和海洋事务。领头的 11 家船级社都是 IACS 的成员,每年处理 50 万艘轮船的检查工作,雇佣了超过来自全球 100 多个国家的 5000 名专业检查人员,2500 名辅助人员以及 1500 多名各级官员[5]。由它们检查的船只占到了全球总注册吨位的绝大多数,不过从船只数量来讲只占到了 57%。这些数据充分说明绝大多数的大型轮船都是由 IACS 旗下船级社进行审查的,但有许多小型船只,占 40% 以上的数量不是 IACS 的负责范围。

IACS 于 1968 年在伦敦成立了一个永久性的事务所。IACS 工作组的工作范围包括船身强度、船身破坏、引擎、电力系统、材料和焊接、停泊和抛锚、管道系统和压力容器、滚装渡轮的安全,以及其他包括 ISM 规范在内的多项内容。IACS 试图提出统一的要求,并被其管辖的船级社成员广泛接受。已经实现的统一要求包括对纵向强度、船身不同位置的钢材等级、船身及机械设备钢铸件、货物容器、惰性气体系统、消防、人孔盖、舱口围板,以及引擎传动轴的规定标准。IACS 有一个内部质量管理组织,以确保组成 IACS 的各个船级社都能满足为优质工作而设立的各项组织标准。

各个船级社资助的研发项目覆盖了包括轮船建造、维护、操作、通信和航行等多个方面的内容。例如,轮船三维非线性流体动力分析、疲劳损伤评估、高级断裂力学研究、构造特性以及寿命评估方法、智能构造开发、储罐半载条件下船身状况监测及晃动影响分析、船身振动及转矩分析、VLCC 的友好维护设计软件,以及复合材料的有效利用,等等[6]。研发工作中最成功的例子是美国航运部开发的船身安全系统,该系统利用计算机软件技术定量地描述了轮船结构中动态感应应力变化。运用该软件可以更好地分配各类型钢,减少由于挤压、屈服和疲劳造成的材料失效风险。

在轮船的建造和操作中,各项规范必须随着技术的革新进行修订和改编。另外,船级社应当提供以下各方面的技术支持,包括轮船设计、建造和操作、人员安全、污染控制、国际公约、检查和认证、船身振动、轮船操纵特点、应急措施、船身及性能监测、非常规结构设计的可靠性评估、停泊、抛锚及海上拖曳,等等。

7.2　高效检查方案

1993 年,IACS 比 MARPOL73/78 中附录 I 第 13G 条及 SOLAS 第六章第 2 条规定的时间提前两年制定了高效检查方案,随后由 IMO 体系认证生效。高效检查方案的核心[7]在于"关注潜在的可疑区域（除储罐空间以外），近距离并采用改进的壁厚测量方法仔细检查这些区域，随着轮船在役时间的延长，还应在检查前进行强制性的预规划从而提高检查的说服力。检查、勘测、轮船的破损及维修记录也都是强制性的。"对船身部分[8]进行的检查应当包括对整个船身、电镀层、管道系统和其他穿透物、露天甲板、货舱门、阀门、火焰隔离网、油品的管道系统、原油清洗、燃料及通风系统、油泵、船舱和过道、压载罐及涂层等内容。对于比较老的油轮而言，船身厚度的测量尤为重要。随着在役年限的增加，检查的要求也会随着测量数据一并增长。例如，一艘 Panamax 货轮在其第四个检查周期时需要大约 5 万个厚度测量数据[9]。厚度的测量包括对甲板、侧面及底板、横梁、纵向及横向挡板、货物及压载罐、舱口围板和顶盖、管道隧道、隔离舱和各孔隙体积的测量。所有相关的管道系统都必须仔细检查，潜在的腐蚀、变形、裂缝、结构失稳和其他检查中发现的破坏情况都必须及时汇报。通常来说，更换钢制船身和内部储罐电镀层以及其他保证轮船还能正常行驶的结构部件的估算成本是将轮船直接扔到废料场的主要原因，特别是在市场疲软的时候。

IACS 制定了一套等级转换数据库，用于跟踪轮船在 IACS 内及除 IACS 外其他船级社中的分级变化情况。建立此数据库的目的在于确保轮船不会更改分级情况，从而免于接受越来越严格的检查。数据库中的信息将传达给各个港口、所属国及保险公司。IACS 还建立起了一套信息透明制度，这样由 IACS 成员进行的轮船的检查和其他信息就可以更方便地被主权国、港务局以及海事保险商获取。将信息透明化的目的之一是可以减少油轮进行检查的次数。除此之外其他的动机显得更具有攻击性的审查"是否具备资格"的步骤，目的是震慑并处罚那些没有遵守检查期限并且没有达到轮船合格资格的船主。高效检查方案以及潜在的与 ISM 规范认证中的船级社之间的相互关系使得某些工业界观察人士对检查人员是否恰当提出了质疑[10]。

航运业目前发展态势良好，并一直在进行着反复的周密调查。审计小组爬上轮船并仔细搜查船主的各个办公室寻找国际安全管理规范证书，港口所在地方政府的检查员或船级社派出的测量员则执行高效检查方案，独立检查员则效力于保险公司，从以上各方的观点来看，航运业可以被认为是处在众人的关注之中的，由于检查的次数逐年增加，有资质的检查员越来越少，人们可能会开始担心，有资质的检查人员不足的情况下,这些检查人员会拥有较大的实权,包括扣留船只、要求进行昂贵的维修,有时候还会作更重大的决定,比如对船只是否能胜任其工作进行能力评判。港口所在政府控制权的扩大,以及对更好地维护不同港口之间的和睦相处策略的需求说明了保证能力和相关经验是否充足有多么重要。

7.3 国际航运商会

国际航运商会(ICS)成立于1921年,它是一个拥有来自34个国家的船主协会,另有4个国家为候补成员,几乎占到全球商业总注册吨位的50%[11]。该组织的目标是通过构建相关政策从而促进成员国的共同利益,并就共同关心的事宜与其他海事组织进行合作。ICS的主要委员会包括保险、海洋、海事法律以及贸易手续等。ICS的出版物中有一部分是与其他海洋组织共同发行的,内容包括污染、安全、油轮结构、穿越新加坡马六甲海峡、毒品运输、滥用毒品及其他。国际航运商会坚决维护IMO及ISM规范[12]。

为了进行更加安全的海上活动,航运业的首要任务是按照规章制度运营船只,不留任何错误的机会,并尽最大努力消除事故。减少并不是真正的好。

IMO国际安全管理(ISM)规范在此处的重要性不能过高地估计。轮船和岸上的工作都必须有明确的目的,而且必须保证所有命令的执行均真实有效。岸上活动的管理必须达到使公司的船只能安全高效运行的要求。船长必须得到适当的及时的岸上支持……这才是ISM规范的真正意义所在。

7.4 国际航运联合会

国际航运联合会(ISF)和ICS相似,都是船主组成的联合会,共有29个成员国,旨在关注海洋事务人员雇佣中关于胜任条件的标准[13]。ISF积极投身于关于海员培训、认证及警戒方面国际公约标准的修订工作。ISF同时还关注海员的酬金及工作条件、工会活动、国际及国内雇佣法、人员配备及培训,以及健康和安全等方面的内容。

ISF对主要官员和身体健全的船员每年进行一次薪酬调查[14]。假设英国主要官员的酬金比例为100%,那么日本的官员酬金约为200%,德国约为150%,而另一个极端,爱沙尼亚则仅为23%。同样假设英国的健康海员酬金比例为100%,那么芬兰的海员收入大约是179%,荷兰为154%,意大利115%,菲律宾仅有51%,而中国则更少,为35%。以上充分说明各个国家海员所获收入是大不相同的。目前世界上有两大组织专门从事酬金不同的研究。其中之一是联合国国际劳工组织(ILO),该组织成立于1919年,当时是凡尔赛和约的一部分。其主要目标是确保劳工雇佣(包括工作时间、工作条件、酬金、劳动保护及离退休津贴等)中的社会公正性[15]。随着时间的推移,ILO已经建立了关于劳工事务的超过150个国际公约,其中有30%适用于海上工作人员。ILO通过每十年召开一次海事联席会议的方式已经有效地提高了海洋工作条件。

另一个从事酬金研究的组织是国际航运工作者联合会(ITF),这是一个由航运业界关心劳工事业的人组成的独立组织[16]。ITF于1896年首次由欧洲和美国轮船及甲板工人工会会员发起并建立起来,到现在已经代表着广大劳工的利益,除甲板工人和海员以外还包括渔民、飞行员、货车驾驶员及铁路工人。ITF一直都是将就使用旧轮船的坚决反对者,并且通过"蓝色证书"的方式提高了酬金和改善了这些轮船上的工作条件。没有拿到蓝色证书的旧轮船不得在港口内从事任何贸易活动,ITF检查员和相关的组织都可以终止其装卸操作。

作为船主的协会,ISF与ITF是对立的,因为ITF总是试图提高报酬水平并且要求为海员增加额外的人员保险费用。ISF通常会着急雇主(船主)的代表和代表一个国家的海洋劳工进行协商,从而达成该国海员一致认可的佣金和工作条件。这样一来,不同国家的海员之间的报酬可能会有不同。ISF坚决反对ITF致力于所有海员全球统一的报酬标准。

ITF对雇主提出多项要求的决定引发了反对意见的空前一致,最终形成的决议是,雇主应当比过去更紧密地联合工作,并应当努力调整其分配协商中的策略……由于ITF始终拒绝将良好的和次等雇主进行区分,因此,任命更多的ITF"检查员",联合抵制行动扩大带来的威胁以及许诺将不接受ITF要求的雇主列入黑名单这一系列影响都被认为完全是负面效应。

ISF人员配备辅助政策为雇主们(石油公司)提供了指导方针,帮助其应付人员配备机构,该机构代表着某个国家全部可提供的海员资源。该政策中包含的17条基本方针主要指以下五点:

（1）人员配备机构必须得到海事授权部门颁发的从业执照，并由合格的人员构成。

（2）支付给海员的财政预算必须进行精心研究，并且支持海员资格的详细人事记录、海员从业经历、健康状况以及收入历史都必须进行妥善保存。

（3）必须建立正式的处理程序来应对劳工掠夺案件，就收入问题及期望的工种向海员进行劝导，并建立必要的规程解雇那些不再称职的、身体欠佳的或者滥用毒品的海员。

（4）人员配备机构应当建立海员与其亲属之间的通信线路。

（5）人员配备机构只需要效力于船主，即提供满足国际通用标准的雇佣条件和要求的一方。

ISF 劳资关系政策中指出，海员应当享有自主加入当地工会的权利，雇主（石油公司）不得扣除其工会会费。工会应当有权组织和开展会员活动，不必征得雇主的同意。在协商集体事务时，ISF 会员应当遵守相关的 ILO 公约，可以保留与工会或个人进一步磋商的权利，并提供能反映海员所在国家生活水平的酬劳。

ISF 在修订关于海员培训、认证及警戒方面国际公约标准（STCW）的工作中与 IMO 密切合作，并提高了船员培训标准，虽然 ISF 认为在很多国家提高的幅度仍不满足实际情况。在 ILO 的海事联席会议上，ISF 实际上是雇主的代表，而 ITF 则是海洋劳工的代表，处理着海洋雇员最低收入水平和休假时间以及最长工作时间等事务。

7.5　石油公司国际海洋论坛

石油公司的国际海洋论坛（OCIMF）建立于 1970 年，Torry Canyon 号油轮沉没之后不久。它是由欧洲、南北美洲、中东、日本和澳大利亚的 39 家大型石油公司自发建立的。该论坛的宗旨是为有着共同兴趣的石油公司提供一个论坛，兴趣范围包括安全、无污染的海洋运输以及原油、石油产品、液化气和石油化工产品的正常运转[17]。OCIMF 在 IMO 和其他政府级或业内会议中代表着所有的会员石油公司。该论坛已经提出了超过 40 部实践及指导规范，范围覆盖了关于油轮及转运作业等内容，包括维修、停泊程序、消防、溢油响应以及油轮驳运操作等。其中最关键的是 1993 年开始实施的轮船检查汇报（SIRE）项目。

每家石油公司对其租用的船只都有各自的检查或审查项目,用于确定租用的船只符合要求标准。SIRE 及时纠正了投入的双倍努力,承认有数量的检查员是一种资源上的浪费,将重担压在了船员身上。SIRE 从根本上说其实就是个数据库,包含的是轮船基本状况的技术信息和船员的操作熟练情况。当 OCIMF 成员对某艘油轮进行检查的时候,检查报告的复印件将送至被检油轮的运营商处同时还将送到 SIRE 数据库。油轮运营商有 14 天的时间就报告所作结论提出书面申诉。

SIRE 对单艘轮船做出的报告不仅可供 OCIMF 成员参考,同时也可以供其他对油轮安全感兴趣的组织或政府部门参考。这些组织或机构包括租用油轮的非 OCIMF 成员公司、石油码头运营商、港口或运河管理机构以及对负责油轮安全的所属国或港口所在政府部门。OCIMF 坚信,传播[18]这类信息"将鼓励船主保持高标准的维护及操作规程"。

该数据库的共享被称为"信息的透明度"。如果得到有效的控制,它将会成为 Intertanko 认可的并呈上升趋势的现象[19]。Intertanko 主张,只要在不过分妨碍真正感兴趣的各方利益的前提下,关于轮船以及运营商的信息应当尽量公开化。信息以这种方式进行交换可以在油轮业建立信任和自信,辅助港口控制,避免出现不合格航运,并促使公众意识到为提高油轮性能而采取的各项措施。Intertanko 还认为,轮船应当随时携带船级社上船检查的报告复印件,以备石油公司、海事保险公司以及港口和国家政府随时检查。信息的获取是免费的,这与市场的自由竞争相一致,而且此类信息的共享将大大减少检查的次数,从而省时省力。

参 考 文 献

[1] *"The Role of Classification in Maritime Safety"* by James D. Bell, Permanent Secretary to IASC, 13 January 1995.

[2] *IASC:A Focus for Safe Shipping and Clean Seas*, published by IASC, London.

[3] *"No Certification, No Trading"* by Mary Bond in the January 1996 issue of Seatrade Review, Colchester, England.

[4] *"Hitting Safety Compliance Head – on"* by Mary Bond in the January 1996 issue of Seatrade Review, Colchester, England.

[5] *"IASC: The Role of Classification Societies"*, from a speech given by Hisayasu Jin to the World Maritime University on 15 June 1995.

[6] *"The Role of Classification in Maritime Safety"*, from the Ninth Chua Chor Teck Annual Memorial Lecture given by James D. Bell, Singapore, 1995.

[7] *"The Role of Classification in Maritime Safety"*, from the Ninth Chua Chor Teck Annual Memorial Lecture given by James D. Bell, Singapore, 1995.

[8] *Hull Surveys of Oil Tankers* (*Z10. 0*), published by IASC, London.

[9] *"Enhanced Surveys Starting to Bite"* by Mary Bond published in the January, 1996 Seatrade Review, Colchester, England.

[10] *"A Professional Approach,"* by Michael Grey in Lloyd's List Maritime Asia, April 1995.

[11] *International Shipping by Bruce Farthing*, second edition, published by Lloyd's of London Press, Ltd. , London, 1993.

[12] *"Chairman's Introduction"* of the ICS 1994/1995 Annual Review, published by ICS, London.

[13] *International Shipping by Bruce Farthing*, second edition, published by Lloyd's of London Press, Ltd. , London, 1993.

[14] *The ISF Year 1994/1995*, published by ISF, London.

[15] *International Shipping by Bruce Farthing*, second edition, published by Lloyd's of London Press, Ltd. , London, 1993.

[16] *Fairplay Book of International Organizations*, published by Fairplay Publications, London, 1990.

[17] *OCIMF Information Booklet 1995/1996*, published by OCIMF, London.

[18] *SIRE Improving Tanker Safety*, published by OCIMF, London, 1995.

[19] *The Right to Know, A Duty to Ask*, published by Intertanko, Oslo, 1995.

8 国旗所属国及地区控制

　　最早的油轮船队担任的是美国与俄罗斯向欧洲出口煤油的任务。运载美国出口物品的船只都是大型的悬挂有国旗的船只,也就是说,这些轮船都是由同一个国家的人员建造、拥有并进行人员配置的。对于运载俄罗斯出口物品的船只情况则不完全是这样。俄罗斯和土耳其于 19 世纪末签订的合约对通过黑海进入土耳其以及俄罗斯国旗船只有明确的限制。即使油轮并不是由俄罗斯人建造、拥有或操作的,但要进入黑海运送俄罗斯石油就要求该油轮必须在俄罗斯进行登记注册。这在今天必然会被认为是旗标问题。如果某艘轮船的注册国与船只的建造、操作和人员配备毫无关联的话,当它在靠岸遇到问题并能够在船主的协调下得到解决时,这种轮船被称为是挂方便旗的船。

　　直到 20 世纪 30 年代,绝大多数的轮船都是在同一个国家内运营的。某国的运营商必须遵守所在地政府的海事管理部门颁发的法令和法规。期望在美国注册并悬挂美国国旗的运营商必须达到一系列的条件,包括必须在美国造船厂建造,75% 的所有权归美国人所有,船员都是美国公民并由美国海事管理部门审定合格,并承担就赢利交税的义务。另外,该油轮还必须接受美国海岸卫队的检查并按照美国航运部的要求在其船级社登记注册。能否悬挂某国国旗的要求随着国家的不同而不同。在斯堪的纳维亚,要悬挂国旗的话那么该轮船必须由斯堪的纳维亚人运行,但不一定在该地建造,而且必须就所得赢利交纳税金。在英国的情况与上述类似,不同的是轮船上的高级官员必须是英国公民,不一定是全部船员。希腊的情况也差不多,不过国家税收相对要客气得多,不必交纳繁重的税金。

　　Erling D. Naess 就是最早的方便旗倡导者。早在 1927 年,他就与 Johan Rasumussen 及 Torger Moe 建立起了合作关系,共同经营世界上最早的捕鲸船厂[1],在挪威融资未果的情况下,Naess 成立了一家英国公司,从而接近英国资本市场。该英国公司很快便筹集到足够的资金用于推动捕鲸船厂运营,并召集其他轮船也加入了进来。Naess 的捕鲸船队悬挂的是英国国旗,但其船员则全都是挪威人。Naess 公开地表示了他对挪威传统的不满,表示应当打破常规,即效力于挪威船主的捕鲸船只能悬挂挪威国旗这一传统。

1930 年,挪威股东对法人组织开始变得不满。公司不仅要向英国交纳税金,英国政府还对本应付给挪威人的红利部分也征收税金。为了纠正导致重复征税的各种原因,该公司进行了改组,成为英国"外籍控制公司",轮船的管理部门在巴黎,而全权所有的单艘轮船公司中每艘轮船的所有权则在巴拿马进行注册。这些轮船悬挂的是巴拿马国旗,船员由挪威人构成,其酬劳与挪威捕鲸船上的船员相同。将轮船的运营从固定在英国转变为英国的外籍控制公司并且轮船由巴拿马公司所有,这样的改革方式对于股东们减轻税收负担来说是一种对各方都有利的解决方式。

Naess 选择巴拿马的决定一部分是由于巴拿马的海事法律是在美国的相关法律之后修订的,而且美国的石油公司,如新泽西标准石油公司(埃克森)自 1922 年起就已经让旗下的油轮悬挂巴拿马国旗了。Naess 与美孚石油公司合作以确保签订的合约的确是在美国与巴拿马之间建立的,确保巴拿马和美国双方都不得向对方的航运活动征税。"这就是我曾见过的所谓的方便旗最初的出现形式",Naess 事后说。

但是真正推动轮船注册方便旗的并非受商业利益驱动的个人,而是美国政府。在珍珠港事件宣告太平洋战争开始之前美国实际上就已经加入了"第二次世界大战"。20 世纪 30 年代的租借法案是由运送到英国的大宗武器事件促成的。为了假装仍然保持外交上的中立态度,美国政府鼓励美国航运企业将运送战争物资的船只的国旗更改为巴拿马、利比里亚和洪都拉斯等国国旗。这一举措混过了战争,但"巴拿马—利比里亚—洪都拉斯"国旗则遭到了美国海洋工会的严重抗议。当非美国海洋工会最终意识到美国劳工的真正目的并非是为了让所有海员都拿到美国水平的酬金,而是用外籍海员来代替美国海员时,这场抗议活动宣告彻底失败[2]。

1960 年 1 月,(美国工会)费了很大周折才招募到希腊、意大利、斯堪的纳维亚、德国及其他国家船员服役于利比里亚和巴拿马轮船,并停靠美国港口……在取得这一成绩的同时,还有人高喊着在这些船上会得到"甜蜜轮船"般酬劳的口号(虽然受雇于这些轮船的海员仍然需要交纳国家规定的税款)。

通过交互询问的方式……显示,最主要的目的其实相当明确,并不是真正要通过减少美国所属轮船与其外籍竞争轮船之间待遇差异的方式来提高外籍船员的酬金,其最终目标,很显然,是为了使美国船员最终取代外籍船员。

"第二次世界大战"后很长一段时间,利比里亚和巴拿马国旗船队一直都被认为是"美国控制"的,即利比里亚和巴拿马经营的公司里轮船的所有权很大部分都控制在美国人和美国公司手里的。只要资金在海外运作,这些公司就不需要交纳所得税。他们只需要以红利的方式的形式交纳部分税金,而其他费用则由美国总公司免去了。1986年颁布的税务改革法案在这些海外公司身上大赚了一笔,不管是否得到总公司的豁免权。正如所料,这一税务改革法案的结果就是减少了以方便旗方式注册的"美国控制"轮船的总吨位规模。1995年,由于美国公司"撤销了轮船的所有权和运营权⋯⋯拜毫无远见的美国海事政策所赐",美国控股航运联合会(FACS)彻底关张[3]。

方便旗很恰当地解释了轮船注册的过程。首先,想要注册轮船的人不必到访方便旗国家——可以通过咨询领事馆。航运公司的股票一般都是以凭票即付形式发布的,也就是说,只要拥有股票就是公司的股东。这样一来,轮船控股公司的实际所有权注册国是不知道的,尽管商业运作常常会就所有人的身份给出强烈暗示。船主不必向注册国提交财政报告,这在免税环境下是多余的。历史上看,虽然美国溢油责任法案已经粉碎了这一概念,但单艘轮船控股公司实际上对船主受到的轮船最大损失做出了一定的限制。船主可以随自己意愿进行轮船的运营,只要船员持有合法的证书,船主可以任意地更换船员。

除了规定船员必须获得公认的海事授权部门颁发的证书以外,方便旗国家还规定轮船必须保持船级社规定的运行状态。若违反上述要求,轮船可能无法进行注册,这就意味着轮船不得悬挂该国国旗。没有国旗标志的轮船不得进入商业交易,也不能停靠港口。对于方便旗持反对态度的人来说,这些规定实际上为安全运行只提供了非常有限的担保。

1986年,约100个联合国成员一致同意建立某种"轮船与国旗所属地区之间的真正联系"。这种联系可以是指国旗所属地区船员,可以是在国旗所属地区做生意的船主或轮船运营公司,也可以是国旗所属地区公民在航运公司中所占所有权程度的高低。但所有这些最后都没有被认可。世界上任何一个社会团体对方便旗持有的看法都没有反映到实际贸易情况当中去。自1973年石油危机以来大部分时期的实际贸易情况对于油轮主来说都是巨大的财务灾难。低运费迫使船主想尽一切办法节约开支。这也是"取掉国旗"的根本原因，即将轮船的注册国国旗改为方便旗。

按照海事管理部门和工会要求进行国旗操作的人员必须聘请两组船员，其中的官员和高级船员相对来说收入都较高。轮船上的人员在一年中每一天都有人执守，但船员不可能永远待在船上。一组船员在船上而另一组则休假（R&R）。但两组船员在此期间都有收入。悬挂方便旗轮船的头等运营商同样得聘用两组船员。这样在船员换班、有机会开发常规轮船运营的新合作队伍或者遇到紧急情况时能够保证轮船操作的连续性。

但是方便旗操作人员也可能只聘请一组船员。在休假的时候他们得不到报酬。在休假期间他们不得不寻求其他轮船上的受雇机会。这种用工方式当然不可能提供轮船操作的连续性，也不可能开发新的合作对象。而且当官员是从某个国家请来的而船员来自其他国家时，其中出现沟通障碍也是无法预先担保的。挂有某国国旗以及方便旗的头等运营商可能会聘请双重国籍的船员，这样官员和海员们就可以用他们都基本掌握的一种语言进行交流了，其中又以英语为主。

在船员换班时两组船员的方式可以提供轮船操作的连续性。雇佣的连续性也使得船员可以结成小组，以应对常规操作和紧急情况。不过，仅雇佣一组船员带来的成本缩减使得雇佣两组船员的悬挂某国国旗和方便旗轮船运营商处在了竞争的劣势。而且，雇佣一组船员的悬挂方便旗的运营商还免去了与船员健康及养老金相关的费用，且不用支付培训和认证费用。但是他所面临的不利因素则在于，只有一组船员就不可能有比绝对最低的轮船安全和高效运行水平更好的表现了。方便旗操作人员的表现使得国际航运工作者联合会（ITF）坚决反对所有的方便旗操作者，无论是头等还是其他等级的轮船运营商。ITF 在保证停靠英国、斯堪的纳维亚及澳大利亚港口的轮船可以携带蓝色票据或证书这方面取得了成功，这就意味着，船主已经签署了船员认可文件，且符合 ITF 要求。没有蓝色票据的轮船可能遭到岸上劳工的抗议从而破坏货物的装卸工作。ITF 批判的焦点在于，对悬挂方便旗的船只采取歧视性行动，而对其他国旗船只则不采取任何行动，如俄罗斯轮船，该国轮船的酬金就低于 ITF 标准。此外，某些第三世界国家，如巴基斯坦和印度，采取了直接抗议 ITF 的行动，并认为 ITF 是对本国公民生计的巨大威胁。

除了允许运营商降低人员费用以外,方便旗国家不征收任何盈利税。某些国家虽然允许自由地降低资产的报废价值,却实行了被形容为充公的税收制度。所有高于轮船成本的利润最后大部分都成了税收。低运营成本、不够严格的轮船运营法规以及无税收所带来的竞争优势不可小视,特别是当政客们感叹国旗船队已经消失的时候。长时间油轮市场的萧条已经变得十分严重,因此宁愿在传统国旗制度管理下运营的船主被迫更改了旗帜。某些欧洲国家面临着失去全部国旗船队以及在海岸线运营的船只的危险。为了应对这一局面,挪威开放了第二家名为挪威国际轮船登记处的船级社,作为传统的轮船登记注册的补充。挪威轮船可以在第一家船级社注册,即为普通国旗登记方式,也可以在第二家船级社注册,这样就可以获得全部方便旗登记方式的全部特点[4]:

(1)对船员没有国籍要求。

(2)对产权资本没有国籍要求。

(3)轮船所有公司可以在挪威以外的地方成立,不过某些操作必须在挪威境内完成。

(4)对非挪威船主不征收税金。

(5)登记费用低。

(6)货币流通及货币法规相对自由。

(7)挪威法律系统仅在进行贸易安排和解决法律纠纷时才介入。

事实证明,挪威的第二家船级社在保留悬挂挪威国旗的轮船以及为挪威海员提供更多就业机会方面是十分成功的[5]。随后丹麦和德国也纷纷成立了第二家船级社。一艘轮船可以悬挂西班牙国旗,通过在加那利岛注册之后就可以获得方便旗的所有优惠,在 Kerguelen 岛可以悬挂法国国旗,在马德拉群岛可以悬挂葡萄牙国旗,在马恩岛可以悬挂英国国旗,在卢森堡公国内陆则可以操作登记国为比利时的方便旗轮船。这些新成立的第二船级社都是萧条的油轮市场的产物,市场使得大量轮船不得不改变传统的登记方式来更改所悬挂的国旗。

以下国家和地区被认为对悬挂方便旗的运营商是开放的:安提瓜和巴布达、巴哈马、百慕大、加那利岛、开曼群岛、库克群岛、塞浦路斯、直布罗陀、洪都拉斯、马恩岛、Kerguelen 岛、黎巴嫩、利比里亚、卢森堡、马德拉群岛、马耳他、马绍尔群岛、荷属安德烈斯群岛、巴拿马、圣文森特岛、图瓦卢共和国以及瓦努阿图共和国。某些国家采取的有效的国旗所属地区控制要求有复杂的地图用于寻找其所在位置,这种控制明显超过了其管理能力。

　　1995年,全球超过10万吨级的油轮及通用性货轮总数已达3362艘,总吨位约300万吨。这些船队分布在不同的国家和地区,分别占有一定比例的轮船数量和总注册吨位[6](见表8−1),也暗示了在油轮的运营中方便旗的重要性。注意1976年排列最靠前的15个油轮注册国分别是利比里亚、日本、英国、挪威、希腊、法国、巴拿马、美国、意大利、苏联、瑞典、西班牙、西德、荷兰及新加坡[7],从方便旗的增加就很容易看出来。

表8−1　各国家和地区的船队分布情况

国家或地区	油轮数量,艘	占总注册吨位的百分比,%
利比里亚	559	21.2
巴拿马	343	12.4
希腊	249	9.8
挪威	227	7.1
巴哈马	193	6.9
美国	202	3.9
马耳他	183	3.8
塞浦路斯	127	3.7
日本	57	3.3
新加坡	104	3.0
英国	58	2.2
巴西	78	1.9
印度	75	1.7
俄罗斯	86	1.4
意大利	87	1.2
法国	26	1.2
马绍尔群岛	26	1.2
伊朗	26	1.2
中国	87	1.1
丹麦	23	0.8
科威特	21	0.8
土耳其	29	0.8
百慕大	12	0.5

　　表 8 - 1 中并没有区分欧洲国家的第一和第二船级社。另外,有批评家认为如悬挂希腊和新加坡国旗的船队在使用方便旗时特点甚至比悬挂本国国旗时更突出。

　　除 39 艘油轮以外,其余所有轮船分别在 65 个国家中登记注册。其中有 20 个国家只有不到 10 艘油轮悬挂的是自己的国旗。上述 39 艘油轮悬挂的各种各样的国旗分别代表了 37 个不同的国家。只有一艘注册油轮的国家或者注册轮船总数很少的国家很难有精力去监测轮船的状态及运行情况。对于大多数海事国家来讲,监控轮船的责任已经委托给了船级社,正如某些国旗所属地区将注册轮船的检查作为强制性规定一样;也就是说,必须经过由船级社组织的每年一次的特殊检查。不过超过 40 家船级社强制执行的标准中包含了由属于 IACS 的船级社提出的轮船是否仍处在良好状态的规定,这一数字几乎占到了全球总注册吨位的 95%,但如果以轮船数量来计算的话剩余的接近 30 家船级社就只占不到 40%;更有一些则只是个纸上的空头组织,只要给钱就可以发放"合格"证书。

　　国旗所属国家或地区同样也是公约的缔约国,必须严格遵守如 MARPOL73/78、SOLAS(1974 或 1978)及 STCW(1978)等关于轮船运营的相关标准。虽然绝大多数国旗所属国家或地区都是以上三个公约的缔约国,但仍有很多国家未曾加入这些公约,如阿尔巴尼亚、孟加拉、伊朗、伊拉克、约旦、缅甸、菲律宾、坦桑尼亚、泰国、特立尼达岛,等等。想要运营非标准轮船的油轮运营商可以到对应的这些国家或地区进行活动,这些国家即便有海事管理部门也可能不会知道或者无法判断。

　　这一现象使得人们萌生了组建一个国际化的注册机构来代替原来的国旗所属国和方便旗注册机构的想法。悬挂国旗的初衷是为了使轮船得到所属国海军系统的保护。随着无保护海军的方便旗的出现,这一概念就逐渐模糊了,尽管在东南亚水域及其他地区海盗的活动有抬头趋势。不过,海盗的袭击用不着全副武装的海军来打击,由地区间合作的海岸自卫武装就可以处理了,如马六甲海峡就有自己的武装组织。如果出现一个国际性的注册机构,如有人曾向联合国提议过的那样,就可以确保形成一套全球认可的标准体系,包括轮船的管理、分级以及运营等,其中运营又包括船员配备、轮船航行和污染控制。这一机构的出现将终结对悬挂国旗的请求,非标准轮船运营商也可以以最低标准参与贸易活动了。

8.1 港口所在地区采取的控制措施

港口所在国或地区控制着悬挂其国旗的船只。由于轮船不可能不经港务局批准而停靠某个港口，因此对停靠本国港口的船只任何国家都可以有自己不同的说法。港口国或地区进行的管理是通过认可或否定停靠许可的方式来执行的。MARPOL 和 SOLAS 公约都要求缔约国以及港口国必须通过一定的法规，来要求所有轮船，无论悬挂的是哪国国旗，在进入某国港口时必须遵守公约条款。从本质上来说，港口国及港口地区控制实际上都是强制国际公约执行的手段。

1978 年，8 个欧洲国家签署了海牙备忘录，以确保外籍轮船停靠其港口时也遵守 ILO 商船（最低标准）公约，该公约的关注焦点是海员的工作及生存条件[8]。不过，公众对同样发生在 1978 年的 Amoco Cadiz 号搁浅事故的反应表示出他们要求建立更为严格的法律法规来管理海洋安全及污染防治。1980 年在巴黎召开的由欧洲通信委员会发起的会议上，国际海事组织以及国际劳工组织一致同意建立全球性的规定，减少停靠在欧洲港口的非标准轮船量。随后就形成了关于港口国控制的谅解备忘录，被称为巴黎备忘录，于 1982 年在 14 个欧洲国家生效。波兰于 1992 年签署该备忘录，加拿大于 1993 年被邀请成为正式会员，首次打开通往非欧洲国家参与的大门。美国、加拿大、俄罗斯、克罗地亚和日本都是巴黎备忘录的"海洋管理合作国"。

巴黎协议的成员国一致同意采取措施确保停靠其港口的所有轮船都符合 IMO 公约关于载重线、海上生命安全、海洋污染、碰撞事故预防、培训标准、认证及警戒的相关内容，并满足 IMO 关于轮船控制及石油污染的操作要求及区域合作的系列法规要求。只检查靠岸轮船总数的 25% 不能作为区分国旗的依据。有人认为，随机地抽查停靠某国港口总轮船数的 25% 可以代表 90% 左右的总检查比例。每个港务局都可以通过进入计算机中心数据库的查询检查结果来与其他港口交换信息，该数据库是由海洋事务管理中心（CAAM）维护的，CAAM 是法国海事管理机构的一个分支部门。CAAM 保留着与港务局的在线终端联系，并定期发布统计报表。

检查员必须经过培训并获得相关认证，这样才能确保进行高效和统一的检查程序。常规检查通常包括对轮船证件及文件资料的检查，以确保轮船符合相关公约要求。港口国或港口地区检查员都被要求要进行"概略的轮船检查",如果有"更详实的资料"则应提供更为详细的检查报告。至于什么是"更为详细的资料",通常认为是指由1996年颁布的IMO海洋环境保护委员会第38次对话认可的资料,将该次对话内容作为IMO体系的最终推荐版本。这些内容包括公约要求的设备缺损;非法轮船证书;缺少必备的文件资料如航海日志;表明轮船可能出现气密性或液密性失效或者出现结构破坏的证据;轮船导航、安全及污染防治设备失效;缺少最新的船员及乘客清单;缺少火灾及破坏事故控制预案;发射出错误的呼救信号;接到其他组织对与轮船不符合标准的埋怨;以及表明核心船员间无法有效沟通的证据。如果不足之处不能在港口纠正过来,或者情况非常严重,那么轮船将被扣留。轮船的扣留也必须十分小心,因为未经授权的扣留可能招致船主向港务局提起法律诉讼,要求其就非法扣押造成的经济损失作出赔偿。不过,被检查的轮船中只有5.6%会被扣留直到问题得到纠正。

正式的地区间港口国控制协议将巴黎备忘录作为一个模板,建立在了拉丁美洲。在亚太地区,建立港口国控制系统的出口潜力当中,日本是领头国家。这些地区的港口国控制协议的信息交换与巴黎备忘录国家是相似的。这是又一个很好的信息透明化的例证,将信息透明化可以最终减少进行检查的次数,并对船主施加高度的压力使其尽快更新不合格的轮船。有了透明化的信息,头等运营商的轮船一旦被检查并确认为更优秀的运营商的话,那么他的轮船不需要进一步检查就可以停靠地区内其他任意港口。检查的次数少就意味着进行港口检查的费用会降低,停靠的时间也会缩短。另外,拥有不合格轮船的船主在每次停靠港口时请求港口检查员进行复查。地区间港口国控制的缺点之一在于,不合格轮船可以将其雇佣关系更换为不进行港口地区控制的区域中去从而无法进行检查。没有采取有效的港口控制系统的国家可能会造成大量不合格轮船停靠在其港口内。这为进一步扩大港口国或港口地区控制的地区间合作提供了又一促进因素。

8.2 租船人对质量承担最终责任

虽然港口国及港口所在地区控制措施是对付不合格轮船的有效措施,不过实际上真正给予不合格轮船经济价值的是与船主建立贸易关系的租船人。租船人还必须面对溢油污染责任以及不好的大众名声，而且，如果租船人在挑选油轮时没有执行相关尽职调查的话，以上的风险还会更大。即便石油公司不愿意就享受头等运营商的服务而支付额外的费用，他们仍对租用油轮的质量十分关注。

在油轮装载之前，大型石油公司都会进行一项检查，以确保停靠在其码头并转运公司油品的油轮满足公司相应的标准。此类检查项目是由北海运营商挪威石油公司及 Phillip 石油（英国）发起的，包含了长达 12 页的问卷调查表，包含 150 条信息条目[9]。另外，另有一项以 OCIMF 检查指南为基础的大宗石油运输的检查则包括 20 个利益范围，即：

（1）大体轮船情况、文件资料、证书及船员和安全管理。

（2）污染防治、救生及消防设施。

（3）停泊设备及操作情况。

（4）船桥及无线电设备和操作程序。

（5）发动机舱设备及操作程序，以及转向机构。

总共检查项目有 550 项——可见管理部门强加给船员的负担有多重。成功进行检查的油轮其有效期根据油轮在役年限、维护标准、经历、运营商的口碑以及其他因素的不同，最长可达两年时间。检查的费用一般由船主来承担，检查结果则将进入 SIRE 数据库以减少复制检查结果的次数。有些租船人和原油出口国则坚持认为服役超过 20 年的油轮应当进行更为严格的由挪威船级社创建的状况评估检查。这就是最初的收费制度，表示出旧油轮与新建油轮之间进行比较的方式。

8.3 绿色油轮

随着石油公司越来越关注安全及无污染的运营，船主将关注的焦点逐渐演化成了开发"绿色油轮"上来。绿色油轮要求精良的造船技术和极高的轮船运营标准。除了尽可能减少由于船身遭到破坏而产生的溢油之外，为了减少轮船锅炉、柴油、煅烧炉、油品蒸气挥发及人为废物所造成的污染，人们已经付出了巨大的努力。

绿色油轮必须是满足 3E（符合生态的、经济的且属于欧洲的）的 VLCC（超大型原油轮），它可以在 5 个不同的欧洲造船厂进行建造和组装，但最终必须在西班牙造船厂完工。这种油轮上装配有改进的防止搁浅和碰撞的设施，其特点在于完全整合在一起的导航、通信及轮船控制系统；

有两套独立的转向机构系统;还配备了专门的防碰撞和搁浅的设备。其中防碰撞的设备是自动雷达测绘辅助装置(ARPA),该装置可以跟踪轮船的航线和时速,用雷达的方式将航线和时速联系起来,如果预计航线已经进入另一艘轮船的预设距离范围的话会就发出警报。

挪威政府和进行过研究工作的海事利益各方召开的联席会议上决定开发一种叫做 ECDIS 的防搁浅装置,即电子电面显示及信息系统的首字母缩写[10]。ECDIS 通过 GPSS 采集信息,通过电子卡片的形式显示轮船的位置。导航设备可以扫描一下地块即可看到轮船当前的位置。接下来则是将水深信息写入地面数据库中,以便在轮船进入低于预设深度之前发出警报。

E3 油轮上能够提供防止事故性污染的良好保护,其生态方面考虑的措施有以下几点。

(1)储罐的设置可以在遇到破坏时尽量减少油品的外溢。

(2)双层底板和双层船侧之间的宽度大于 IMO 要求的水平。

(3)增大了纵向及横向隔板的长度,以减少溢油。

(4)对燃料油罐采取保护措施。

此外,港口采用的低硫燃料、无 CFC(氯氟烃)制冷技术、无卤族化合物灭火剂,以及改进设计的废料桶和污水处理装置的运用也最大限度地减少了气体的排放。

E3 油轮的经济性体现在高效的燃料消耗以及超长的在役寿命。通过改进船身线型设计、船尾迹通风管道及散热片应力消除、改进叶轮推进装置等措施可以提高燃料的燃烧效率。而轮船的服役寿命则可以通过增大船身厚度与钢材材质及结构的选择,以及减少腐蚀等措施来延长。在压载罐中安装有阴极装置,而压载罐和货舱罐上部的内表面上都有防腐涂层。最大限度地采用无结构表面及最优的清洗设备布局方式可以提高储罐的清洗效果。E3 设计中关于"欧洲"的要求表示的是采用的是欧洲的造船技术及制作水平。

为了达到绿色油轮的要求,一艘轮船将会花费更多的资金,头等运营的话则会更多,不过租船人愿意选择这样的轮船而多花钱吗? 而且,如果单一层次市场对所有参与竞争的运营商给付的报酬完全一致不区分服务水平的话,船主凭什么要为选择 E3VLCC 或其他绿色油轮及其相关操作而多花钱呢?

8.4　法规能提高海上安全性吗？

　　法规即是白纸黑字写出来的规定。旨在提高人类行为的法规并不一定意味着人类行为就一定能够得到改善。要提高轮船安全性最根本的方法只能是提高船员的熟练程度及严格纪律。以下关于海上安全的内容摘自一份头等运营商的年度报告[11]。

　　海上安全是确保全球船员不因疲劳、受教育/培训程度低、路线错误或误解而承担事故责任的问题。我们称为人为因素的部分占到所有海上事故的80%以上。

　　立法者和舆论在试图获得海上运行的安全性时，通常都将关注的焦点完全集中于错误的事情上。现在有越来越多的法规编制出来，轮船和相关部件按照人为规定的条条款款进行着重复的检查……人为因素在某些事故中占的比例高达90%……所谓事故是指"由不幸的原因导致的不可预见的事件"。很多灾难其实都不是事故……但都可以预测得到，不过当轮船上的船员接受的培训不够充分，再遇到破败的设备，情况就可能非常糟糕……

　　媒体通常把事故描述成风暴所害，从而造成油轮船头破坏或船身大面积破坏。实际上真正原因并不是风暴……而是腐蚀，由腐蚀造成的材料侵蚀，当在海上达到一定的应力应变水平时就可能导致严重的事故……再加上负责瞭望的船员失职而且轮船船速过高及其他不利因素……

　　安全及良好的秩序始于制造精湛的轮船，设计师和工程师们带着创造一艘坚固的高效且配备有充足安全余量的轮船的目的……在一般情况下，一艘轮船配备20~25名船员就足够了，如果在此基础上缩减船员规模就可能出现一些不良后果。剩余的船员则可能会非常疲倦。一艘正在航行的轮船突然出人意料地改变了航向……错误的决定。碰撞。火灾。成千上万吨石油流入水中。

　　这算是事故吗？是否可以避免呢？如果负责瞭望的船员借口说他忙于繁重的修理任务的话，他是否在值班前能够得到充足的睡眠呢？如果船员队伍能更大一些，培训效果更好一些？……我们有足够的人手来操作轮船并确保一切操作都完美无误。为轮船配备足够的船员为安全提供了一定的保障。既对船员安全，对我们的乘客、对环境、对我们自己，都将是安全的。

驾驶台上……悬挂有一封说明书……以简洁简短的话语,使指挥航行的高级船员能够按照说明避免任何可能导致生命财产损失、溢油等事故的情况发生。任何为了减少事故风险而付出的金钱或时间都是可以接受的……没有什么经济利益能够超越碰撞或搁浅事故的出现……每次事故之后都应该进行认真分析,吸取教训,总结经验为以后安全性的提高作出贡献,这是日后逐渐提高安全及航海质量的必要条件。

安全是一个态度问题……我们为什么必须使这一态度得到广泛接受呢?对我们所有人来说,不管是普通大众还是环保主义者,都可以向石油公司指出,他们应当积极地从航运公司选择安全的油轮从而保证较高的安全性……这并不是"最低能接受的安全态度"……真正能够实现更高安全性的人是租船人。如果他们要求更高的安全性,那么航运公司就应当提供对应的服务。

如果你觉得安全的代价太过昂贵——出一次事故试试看吧。

参 考 文 献

[1] *Erling D. Naess*, *Autobiography of a Shipping Man*, published by Seatrade Publications, Cambridge, England, 1977.

[2] *The Great panHonlib Controversy*, by Erling D. Naess, published by Gower Press, Eppling, Essex, England, 1972.

[3] *Comments* by Phillip J. Loree, FACS Chairman, The Journal of Commerce, 26 December 1995.

[4] *International Shipping* by Bruce Farthing, Second Edition, published by Lloyd's of London Press, Ltd. , London, 1993.

[5] *Norway—Your Maritime Partner*, published by the Norwegian Trade Council, Oslo, 1995.

[6] *The Tanker Register*, published by Clarkson Research Studies, Ltd. , London, 1995.

[7] *Shipping Statistics*, published by the Institute of Shipping Economics, Bremen, 1976.

[8] "*Port State Control*", by Richard W. J. Schiferli in BIMCO (Baltic and International Maritime Council) Review, published by Stroudgate, London, 1995.

[9] *Vetting Inspections*, A Guide for Onboard Personnel, published by Intertanko, Oslo, 1995.

[10] *Norway—Your Maritime Partner*, published by the Norwegian Trade Council, Oslo, 1995.

[11] *Annual Report*, Concordia Maritime AB, 1994.

9 航运费用:港口收费

完成一次航运将产生一笔运费,或者称为航运税收,其中净航运成本即为航运盈余部分。航运成本的基本构成要素包括港口收费、运河税以及燃料费用等。总计超过一年时间的航运盈余部分是轮船的租金。在债务还清之前,去掉运行成本的轮船租金就是轮船的年收入。而运行成本的构成要素则包括人员费用、货舱和设备的维护修理、保险及管理产生的费用。以下各条是上述各项内容和轮船利润与现金流的总结情况:

(1)航运盈余:航运税收或运费,不包括航运成本。

(2)轮船租金:超过一年的总计航运租金。

(3)轮船收入:除去运行成本之后的轮船租金。

(4)轮船利润:除去债务及贬值所产生的利息等部分之后的轮船收入。

(5)轮船的现金流:除去利息及债务偿还之后的轮船收入。

运行成本以及筹资成本是固定不变的。无论轮船是否运载货物,船主都必须支付这笔固定费用。航运成本则是变化的,取决于轮船的受雇情况。对于其他类型的轮船而言,货物的装卸费用同样是可变的,不过对于油轮贸易来说,承担装卸费用的往往是石油公司。装卸油软管从岸上的码头连接到油轮上,进行装载作业,油品则由码头操作员用输油泵装至油轮上。在卸油的时候油轮操作人员必须保持最低的卸油泵送压力。这样一来,对于油轮运营商来说基本上就没有油品的装卸费用,不过他们实际上承担了航运成本当中的其他部分——港口收费、运河税及燃料费用。

9.1 港口收费及运河税

港口收费包括众多船主在停靠某个港口时的收费项目。收费金额中一部分是固定收费,而另一部分则随油轮的总吨数而变化。总吨数是油轮内部容积的度量标准,也就是说大型轮船必然比小型轮船收费要高。这样做听起来是很公平的,然而双层船身的油轮,由于有很大一部分内容积被独立压载罐所占据,因此,它比载重吨位相同的单层船身油轮的总吨数就要大。对环境有利的双层船身油轮船主比起类似吨位的单层船身油轮的船主,就要支付更多的港口收费和运河税。这样就不怎么公平了。

港口收费中有一项是领航费,这部分费用在助航设备[1]返回前很长时间就缴清了。帆船的船长们很不愿意在缺乏熟悉当地沙堤、暗礁、洋流以及其他对导航存在危害的因素的人的指导下航行于危险水域中。现在,在进入或离开某个港口时,让一名领航员登船指导已经成为了一项强制性规定,尽管某些港口允许经常出入该港口的船长申请免除领航费的要求。

除了港口领航之外,在深海区域也有专门的领航员帮助船只通过狭窄的水域,如英吉利海峡及马六甲海峡。深海领航员则不属于强制性雇用的人员,可以由政府出面聘请,也可以是个人行为。港口领航员一般是由港务局聘请,或者是经港务局授权的相关人员聘请的。深海及港口领航员的身份就像是顾问,他们技术专长对于某种特定环境来讲有很高的参考价值。不过,既然是顾问,因此领航员不会对最终的决策负任何责任。领航员只提供建议,船长或官员才是真正发出命令的人。船长可以不听从领航员的建议,因为最终对轮船出现搁浅或碰撞事故负责任的人是船长,而不是领航员。唯一的例外情况是在巴拿马运河,在这里轮船的控制权完全属于领航员。

领航员们将参加关于水文学、水文地理学、海洋学以及气象学方面的预备课程,以便学习潮汐、洋流以及风力等因素如何对轮船的控制造成影响。这些领航员与飞机上的领航员一样,都会首先在模拟装置上对轮船进行导航。海事研究院以及大型石油公司都依靠这样的模拟装置来培训未来的指挥官员。模拟装置上准备了对实际情况的培训课程——可能犯下严重错误的时机以及从中汲取教训的内容都包含在其中。在模拟装置上发生的事故将不会造成任何物理损伤、人员伤亡及相关的法律诉讼等。除了通过合格考试以外,积极的港口领航员还将在已有领航资格的人员手下工作,以积累实际领航不同类型船只在白天或夜间进出港口、可见度不同的情况下以及有潮汐、洋流、天气及季节影响下的导航经验。任何一个港口都应该具备一定数量的合格领航员来处理进出交通,从而避免发生不必要的轮船进出港延误。

如果海浪过大,使得领航员无法离开导航船并爬上轮船放下的梯子,那么该轮船必须立即抛锚等待海面平息下来。当离港轮船上的领航员无法下船时,轮船不必抛锚,可以继续驶向下一个预定港口,领航员可以在该港口下船。强制性的领航费可以保证这种雇佣活动的安全性。在某些领航员可以控制自身从业资格,并且甚至可能控制其酬金的港口,加入当地领航员组织与加入同行协会是一样的:在接受某人作为领航员之前,最好考虑一下这个人的父亲或叔叔是否也是合格的领航员。

领航服务的管理是由港务局长负责的,不过在某些港口,领航费则是单独由政府部门或领航员协会管理的。港务局长或港口总督对该港口或码头内船只的运行安全负有责任[2]。其职责包括以下三点:

(1)以适当的标记和助航设备来提供通往该港口的安全通道。

(2)对停靠的船只提出明确的型号限制。

(3)执行港口法规,提供建议和信息并控制交通情况。

在全球绝大多数港口中,对交通的控制是依靠轮船交通系统(VTS)来完成的。位于 Harwich 的效力于英吉利海峡 VTS 系统每年处理着包括小型游艇和客轮在内 24000 艘轮船的过往情况。需要进入 Harwich Heaven 港务局管辖范围的船长必须在抵达前 24 小时和 3 小时的时候通知港务部门,由港务局长来决定是否需要领航员(如果船长没有领航费豁免资格的话,领航员是必须雇佣的),并通知港务局长所载货物的性质,以免出现曾经发生过的危害及问题。港务局长将通知某个停泊操作员有轮船即将抵达,并在需要的时候让他安排拖船。在 VTS 系统控制下,未经港务局长的同意,船长无权进入其管辖区域。一旦进入 VTS 控制范围,该轮船的运行情况就将被 VTS 以雷达的方式记录下来。如有需要,轮船还可能是由拖船拖曳进港的。船长必须在离港前 2 小时通知港务局长。港务局长协会还提供了一个论坛,用于讨论并分享服务于某地区的港务局长的经验及想法,如欧洲港务局长协会。

很多国际组织都鼓励这类协会就港口的管理交流经验及技术专长[3]。其中就包括国际港口码头协会(IAPH),该协会包括专门处理货物装卸操作、港口发展、法律事务、港口及轮船安全、环境和港口建设、公共事务以及促进贸易的分支机构。地区间的领航员组织通过国际海洋领航员组织来保持相互之间的联系,从而共享感兴趣的信息。国际灯塔管理组织则主要关注的是助航设备之间的协调工作以及海洋交通管理。其下属的技术委员会主要从事的是与海洋相关的标记工作、无线电导航和轮船交通系统(VTS)的管理工作。上述三大组织相互合作,为船长们提供全球 VTS 指南。

港口收费的具体数额随着轮船型号的不同而不同,同时又受以下因素影响,即该轮船是否需要聘请领航员或船长是否具有领航豁免资格,轮船是否需要拖曳服务,且收费标准还与特定的码头以及停泊时间长短有关。Intertanko 关于油轮船主支付的港口费用的出版物中曾指出,即便是同等吨位的轮船,收取的费用也会有所不同。这种差异的由来是因为港口收费是由很多单项收费[4]组成的,如:

(1)国家或当地为维护导航灯、救生船和航行辅助设备、挖掘水道及其他港口工作而征收的费用。

(2)导航费、拖曳费,港口、码头、甲板及泊位收费,以及系泊和解系费用。

(3)拖船和小汽船,看守,以及港口、码头和堤岸收费。

(4)港口清理、检疫/入港许可(船员健康检查)费用和关税。

(5)港口运输代理费。

9.2 港口运输代理

港口运输代理费约占港口总收费的 5% 左右,是支付给港口运输代理的,当轮船停泊在港口内时,该机构即为运营商的代理人。轮船运营商早在停靠码头之前就会安排港口运输代理。如果没有签订代理文件,那么运营商或船长将不得不亲自参与处理多如牛毛的具体事务[5]。

假设某艘轮船在没有代理人的情况下抵达某港口。船长必须亲自通知货物接收方,就某时间停泊的泊位进行磋商;安排并支付领航、拖曳以及系泊人员费用;向海关、港口官员及警方提供相关文件;寻找邮局及银行;寻找并支付给养品、洗衣费、医疗/牙医费;安排船员住宿及运输船上补给品⋯⋯这样还能承受得了吗? 这样一来,停靠码头将是无边无际的噩梦,并且不可避免地会造成轮船及货物在时间上的延迟。

港口运输代理业务是一项具有竞争性的活动,该机构必须在轮船停靠港口之前就清楚如何安排服务项目。曾经有些运营商就表示过对港口运输代理情报机构的震惊,不明白他们怎么会清楚轮船的日程安排。运营商都是通过调查港口运输代理机构过去的运作情况或者对其服务和收费水平的了解程度来进行选择的。运营商们都是在港口运输代理机构的估算前提下支付港口费用的,一般都在轮船抵达港口之前就已经支付了。当轮船离开港口时再清算实际发生费用。

　　港口运输代理机构根据其帮助减少的停泊时间和停泊费用的业绩来收取费用。其工作开始于轮船进港之前。此时必须首先与港口交通控制人员取得联系以确保进港轮船没有被其他船只占据航道，并确定轮船的良好运行状态，以便迅速通过海关及港务局的审查，尽快进入港口。同时，在停靠港口时，轮船必须进行检疫工作。检疫简单地说就是指轮船未经专门官员的检查，但船上人员不得患有传染性疾病。不过，即便是通过了检疫，其他人员仍然不允许上船，船上人员也不得上岸。颁发入港许可证证明轮船已经通过了对船员和乘客进港的各种检查，船上人员可以离船上岸，轮船也可以迎接参观人员。但是，如果没有要求海关人员检查货物并允许货物装卸的话，轮船仍然不可以进入港口。除健康方面的要求和海关检查之外，港务局发放的通行证也是必不可少的，这就意味着必须再次检查轮船是否符合港口对安全方面的标准要求以及其他与港口控制相关的要求。

　　港口运输代理机构通常和码头操作人员联合工作，以确保装卸货以及码头系泊工作都井然有序。代理机构将代表轮船运营商联络轮船经销商提供轮船的配件及各种补给品，联系燃料供应商提供燃料，并在需要的时候联系轮船修理厂、船级社或 P&I 协会的代表。港口运输代理还将处理即将登船或离开轮船人员的转移和住宿安置工作。他将代表运营商接受所需部件的运输，并安排将其运送到轮船上去。在石油贸易中，很多大型码头都远离陆地，或者位于海上，受油轮的限制，码头上的人员可多可少。还有部分码头位于便于进行夜航的地方，这样港口运输代理将不得不将海员召集起来，海员的活动也将不可避免地受到轮船随时离港的影响。

　　港口运输代理机构可能只专注于一个港口的服务，也可能对同一地区多个码头提供服务，或者可以提供全球性的服务，如 Inchcape 航运服务公司。该公司可以直接从事代理活动，也可以通过联营的其他港口代理机构提供代理服务，其业务范围覆盖着从北美到加拿大、南美西海岸线、中东、亚太地区以及日本的全球大部分地区。在这些区域活动的轮船运营商可以放心地将代理权交给该公司旗下的代理机构。Inchcape 公司对每个油轮码头都对外公开了以下信息：

　　（1）码头位置。

　　（2）沿码头水域的海水密度（淡水、咸水或是淡海水），这将会对轮船的吃水深度造成影响。

（3）在平均低潮区域及潮汐影响范围内的海水深度。

（4）平均高潮水位与港口水道桥梁下侧之间的垂直高差。

（5）码头允许的最大轮船总长及船宽。

（6）对拖船的要求。

（7）是否可以提供淡水、燃料及去除污油。

（8）用于装卸货品的海岸线尺寸，管汇与罐区之间的距离。

（9）软管的数量、大小，以及用于货品装卸的接头数量和大小。

（10）当轮船停留在码头内需要装载补给品、货舱及零部件时，必须在天气许可的情况下进行。

停靠码头需要交纳的主要费用包括港口领航、入船坞领航、拖曳、缆绳管理、每 24 小时交纳一次的船坞使用费、码头设备使用费以及美国海关和迁移服务等费用。另一个全球性港口运输代理机构是海湾代理公司，该公司最初主要覆盖的是阿拉伯湾、地中海西岸以及西非的业务。海湾代理公司可以向该公司服务的港口如 Ras Tanura 提供详细的信息，该港口是位于沙特阿拉伯的主要原油装载港。要停靠这个港口的船只必须满足以下要求[6]：

（1）要求停留在港口内的船只必须悬挂沙特阿拉伯国旗，而且还要遵循确保悬挂国旗的各项指南要求。

（2）具体到每个泊位的详细描述，包括其精确的位置、长度、水深、所装卸的货物以及系泊轮船数量和港内哺乳期海豚的数量。

（3）港务局必须对轮船进行检查，确定其是否满足安全法规的要求。

（4）关于停泊及抛锚位置的详细说明。

（5）进入或离开抛锚区及进入港口水道时应满足轮船交通法规。

（6）保持与港口及码头的通信联络。

（7）必须出示检疫信号（白天以旗语方式、夜晚以信号灯方式），直到获取入港许可证。

（8）以下所列物品不得进入港口，包括易爆物质、武器、不符合穆斯林信仰的宗教物品、扑克、赌博器具、麻醉剂、被认为是色情的杂志或出版物、含酒精饮料——这些物品可以锁在船上某个安全的储藏间里，不过即使是锁上了仍然需要接受港务局的检查，以确保上好的锁不被破坏，因为轮船还会继续停留在港口内，而锁好的上述物品不得拿出储藏间外。

（9）不得拍照。

（10）医疗设备应保持可用状态。

（11）进入码头及泊位的助航设备详细情况，包括水道的长度和方向以及救生船的数量等。

（12）准备好抵达港口的各项文件资料，包括船员及乘客名单、健康证明、接种疫苗证书、航海日志以及其他所需的抵达及货物文件。

（13）提供领航说明，包括领航员登船及离船的位置，领航员攀爬梯子的长度、强度、每两梯之间的垂直高度，保证梯子与轮船之间安全连接的方法，梯子附近甲板的情况，以及梯子的具体登船位置等。其他与领航员攀爬楼梯相关的要求还包括信号灯、安全、绳索、救生船以及停止轮船推进装置，等等。

（14）进入泊位之后仅维持最少压载水量。

（15）采取措施防止漏油污染，观察轮船上的安全预防措施是否执行到位，是否有火灾或爆炸的应急预案。

（16）燃料供应详细情况，包括通知时间、通信频道、配送情况以及支付款项。

（17）联络货物及轮船检查员、维修服务、本地运输的详细情况，当所载货物的数量或质量受到置疑时的应对措施等。

（18）离港文件，包括提货单、港口负责人对所载货物签署的证明、港务局提供的港口结关，即轮船抵达及离开时间、相关费用以及离港许可等。

这些条款中有些内容让人觉得过于详细，不过一旦忽略就可能造成轮船时间的延迟。如果轮船没有悬挂沙特阿拉伯国旗，它就必须停在港内直到买来挂上为止。无意将国旗悬挂倒了也会造成意外的延迟。如果轮船没有满足领航员登船梯的要求或者在白天没有挂出检疫旗及没有在夜间打出检疫信号灯，或者出现其他违规情况，都必须滞留在港内直到改正为止。在国际海域航行的轮船对自己的行为享有自主权，一旦进港之后，其行动就必须受到主权国家的限制了。

港口运输代理会采用特殊的方式来确保离港文件，包括提货单能够迅速得到处理以加快轮船离港速度。港口运输代理机构收费原则即是以其采取的措施是否能最大限度地减少或避免轮船在离港前滞留港内的时间，或者是否能避免轮船缴纳不必要或过多的费用。对于大型油轮来说，其利润是每天以成千上万美元计算的，因此一个小时的延误就可能造成1000~3000美元的损失。港口收费一般在25000~250000美元不等，随港口的不同而不同，当船主需要停靠不熟悉的港口时，如果不聘请有经验并且信得过的港口运输代理机构的话，很可能被收取高额的费用或遭遇其他不愉快经历。

对于油码头而言，港口运输代理必须清楚最大容许载重量以及曾经在该码头装卸的最大型号油轮的吨位。同时他还必须清楚其他码头限制条款，如船体全长（LOA）、最大船宽、装载后最大吃水深度，必要的话还必须知道沿码头的平均低潮期水深。码头的水下软管将连接在轮船的管汇系统上，相关的限制即为管汇至船尾、船头及吃水线的最大距离。如果油轮必须穿过港内桥梁，港口运输代理还应当知道轮船的最大空吃水线高度（桅杆顶距离吃水线的高度）。如果油轮必须在低潮时期经过时他还应当清楚当地的潮汐发生情况。

石油公司在租用油轮实现两个码头间的航运服务时就已经清楚这些情况了。不过，当油轮租赁早期石油公司可能不会清楚某一个特定的码头情况，或者在航行过程中还会更改停泊的码头。由于最终承担保证油轮停靠码头的是租船人，因此谨慎地进行贸易活动就要求轮船运营商在油轮抵达前必须查询所有码头限制条款。轮船运营商希望港口运输代理作为其代理人应当知道或能够迅速地获取此类信息。

巴拿马运河及苏伊士运河的港口运输代理在轮船切换水道之前就会代表船主搜集相关的运河费用。运河及港务管理机构对支付费用的方式十分谨慎。港口运输代理会将船主的资金以运河及港务管理机构能够接受的方式划入其账户内。代理人还会随时与船主或其他委托人保持联络，并与苏伊士运河管理机构协商，是否能对经常出入运河或由于曾在某处卸油而有资格减免部分费用的船主适当降低收费标准。例如，如果油轮在LOOP卸油之后选择苏伊士运河而不是好望角返回阿拉伯湾的话，就有可能减免部分费用。港口运输代理还可以在穿越苏伊士运河时安排领航员并寻找护航船只，或在穿越巴拿马运河时安排数艘护航船。合理地处理运河穿越可以减少延误时间。另外，港口运输代理机构还可以处理燃料供应及提供其他类似停靠港口的服务。

参 考 文 献

[1] *Guiding Hands—Pilotage Explained* by Stephen Thomas in February, 1996 issue of Seatrade Monthly Review, published by The Seatrade Organisation, Colchester, England.

[2] *"The Harbour Master's Role"* by Mary Bond in April 1996 issue of Seatrade Monthly Review, published by The Seatrade Organisation, Colchester, England.

[3] *Fairplay Book of International Organizations*, published by Fairplay Publications, London, 1990.

[4] *Worldscale Book*, published by Worldscale Association, London and New York.

[5] *Ship Agency Explained* by Bill Box in January 1996 issue of Seatrade Monthly Review, published by The Seatrade Organisation, Colchester, England.

[6] *Gulf Agency Company Handbook*, published by Gulf Agency Company, Stockolm.

10 航运费用：燃料部分

　　船舶燃料是炼油过程最后的残渣部分，即除去了价值较高的清洁油料如汽油、喷气燃料及中间组分油之后的渣油。炼油厂的工艺越复杂，最后残留的渣油就越少，一般说来，其质量也就越差。组分较轻的优质残余燃料油一般会卖给发电厂或工业企业用作燃料。这部分油通常粘度较低，相对于重质燃料油而言其硫含量更低，能满足环保的限制要求。占残余燃料油约20%的重质燃料油一般会销售给船舶作为燃料。最终无法作为渣油销售的部分，也就是炼油过程后的绝对残渣部分，就只能转变为沥青用作铺路或石油焦，或者与高含硫煤炭一样，在发电厂作为燃料使用了。

　　虽然渣油的售价相对于原油来说已经降低了不少，但船主们仍然抱怨说降低的程度不能体现渣油作为炼油废物的实质。这样的抱怨实际上也说明了一点，那就是对于船主来说，船舶所用的燃料是其所花费用的很大一部分。油轮在海上航行的时间远远多于停靠在港口内的时间，而且即便是在港内，油轮仍然需要消耗部分燃料用于运行卸油泵机组。如果一艘新的 VLCC（超大型原油轮）每天燃烧 60 吨高粘燃料（HVF），那么一次 60 天的来回航程加上 4 天停靠港口的时间，其消耗的燃料相当于海上航行 57.5 天所用燃料。如果每吨燃料价格为 100 美元，那么每天的燃料耗量为 100 美元/吨 × 60 吨/天 × 57.5/60，即 5750 美元/天，另外还要加上港内消耗的船用柴油机油和用于储罐清洗的费用，差不多每天需要6000 美元的费用。运行 VLCC 所需要的人员、供给以及维护维修、保险及行政收费大约是 10000 美元/天。对上述例子来说，燃料费用差不多就占到了运行费用的 60%，这就是一笔不小的开销了。对于使用低燃效发动机的老式 VLCC，其运行费用可能稍低一些，那么燃料费用甚至可能与运行费用相当。

　　与所有其他轮船一样，早期油轮燃烧的也是煤炭，用来产生蒸汽驱动往复式蒸汽机，从而带动主轴运行。全球所有港口都有处理船用燃料煤的装置，用运煤船队来给船舶加装燃料。即使油轮使用的是更为合理的残余燃料油即炼油厂不需要的产物，安装于煤炭周围的推进装置和燃料补给系统仍不能便利地转换为油料系统。轮船从燃煤方式转变为燃油方式不是由石油公司提出的，而是一战期间由 Winston Churchill 提出的[1]。作为海军首位将领，Churchill 将英国的战舰全部转变成了燃油轮船，从而提高其航速和操作灵活性。"第一次世界大战"之后，英国航运公司纷纷将民用轮船也从燃煤轮船转变成了燃油轮船。现在，各种轮船每年所消耗的燃油大约为 1 亿 5 千万吨，市值约 150 亿美元。所以船主们会认为是他们为炼油的废料提供了唯一的出路，而且这一出路意义非凡。相对于燃料的供应来说，对重质燃料油的需求形成了难得的市场机遇。与其他市场情况类似，其价格同样取决于供求关系。

高原油消耗带来的高燃料耗量在 20 世纪 70 年代到 80 年代造成的最大影响在于引擎效率获得了显著的提高。20 世纪 70 年代早期，大型原油轮一般使用的都是蒸汽涡轮机或柴油发动机推进装置。蒸汽涡轮机组燃烧的是低级高粘油，当时，这种油被称为燃油 C。于 20 世纪 70 年代建造的能驱动 28.5 万吨 VLCC 的蒸汽涡轮机，在航速达到 15.5 节时每天大约要燃烧 175 吨（TPD）HVF（高粘燃料）。柴油驱动同等规模的 VLCC 则需消耗等级稍高的价格略贵的中间燃料油（IFO）约 120TPD。在燃油价格较低时大约是 14 美元/吨，蒸汽涡轮机消耗的多余部分燃料费用可以被柴油发动机的高额维护费平衡。在石油危机以前，具体选择哪种类型的发动机只取决于操作上的方便。另外，两种推进装置都需要独立的柴油系统来驱动船上电力系统发电机组。这部分柴油系统大约每天需要消耗 2.5 吨船用柴油机油（MDO），而这种油是一种价格较高的中间组分油。

随着 HVF 燃油价格从每吨 14 美元飙升到 180～200 美元，船用柴油机油价格从每吨 25 美元涨到 250～350 美元，两种发动机设计的运行费用都高得让人无法接受。超过十倍的价格暴涨迫使柴油发动机厂家开发高燃效的柴油发动机。现在，低燃效的蒸汽涡轮机已经完全让位给了消耗 HVF 仅 60TPD 的柴油发动机，目前这种燃料用粘度量度方式被称为 380°厘沱（CST）。而一般销售给老式柴油引擎油轮的 IFO 则被称为 180°CST，现在会将其与轻质渣油混合从而减低其粘度。将发动机类型从蒸汽涡轮机转变为柴油发动机，随后再转变为设计更为精良的柴油发动机，这一转变过程大大减少了燃料的消耗量。由主轴驱动的发电机可以供应航行中轮船上的住宿所需，减少单独柴油及船用柴油机油耗量。船上的柴油发电机一般是独立的，在轮船没有航行时消耗的是 MDO。

改进涂层同样可以提高燃料的燃烧效率，如使用自动抛光共聚物船身涂层,这种物质可以随轮船在水道中航行时自动对船身进行抛光处理[2]。船身涂层不仅可以保护船身免受腐蚀,降低水中航行的阻力,其防污特性还可以阻止海洋生物的附着。海洋生物、藤壶类将干扰船身周围的水流,从而增加燃料的消耗量。藤壶类一般生长在码头、岩石、轮船的水下部分或鲸鱼身上。停靠在热带水域的船只常常会在船身上附着几英尺长的海洋生物。极端情况下,船只甚至都不能移动。停靠热带及寒带水域的油轮可以利用环境的改变来克服海洋生物的影响。在设计中引入球鼻形船首和流线形船身则可以减少阻碍轮船移动的残留水。改进设计的船尾导管和抛光的螺旋桨可以有效地将引擎能量转换为轮船的航速,因此燃料的燃烧效率也得到了提高。

表 10 – 1　20 世纪 70 年代蒸汽涡轮机 VLCC 的燃料消耗及收入统计表

航速,节	15.5	14	13	12
TPD	175	155	140	128
往返航程距离,英里	24450	24450	24450	24450
海上航程天数	65.7	72.8	78.4	84.9
港口停靠天数	4.0	4.0	4.0	4.0
总航程天数	69.7	76.8	82.4	88.9
HVF 燃料耗量	11627	11404	11096	10992
MDO 耗量	174	192	206	222
HVF,180 美元/吨	2092863	2052723	1997308	1978500
MDO,300 美元/吨	52294	57576	61774	66672
港口收费,美元	100000	100000	100000	100000
航运成本,美元	2245157	2210299	2159082	2145172
全球价格,美元	30			
全球统一费率,美元	28.21(20 世纪 80 年代早期)			
吨位 28 万吨轮船的航程税收,美元	2369640	2369640	2369640	2369640
航程余额,美元	124483	159341	210558	224468
航程/年(350 天/年)	5.0	4.6	4.2	3.9
轮船租金,美元/年	624861	726467	894737	883774

新建 VLCC 的航行速度一般都接近约 15 节的设计航速,而老式 VLCC 则航速较慢,燃料耗量相对较少。理论上讲,燃油耗量正比于航速的三次方,这也就意味着,将航速减少一半,那么燃油耗量将减少到原来的

1/8。而实际上,这种情况并不可能出现,只不过航速的减少的确可以带来燃油耗量的显著降低。表 10 – 1 就说明了 20 世纪 70 年代建造的蒸汽涡轮式 VLCC 的获利与燃油耗量、航速、运费之间的关系。在航速为 15.5 节时,该种油轮将消耗 380°CST 燃料 175TPD,而在航速降为 12 节时仅消耗 128TPD。从数字上看,燃料耗量与航速之间并不成立方关系,但是,在这个例子中,变化系数约为 1.2,非常接近线性变化。航速与燃料耗量之间的关系本来就非常直观——每一种类型的引擎与轮船设计之间形成的组合都对应着独一无二的航速/燃料耗量曲线。

随着航速的降低,航行于阿拉伯湾和路易斯安那州海上油港的油轮停留在海上的时间就会比预定航程时间长。如表 10 – 1 所示,海上停留时间越长,HVF 燃料的节省量就越大,但是船用柴油机油的耗量则会增加。

20 世纪 80 年代前半期,燃料成本大约为 HVF 每吨 180 美元,而 MDO 则为每吨 300 美元,其中阿拉伯湾/西海岸的全球统一费率为 28.21 美元。到了 1996 年,燃料成本则变为 HVF 每吨 100 美元,MDO 每吨 140 美元,阿拉伯湾/西海岸的全球统一费率则变为 17.34 美元。20 世纪 80 年代中期与 90 年代中期之间全球统一费率的变化部分是由燃料成本的降低引起的。全球统一费率的创建目的在于维持标准轮船的日赢利水平,它会随着燃料价格及港口运河收费的变化而变化,从而维持标准轮船的日赢利。20 世纪 80 年代中期和 90 年代中期全球统一费率及燃料价格却不能作为随之改变的标准轮船的具体实例。

表 10 – 1 中船只的年租金是以全球价格 30 美元来进行计算的。货物税则是全球统一费率乘以货物重量 280000 之后结果的 30%。航程余额则是低于航运税、低于航运成本的部分。轮船的租金不会随航程余额按比例攀升,而较低的航速则会减少一年中能够完成的航行次数。减少燃料成本或者提高运费都可以实现轮船从最低航速到最高航速以及中间任何一种航速的变化。

表 10 – 2   定期租赁统计

航速,节	15.5	14	13	12
TPD	175	155	140	128
航运成本,美元	2245157	2210299	2159082	2145172
总航程天数	69.7	76.8	82.4	88.9
定期租赁费用,美元/天	2000			

航程租金,美元	139452	153536	164731	177792
总成本,美元	2384609	2363835	2323813	2322964
美元/吨(280000吨)	8.52	8.44	8.30	8.30
占全球统一费率的比例,%	30.2	29.9	29.4	29.4
定期租赁费用,美元/天	7000			
航程租金,美元	488081	537375	576558	622271
总成本,美元	2733238	2747674	2735639	2767443
美元/吨(280000吨)	9.76	9.81	9.77	9.88
占全球统一费率的比例,%	56.3	56.6	56.3	57.0

当 VLCC 效力于现货市场时,船主将支付所有费用包括燃料费用。租船人则会指定预期的航速,从而确保轮船能在预期时间段内抵达卸货港。在燃料十分昂贵的时候,船主可以就"航速条款"进行协商,有了这样的航速条款,如果租船人要求油轮全速航行的话,船主可以就增加的燃料耗量获得部分补偿。作为一种传统,在现货市场中轮船的航速是可以由船主和租船人协商达成的。如果要求轮船以超过指定航速航行的话则需要支付更高的航运费用。一旦卸货之后,返回装载区域的压载速度则是由船主自行选择的了。在没有得到快速受雇相关保险的情况下,以全速返回装载区不是英明的决定。如果轮船在下次受雇前需要等待数周甚至数月的话,就像燃料价格十分昂贵的 20 世纪 70 年代末到 80 年代中叶,返回装载区的最佳选择一般都是漂流回港。

在定期租赁的情况下,燃料是由租船人承担的,因此运费的计算就发生了变化。此时,航速的选择是基于最大限度地减少航运成本,而不是为了满足航运需求而尽可能增大轮船的受雇机会。表 10-2 中就表示了相同航速下的消耗及航运成本情况,而航运时间情况则列于表 10-1 中。

航程租金是指单日的定期租赁运费乘以航行天数。运费率则是航程租金加上航运成本除以 28 万吨的货物重量。如果石油公司租赁轮船的费用是极低的 2000 美元/天,那么为了节省航运成本,最佳的航速是 12 节。而如果运费是 7000 美元/天,那么最佳航速则应当为 13~15 节。石油公司在定期租赁油轮时,其选择航速的出发点都是在尽量省成本的情况下尽可能满足其运输需求。在利益要求的情况下石油公司也可能在转运较多油品时选择较大的航速。如果轮船动力不足的话(油品充足的时候），也可以适当地放慢推进速度。

不过，在20世纪80年代前半期市场情况一直较差，因此石油公司不得不从定期租赁的方式转向现货市场以降低航运成本。当租约难于产生足够的利润来支付燃料费用时也可以求助于保险。由于从船主的角度来看，定期租金或单日租金几乎为零，因此从石油公司的前景看来这是一种极为廉价的运输方式。在这种情况下，现货市场的船主最好不要等着受雇于装载货物，或者正在签订载货合约，这都将是最糟的情况。

10.1 燃料市场

主要的几家石油公司曾持有燃料市场85%的股份[3]。石油巨头们掌握着全球范围的燃料销售及配送系统，并拥有强大的技术支持从而向买家保证其质量及服务水平。不过，随着独立及州立石油公司数量的不断增加，目前已有大约500家企业参与燃料市场竞争，石油巨头们所占有的市场份额已经锐减到40%。这些地方公司以区域为基础运营，与巨头们主要就价格展开竞争。

如此巨大的供应方数量促成了经纪人和商人们的出现。燃料经纪人不会直接就其提供的服务向买方收费，而是从燃料供应商处获得委托，为操作人员安排销售活动。燃料商不会购买燃料或自费进行燃料的配送。他们只向那些与供应商之间未建立合作账户的操作人员兜售燃料。当他与船主达成交易时，燃料商通常会从燃料供应商处购买燃料，随后提高价格销售给买方。这里价格提高的部分是作为燃料供应商所承担的信用风险的补偿。显然，轮船操作人员情愿直接从供应商处购买燃料，但这样就会迫使供应商向操作人员提供信用保障。如果过去建立的信用链不再存在，那么操作人员就必须通过承担信用风险的商人来购买燃料。如果中间商不愿意承担这样的风险，那么操作人员就必须在燃料配送之前支付款项，而费用的支付则可能是通过港务局来完成。

分别位于鹿特丹、新加坡、休斯敦、洛杉矶以及热那亚的世界上最大的燃料转运港口同时也是炼油活动的中心。油轮在进入阿拉伯湾前等待装载的Fujairah泊港也是主要的燃料转运地区。油轮将燃料从阿拉伯湾和红海的炼油厂转运至此。而后燃料会以驳船或小型燃料补给船的方式转运给油轮。燃料转运同样可以在海上水域进行，如巴拿马及苏伊士运河、美国港、直布罗陀海峡、马耳他、新加坡及其他主要港口。

10.2　燃料装载决策

　　燃料装载决策包括对不同情况进行详细分析。一种情况是,在环形航线的装载港进行燃料装载,但是这将减少货物的运载量,即轮船的货物装载量将会被燃料的重量抵消一部分,而原本可以满载货物的轮船则无法装至满载。另一种情况则是,为了尽可能多地装载货物,在达到卸货港时才进行燃料的装载。在这两种情况下计算航程盈余都需要考虑所载货物量和燃料价格两方面的因素。通常来讲,如果卸货港与装载港之间的燃料差价高于运费率,那么则选择在装载港支付燃料费用;反之,最好在卸货港装载燃料。但是不管价格如何变化,轮船上都必须装载充足的燃料以顺利到达下一港口。

　　在装载港及卸货港装运燃料通常发生在轮船等待装货或已经卸货完毕或者是停泊的时间内,因此不会延误轮船停留在港内的时间。当在港时间不受燃料装载影响时,由于装载燃料而发生的航运时间价值不应计入运费。除了在装卸港进行燃料装载外,这项工作还可以在航程中的中间站进行。不过这样做的话会延长航程的时间和距离。在航程中间站装载燃料节省下来的费用应从航程偏离的成本中扣除。最终确定在何处加装燃料以及具体购买的燃料数量并不是为了节省燃料成本,而是为了尽可能地增加单日航程赢利。

　　燃料的装载在整个航运操作成本中的重要性以及燃料价格的不可预知性大大地加强了燃料装载决策的复杂性。在石油危机前,轮船操作人员在购买燃料时只会简单地考虑到加装燃料的地点和价格问题,而不会有更多的想法。那时候仅有极少数的燃料卖家,基本上就是几家大型石油公司,而且一般来说也都是很可靠的;燃料价格相对较低,并且在很长一段时间内都维持低价水平。如今的轮船操作人员则享受不到这样的待遇了。轮船操作人员会同时和多家燃料供应商周旋,其中有些可能是不够可靠的,并且最终支付的燃料价格也是相对较高的。

　　是否接受燃料供应商提出的期限合同这一决定还会进一步增加整个事情的复杂性。通常,期限合同中的价格会比时价略高,但这种合同可以在未来一段时间内将燃料价格固定下来。如果轮船操作人员接受这样的合同,并且燃料价格保持不变或稳中有降的话,那么操作人员实际上是增加了燃料的成本。从另一方面来看,如果燃料价格是呈上涨趋势的话,操作员就可以为自己的英明决策庆功了。

签订期限合同就好比是采取了一项规避更高燃料价格风险的保险策略。这一保险策略的保费将用于支付高于时价的微小增长以及如果燃料价格可能在合同期内降价时让与的部分利益。也就是说,支出的保费实际上就是避免支付超过合同中燃料价格的风险。如果轮船操作人员接受了燃料供应,那么期限合同中提供燃料的一方,或者是燃料卖家总会在合同生效之前优先察觉到石油价格会下跌或趋于稳定。另外,作为买家或者是轮船操作人员,他们则认为价格上的保费可以通过不直接与高于合同规定的价格正面交锋来得以保全。到底是接受还是拒绝期限合同迫使轮船操作人员不得不对燃料价格进行预测,而这最终则需要对原油价格进行预测。

实际上存在着很多不同的金融套头交易方法用于保护轮船操作人员抵御燃料价格提高的影响。如果燃料供应方认为价格提高的可能性不大,那么他们会更情愿参与到基于燃油或燃料价格的期货、套期、合股等以及其他多种金融形态,从而保护油轮操作人员免受价格上涨的影响。在涨价可能性很大的风险情况下供应方仍然会设法提供此类保护,不过此时则是体现在成本上。这样安排的实质是,船主在价格下跌时放弃部分利益,可以理解为作为保险的保费,以获得免受价格上涨影响的保护。在套期贸易中,轮船操作人员不由得不支付套期价格与时价之间的差额,因此他所放弃的由于价格下跌造成的利益损失则应在燃料或某种等级的燃料油价格跌至套期贸易价格时让渡给套期贸易起草人。而操作人员所获得的免受价格上涨影响的保护则是由套期贸易起草人提供的,此时该起草人应当在燃料价格高于套期贸易价格时向轮船操作人员支付套期贸易价与时价之间的差额。套期贸易价并不是轮船操作人员实际为燃料所支付的价格,而是双方认可的并得到授权的公开燃油或其他燃料价格。资金汇兑中双方约定的价格可能有所不同,如下表中所示。在卡头贸易中,轮船操作人员承担的燃料成本被强制性地交由中间区域来控制燃料的数量。

燃料价格	在燃料价格高于这一水平时由卡头贸易起草人向轮船操作人员进行支付
	在这一区域由船主支付当前燃料价格,在双方之间没有资金的汇兑
	如果燃料价格比这一水平低,则由轮船操作人员向卡头贸易起草人进行支付

　　对于轮船操作人员来说,另一种处理方法则是在新加坡的贸易活动中购买燃油期货或与其他货物进行交换。如果燃料价格下跌,在期货市场中的损失就可以通过购买燃料时节省下来的资金得以补偿。如果燃料价格上涨,那么购买燃料中额外支付的款项则可以由期货中获取的赢利加以补偿。这样一来,将燃料的消费与期货合同配合起来,轮船操作人员几乎就可以将燃料的价格"冻结"起来。用于冻结燃料市场而建立期货计划所需的成本以及在低燃料价格情况下放弃的部分利润就构成了保护船主不受高燃料价格影响的"保险"费用。而另一种期货交易则是与前述期货情况相类似的,只不过这种期货交易是由参与期货的独立双方通过经纪人来实现的。如果合同中某一方不履行合约义务的话,期货合同实际上就承担起了毁约风险。而前述的简单期货则是公开进行的,毁约风险转嫁给了代表当事人处理风险事务的经纪事务所了。

　　尽管稳定燃料价格听起来是比较慎重的,但是回想起来,如果轮船操作人员想要将燃料价格稳定在高水平的话又该怎么做呢?这会使轮船操作人员与其他操作人员相比处在竞争的劣势位置。避免这一尴尬的方法之一,是购买燃油价格的看涨期权。这种权利不是买或卖的义务,而是以指定的选择权行使价格购买燃油的一种方式。所谓的"保险"费其实就是看涨期权的费用。如果燃料价格降至选择权行使价格以下,那么看涨期权就变得没什么意义了,不过操作人员仍然可以以买进低价燃料获利。而如果燃料价格涨到选择权行使价格以上,看涨期权所获利润就可以用来补偿额外的燃料费用。

　　套期、套头、期货、合股以及其他所有金融分支的总和,它们的实质其实都只不过是金融分析师们的想象而已,他们始终都在梦想着新的金融方式。金融分支的发起人一直在与试图寻求规避高燃料价格影响的轮船操作人员打赌。如果这些发起人认为燃料或原油的价格不会上涨,那么寻求保护所需支付的成本相对就较低。如果他们也惧怕油价的上扬,那么这些金融工具的风险保费也会随之大幅波动。

　　这样的情形就使得轮船的操作人员们陷入了两难境地——得到保护的成本会随着油价的稳定或衰减而变化。如果所有人都认为油价不会上涨,那么应对逐渐攀升的燃料价格的保护成本将相对低廉。与此相对地,当市场行情认为价格会有所上扬,那么保费则会十分昂贵。轮船操作人员选择保护其自身利益的时机在于明显不再需要再受保护的时刻。使情况变得如此困难的原因在于,情况越是不需要加以保护,不再购买保险的理由也就越发充分。如果用于规避风险的成本不加以使用的话，那么这部分资金实际上就是"浪费"掉了。当情形证明有必要对风险加以保护的话，保费又会升高。虽然套头保值在假定情形下有一定的可行性，但这种方式成本较高，而且只能在一段时间内提供十分有限的保护，并且需要一定程度的金融敏锐度，然而在轮船操作人员的职责范围内，这种职业敏感是很少见的。

10.3 燃料质量

复杂的炼油厂只能生产出质量相对较差的燃料[4]。为了从原油中提炼出更多的轻质油品，以及将炼厂渣油转换成轻质油品所花费的精力实际上降低了重质油品的质量。随着炼厂复杂程度的进一步提高，渣油变得越来越粘稠，并且硫、灰分和金属元素的含量也越来越高。此外，催化裂化过程中使用到的微量的被称为黄铁矿石的磨蚀性催化剂也终止了炼池中剩余燃料的生产。

英国标准组织、美国测试及材料学会、法国国际机械及燃料组织以及国际标准化组织都对燃料的具体要求作出了详细说明。这些说明中很大部分都与燃料的某些特性有关。例如，密度较小、组分较轻、渣油中氢碳比较高的燃料单位燃烧热值会比密度大、组分重的渣油高。因此，发电厂的运营者更倾向于使用轻质渣油。粘度是指流体流动时的阻力。粘度高则意味着火性和燃烧性较差。通过预热或者与低粘燃料如 180°CST 中间燃料油进行调和的方式降低油品的粘度。

闪点是油品蒸汽能够支持燃烧的最低温度。在燃料价格很高的时期，有些不负责任的运营商偷来部分原油并将其混进燃料油中从而降低燃料油的成本。他们甚至还企图就所运油品的量超过正常允许损失水平提出索赔。不幸的是，原油中含有大量的最终炼制产物，因此当与燃料油混合时，会降低油品的闪点并引起早燃，从而造成引擎的爆炸并伴随着引擎寿命的减少。

倾点是燃料油能够流动的最低温度。在倾点以下，燃料油将逐渐凝固。含蜡燃料油不容易被二次加热，并且会进入燃料箱，其凝固后形成的微粒可能堵塞油路——这将是油轮运营者的噩梦。燃料中的碳残留物会导致滞燃并提高排气温度，这将对阀门、活塞、轴承和排气管等造成破坏。燃烧后未燃烧完全形成的灰分也会对引擎部件造成损坏。燃料中的水分会在油路净化装置中形成强度较大的乳状液或油污,这将是微生物、真菌和酵母菌生长的温床,会形成烧结物,堵塞过滤器并阻断油路。燃料中的硫会在引擎中形成腐蚀性的酸类物质。世界范围内燃料中硫含量的平均数值大约为2.8%,如果含硫量达到了4%通常都被认为是过高,并会造成严重的腐蚀。某些委内瑞拉和墨西哥产的原油中会有较高的钒含量,而这些含量在船用燃料池中不会存在。在蒸汽轮机油轮中,高的钒浓度会在锅炉的过热管中形成矿渣,因而在柴油发动机中引起阀门事故。将油料与低钒含量的燃料进行调和就可以降低钒的浓度。来自催化裂化过程的坚硬的且带有磨蚀性的铝和硅粒子会加剧柴油发动机油泵、阀门、喷嘴、活塞油槽、轴承及汽缸衬套等部件的磨损。类似焦炭、耐火粉煤、砂、灰尘、锈以及储罐结垢的沉积物会覆盖离心机并堵塞过滤器。最终,将不同的燃料油混合在一起将会在燃料罐中形成污泥,这也是轮船运营者的噩梦之一。以上所有都指向了介于轮船维护及修理成本与燃料质量之间的明显联系。

10.4　燃料质量监控

不难想象,世界上共有500家独立供应商能提供各种不同质量的油料和服务。其中有些供应商并不是完全可靠完全值得信赖的,而轮船运营者们则会很自然地将注意力集中在价格上。因此,在总工程师接纳某家供应商提供的燃料之前,必须由独立的一方对燃料进行抽样并测试。此外,实际装载在轮船上的燃料数量与发货单上的数量之间会存在差异,这一差异被称为交货短缺。世界有大量的工整的第三方在从事着燃料监控服务。Intertanko发表了《Bunker Risk Update》一文,即为燃料加装港口提供此类服务的计划概要[5]。该服务的说明条文中就明确指出了购买燃料相关的各项风险的实质。

(1)燃料加装港A:

"两家独立供应商的代表因对顾客存在交货短缺受到指控而被警方逮捕。"

(2)燃料加装港B:

"十家供应商中有六家达到了最大定额……独立供应商惹出的麻烦事拖累了该港口的名誉。"

(3)燃料加装港C:

"现在已经很明显市场状况是双重的了,应对油料质量低劣和交货短缺的最有效的保险手段就是避免出现事故。必须检查……谁发出了什么货,谁又是造成交货短缺的主要人员。这一市场如此巨大,使你无法忽视过于积极的供应商所带来的潜在风险。"

从以上情况很明显可以看出,轮船的运营者必须在购买燃料的时候多花上一些精力,比如聘请第三方进行燃料的抽样和测试。如果疏于检查,运营人员可能会碰上比较劣质的燃料,即可能与用过的润滑油进行掺混或者出现交货不足的情况。这就将问题的焦点转移到了大型石油公司身上了,这些公司往往承诺提供最好的服务,同时还保证提交油品的质量和数量,而这些因素都纳入到油品的实际价格中去了。对节约成本的不懈追求可能会使轮船操作人员陷入更大的成本困扰当中去,因为质量低劣的燃料会提高引擎维修的费用。

对于不择手段的燃料供应商来说,轮船来了又去,当时间安排很紧的时候,轮船操作人员几乎无法采取什么措施来补救已经出现的错误。另外,当地法律所采取的执法行动通常也会将外国运营者置于不利处境。新加坡国立航运协会和新加坡港务局已经率先颁布了新加坡航运燃料标准规程,从而开启了燃料买卖规范化操作的先河[6]。但是该规程并没有给出解决燃料供求双方分歧的框架性文件,只提出了当地法律范围内的处理方法。BIMCO正试图建立一份燃料购买标准合同,将商业活动中存在的地方差异都考虑进去,并为解决纠纷建立一套广泛接受的框架性协议。

10.5 基于环境的各项考虑

1987年,挪威政府在一次关于北海的国际会议上提出了轮船造成的空气污染问题[7]。该声明认为该国大约有40%的氮氧化物和14%的硫氧化物都可以归因于海事活动。1988年,该提案就送交到了国际海事组织的海洋污染防治委员会(MEPC)处。挪威政府通过该提案表达出明确的意愿,即希望通过限制炼厂原料即原油当中的硫含量,或者对剩余燃料油进行脱硫处理,或者对船只排放物进行处理的方式,来将燃料中的硫含量降低至1%。到1990年,欧共体也加入挪威的立场,要求在2000年以前将轮船的二氧化硫含量减低一半。实现这一目标的方式可以是规定燃料中最高硫含量为1.5%,而在内陆航道、港口及沿海航行区的燃料硫含量则规定为1%。

石油工业在石油公司国际海事论坛(OCIMF)中对这一要求的回应是,在欧洲,由船只造成的陆上硫污染不超过2%。对轮船的硫排放量实施限制将不会对酸雨等现象的改善起到有效的作用,并且相对于收益来讲这样做的成本过高。降低硫污染的更为经济有效的方式应该是限制陆上硫的排放量。OCIMF坚持认为挪威的研究结果是不全面的,因为其中并没有考虑到来自临近国家的硫及氮的氧化物造成的污染。

对燃料中的硫含量设置限额这一想法,就像为北海及波罗的海地区提出的那样,可能会要求轮船进行改装以携带两种不同等级的燃料。由于全球范围内轮船燃料中硫含量的平均值大约为2.8%,因此有建议认为将最高硫含量设定为3.5%,这样可以限制平均硫含量的进一步提高。由于日本和美国都建议实施全球限量,国际石油工业环境保护协会指出,如果将3.5%作为全球轮船燃料硫含量限额,只会对整体硫排放量起到微小的作用。如果将轮船排放的硫含量降低5个百分点,由此带来的收益并不足以支撑可能带来的14亿美元到20亿美元的用于将重质燃料脱硫的昂贵成本。因此,由于硫排放带来的海事问题至今仍未得到有效解决。

参 考 文 献

[1] *Marine Bunker Fuels*, published by Drewry Shipping Consultamts, London, 1994.

[2] *Petroleum Tankship Operations*, by Arthur McKenzie, Tanker Advisory Center, Inc., N. Y.

[3] *Marine Bunker Fuels*, published by Drewry Shipping Consultamts, London, 1994.

[4] *Fuel Oil in World Markets*, issue of April 1993, published by Poten & Partners, N. Y.

[5] *Bunker Risk Worldwide*, published by CBC Marine Publications, Ltd., Staines, Middlesex, U. K.

[6] *Standard Bunker Purchase Contract*, by Stelio J. Niotis, published in the 1994 BIMCO Review, Bagsvaerd, Denmark.

[7] *Fuel Oil in World Markets*, issue of November – December 1993, published by Poten & Partners, N. Y.

11 运行费用：人员，补给及维护

低于航行成本的运费被称为航程余款,当累积到一年的时间的话就被称为年轮船租金。在偿还债务之前低于运行成本的轮船租金即为轮船的年赢利。而运行成本当中的主要构成部分包括人员费用、仓储及设备费用、维护和修理费用、保险以及一般管理费用。由于船主不同,运行成本也会随之存在很大差异。相对于悬挂方便旗的船主而言,悬挂本国国旗的北欧、北美及日本的轮船操作人员其人员费用相对要高一些。部分操作员倾向于聘请较大规模的船员队伍以确保海上航行的安全,并且较好地完成轮船的维护保养工作,而另一些操作员则千方百计削减船员人数,越少越好。运行成本会受到以下各因素的影响,即生效的保险数额、维护标准、鉴定水平、不可预知维修以及为了维护船队海上正常航行而进行的一系列岸上活动。有一些操作人员相对而言更善于以较低的成本获取某项设施或服务。所有这些因素都会在比较船主的运行成本时造成不确定性,即使是使用的同一类型同样规格的船只。

11.1 人员费用

关于船员的规模和人员构成很少有标准化的规定。表 11 – 1 中可以看出,早期的 VLCC 大约船员时 29 人,而新建油轮则差不多只要一半的船员就够了[1]。

表 11 –1 轮船及船员

船　员		早期 VLCC	现代 VLCC
船长		1	1
甲板部分成员	甲板指挥官	3	3
	无线电通讯员	1	0 ~ 1
	水手	9	0
	机械师	0	4 ~ 6
引擎部分成员	技师指挥官	4	3
	未获得执照的工程人员	6	0
乘务员部分人员		5	2
总人数		29	13 ~ 16

机械师必须接受特殊的培训,从而履行甲板以及引擎两部分的职责。当轮船停靠在港内,机械师通常会被指派到甲板以上,协助完成货物转运,而在海上时他们则会被指派到引擎舱,完成轮机舱的日常事务。工作内容的拓宽会使得工作更有意义,但会减少就业机会。某个船员如果不能同时胜任甲板上以及引擎舱内类似工作的话,在寻找就业机会时相对于其他能胜任的船员而言,将处于竞争的劣势。

表 11 – 1 中的人员配备情况并不能代表极端情形。某些航运公司的人员构成水平可能较高,以便顺利完成海上维护工作。某些特种船只如悬挂美国国旗的拖曳驳船,其船员规模就很小。典型的人员构成一般会有 8 名官员——1 名船长,3 名甲板指挥官,3 名技师指挥官以及电力或技术官员。对于船员总规模为 20 人的队伍来说,其他定额人员一般为 12 人,包括 1 名水手长,1 名修理工,1 名司泵工,6 名体格强壮的水手,1 名加油工,1 名厨师以及 1 名乘务员。

船上官员们的首要职责是确保轮船在海上及港内的生命和财产安全。当轮船航行在海上时,甲板指挥官一般都站在船桥上瞭望,从事安全导航工作以避免出现碰撞、搁浅等事故。船员的活动会受到监视,从而确保工作效率并坚守安全预警措施。比如说,对储罐进行检查要求船员成对地进入,这样在必须的时候就能做到一帮一。他们必须穿戴好保护装置,并携带必要的通信设备,以便在出现紧急情况时与甲板人员保持联系。在甲板上的人员必须详细记录进出人员以及带进带出储罐的设备,并在附近随时准备好将昏迷人员拖出的设施和呼吸装置以备紧急情况下使用。检查完毕之后,也必须随时注意是否有人员仍停留在储罐内。违反上述要求或其他方面规范都可能带来麻烦。因此,对安全的重视程度关系着整艘轮船的发展。

甲板指挥官在港内应掌握货物装卸工作,以船主的身份观察操作规程及预警措施的执行情况,并随时留意装卸中的油料出现火灾、爆炸和污染的情况。有些油轮的甲板和舱壁在储油罐内意外出现真空时会自动破碎。如果对油品操作不当的话可能会对油轮的内部结构和船身造成严重的破坏。当船头或船尾的储罐空载或船身中部满载时船身出现挠度,或者船身中部空载而船两头满载时出现的船身上翘都会造成巨大的内应力。甲板指挥官进入每个储油罐所获得的信息可以帮助装载计算机计算出内应力从而协助货物装卸决策的确定。

技师指挥官主要负责推进装置、轮船控制设备、油泵和管道系统以及其他轮船系统的安全有效运行和维护工作。如今许多推进装置和船桥控制功能都能够自动完成了。通信系统也能够自动完成，几乎可以省去无线电通讯员的工作。虽然在有国际海事卫星系统协助的情况下无线电通讯员的存在显得不是很必要，但是必须有人接受过充分的训练有足够的知识来确保监控必需的紧急通信频率，选择正确的发射频率，并有效处理设备的故障等。一般来说，现代的轮船夜间都不需要在操纵部位安排人员。技师指挥官都依赖于警报装置和周期性的检查来确定所有设备是否正常。自动转向装置，可以在附近海域指定范围内经过其他轮船时发出警报的"智能"雷达系统，以及导航设备的发展都大大削减了在开阔水域航行时必须待在船桥上的人员数量。若使用的是高级导航系统，那么领航员可以"输入"目的地的经度和纬度，由计算机来维持轮船始终处于当前位置与预定抵达港口之间的大圆航线内。而乘务员公寓内的自动化系统则可以自动将冷冻的即食食品用微波炉加热到理想状态。

不过自动化系统也只不过如此而已。船桥上仍然必须有瞭望人员和官员，而且必须备有相应的人员以便在必要的时候对轮船实施手动操作。设备可以自动运行，但是必须有人来监控设备的运行并在出现问题时采取步骤保持其正常运行。所有船员都必须有能力完成其分内的任务，从某种程度上说这比自动控制系统要求更高。因为这意味着如果要确保胜任某种工作，必须接受相应的教育和培训，以及为了适应紧急情况而进行的船员传统训练。

某些国家如美国和日本，它们要求所有船员无论职位高低都必须是同一国籍，这样一来其最高人员费用高达 300 万美元，而中国和俄罗斯，全部人员费用最低，仅为美国和日本的十分之一[2]。整体船员编制在希腊船主中也很常见，而该国的人员费用相对来说比较合理。部分希腊船主仅选择来自希腊本地和周边岛屿的人员而不考虑其他地区。他们是所在团体中最主要的雇主，而且世世代代对其所雇佣的船员保持绝对的信任。聘请邻居、朋友以及一般城镇居民作为船员的情况在其他国家如挪威则比较常见。但是挪威的船员与希腊的情况不同，聘请他们费用相对较高。长期的油轮市场萧条使得部分挪威油轮主选择继续雇佣上述人员。但是他们很不情愿去告诉那些第三代雇员们如何忠诚地工作上几十年，否则生计就难以维系，因此他们转而雇佣廉价得多的第三世界船员。这样一来使得雇主和雇员双方都难于将对方视为自己的亲人，而实际上他们本来就应该是唇齿相依的。如果市场要求不得不牺牲部分利润来支付更高的船员费用的话，挪威人也能支付得起。自由市场是分配有限资源的最有效途径；但是，如果遇上长期萧条，那么对于成本高于其竞争对手的船主来说，自由市场则是残酷无情的。

某些轮船上悬挂本国国旗的国家，如英国，则坚持船上的主要官员必须是英国公民。悬挂方便旗的运营人员在选择船员上相对就拥有大得多的回旋余地。但是同样的，曾经全部由欧洲人如英国官员和意大利船员构成船员队伍的轮船，其人员构成已经改变为两位资历更深的欧洲官员，即船长和总工程师，其他人员则由韩国的高官和一般船员构成。不过，船员的佣金是与国内薪酬水平相关的。随着韩国日益成为经济强国，生活水平也逐渐上升，韩国的海员薪酬也相应有所上升。相对于菲律宾和印度船员来说，韩国船员已被认为是高薪工人了。如今，方便旗轮船的船员构成可能来自俄罗斯、爱沙尼亚、中国、印度、巴基斯坦或菲律宾，其雇佣成本相对于西欧船员来说就会廉价很多。虽然同一国籍的船员能讲同种语言方便交流，不过如今官员与船员们来自不同国家的情况已经不那么少见了。在招募不同国家船员时应特别注意避免一些不恰当的组合，如印度/巴基斯坦，希腊/土耳其，以及葡萄牙/西班牙[3]。

船员可能是来自航运公司的全职雇员。在这种情况下，每艘轮船上航运公司会配备两组船员，这样一来，一组船员可以出海工作，而另一组则休息疗养。休息疗养对船员来说是一个培训和提升自身效率的好机会。一艘轮船配备两组船员的概念对于提供头等服务的团队来说有利于其自身的发展。船员可以参加培训课程提高自身素养，使自己成为合格的雇员，协助雇主达成利益。但是对于艰难的经济现实来说，只有船长和高级官员才是来自航运公司的全职雇员，其他官员和船员们则是作为临时人员雇佣的。

表 11 - 2　诉讼及原因分析

诉讼中的人为因素	
甲板指挥官失误	25%
船员失误	17%
海岸指挥失误	14%
领航失误	5%
技师指挥官失误	2%
诉讼中的设备因素	
结构失效	10%
设备故障	8%
机械故障	5%
其他因素	14%

　　油轮事故的主要原因都是来自人员失误，而不是设备故障。并且，从某种程度上来说，设备故障都有可能是来自于人员失误。英国 P&I 协会发表了《人为因素：人员配备情况报告》一文，该文章基于对 555 艘轮船的调查报告，指出了人为因素在 P&I 诉讼中的影响程度[4]。

　　这篇文章总结出，虽然低等的轮船不一定都会配备低等的船员，但是低等的船员基本上就意味着只能效力于低等的轮船。出现了严重的人员安排问题的轮船就不再适合海上航行了。船主建立的人员安排及轮船运行策略往往会决定轮船的整体表现水平。对于许多油轮主来说，在成本需要降低而且幸存下来的油轮一个个离开市场时，人员安排策略如果失败，那么在自由放任的市场环境下这些策略将会使油轮主处在不利的市场竞争中。仅次于头等运营商悬挂方便旗的油轮所采取的人员安排方式与某个悬挂本国国旗的运营人员之间似乎出现了某种冲突，而 IMO 关于培训、认证和警戒公约方面的各项要求是在 1997 年 2 月 1 日宣布生效的，国际轮船管理规范则是于 1998 年 6 月 1 日才生效的。

　　大多数的船员都是通过代表着某个特定国家海员的人员供应办事处来雇佣的。如果轮船操作人员雇佣的都是相同的两组船员，那么在船员中培养出提供头等服务所必需的团队精神也是有可能的。如果是由人员供应办事处来为轮船操作人员挑选船员的话，那么在人员的雇佣上就几乎无法存在连续性，因此也就几乎不可能有激发出船员对轮船操作人员的忠心，轮船的操作人员也不可能对船员过分的关注。这种情况即使在某些悬挂本国国旗的轮船也十分常见。在美国，轮船的操作人员与提供船员的海事工会保持经常性的联系也是十分普遍的。以上述方式配备船员的悬挂美国国旗的轮船操作人员对于操作其轮船的船员的选择也几乎没有任何的控制权。尽管从人员供应办事处或海事工会雇佣船员会很方便，但是缺点在于对船员的福利及培训很少关注，并且船员对轮船操作人员也缺乏起码的忠诚[5]。因此，国立的人员供应办事处和海事工会必须承担起人员挑选过程管理和举办培训项目的责任，以确保提供足够数量的有资格的海员。同时他们还必须安排关于船员健康、福利和退休的各项事宜。在这样的条件下，船员有可能会对人员供应办事处和海事工会表现出一定的忠诚，而绝不会对轮船操作人员表现出来。

　　每个国家都有其自身的报酬构成方式[6]。英国官员有基本工资、假期薪酬和生活费、加班津贴以及提高工作效率的奖金，特定时段工作的奖金，额外工作、夜晚工作、港内周末工作的加班费，还有工会和公司的退休养老基金。意大利官员和船员的报酬包括基本工资、圣诞和复活节红利，周末和假期酬金，生活费和退休金。韩国官员和船员的报酬包括基本工资，在船上工作、加班、年休、休假期间的饮食、退休和其他特殊额外工作奖金。在意大利，船员的酬金则包括基本工资，加班费，红利，海外补助，公休假假期酬金，生活费，轮船的保留和保养费用，以及作为公积金、福利基金的补贴和特殊的工作补贴。人员成本随着不同的船主其具体分类会有所不同，但是都会和下文相类似。

（1）官员和船员的工资和假期酬金，可预计的加班费，以及不可预计的超时工作酬金。

（2）船员的旅行费用，这部分费用取决于船员的国际化和轮船的贸易模式。船员旅行对于全球航空业来说也是很重要的税收来源。

（3）海员的初步培训和面试费用，医疗和药物测试费用，证书的检验费，海员制服费用以及工作服费用。

（4）生病员工的医疗费和对不可预知的人员更替情况的准备。

（5）培训费。

（6）低于 P&I 医疗保险的不可补偿的医疗费用。

（7）健康、福利和退休金。

11.2 储备和设备

储备和设备包含了很多不同种类的物品，其中有些对轮船的操作至关重要，而另一些则不然[7]。设备通常是指轮船的装备，如航海图、各类刊物、航海仪表、工具、各类旗帜、救生圈、地毯、室内陈设等。救生圈和航海仪表是鉴定轮船是否合格的标准配置——而地毯则不是。

储备物品可以分为两大类：需要经常补给和替换的食品（食物）和消耗品。轮船的操作人员可能会将其中的部分职责分摊给准备食品的官员和船员们。或者，操作人员也可能向通过炊事班长来安排食品工作的官员和船员支付报酬。另一种情况则是由专门承担责任和费用的人来为官员提供食品，而船员们则接受相应的补贴并保管自己消耗的食品。向船员支付食品补贴的好处在于可以使轮船的高层操作人员不再承担这一职责。另外，船员也不太可能有机会对食品产生任何怨言。

消耗品指需要定期更换的部分物品，包括清洁物品、绳索、金属线、油

漆、油漆刷,以及润滑油等。以下所列便是储备和设备明细示例[8]:

（1）甲板部分。

① 绳索、金属线和钢缆;

② 信号弹;

③ 航海图和导航设备;

④ 救生艇及救生设备、消防和安全设施;

⑤ 医疗设备、各类药品药材;

⑥ 油漆及上漆工具;

⑦ 甲板储备品和工具。

（2）引擎部分。

① 润滑油和润滑脂;

② 油漆及上漆工具;

③ 各类填料、连接材料、螺母和螺栓;

④ 汽缸衬里、活塞环和其他引擎及电力设备。

（3）船舱部分。

① 餐饮及船内厨房设备;

② 给养品和储备;

③ 保税品;

④ 船员娱乐设施(电影、体育活动和游戏场所)。

如果只考虑螺母、螺栓和各种填料的种类,这些东西数量多达成千上万就不足为奇了。不过,在仅有少量存货的时候就应该准备补充了。每个部门都应该清楚自己部门所需物品和目前存留物品的情况。在轮船准备入港时,每个人都必须在储备舱中进行检查以确保任何物品都没有出现短缺。此时必须整理好航运清单并在准备前往下一个港口前采购齐全。抵达前可能出现的问题是,下一个准备到达的港口并不一定是最好的采购地点,而且相对来说也几乎不能对储备舱实施任何控制。和其他所有消耗一样,储备舱也必须进行有效管理和控制以得到有效的运行。如果对船队的储备舱实施的控制需要转移给岸上工作人员,且如果储备舱的管理是由人工完成的,那么单个物品的绝对数量应当交给船队给养经理来置办。授权的给养经理应当确保所有物品的数量齐备从而使整个系统正常运转,以避免出现缺货的情形。这就意味着必须有很高的货品清点水平、较高的存储成本和较大的储备舱容量。换句话说,如果交给船员来管理的话,整个系统应当要运转得更好。

相对于不受控制或是较差的轮船储备和给养品管理系统来说，在船上配备的带有盘点和控制软件包的个人电脑成本并不算高。进出储备舱的所有物品都必须作好记录。只有进出储备舱的所有物品都作好记录，人工和计算机盘点系统才能保证较高的清点水平。而且只有在有人对记录数据负责的时候这些记录才能精确可靠。

另有一种更高级的盘点控制系统可以读取条形码，从而自动进入储备舱物资进出数据库。计算机软件还可以将随时间变化的具体用法转换成指令。物品盘点的常规指令可以用来进行分析并设定最低盘点水平，或设定记录点，并由此发出补充物品的命令。记录点的设置还必须考虑轮船的贸易模式。对于往来于欧洲和阿拉伯湾之间的大型原油轮贸易来说，记录点的设置必须遵循以下原则，即留有足够的存货（约两个月的量），这样才能保证油轮有时间返回欧洲补充。轮船的贸易模式也会影响到订货的数量。同时，在这种情况下，订货的数量应该大约为两个月的用量，从而预防在海上航行时出现缺货的情况，或者避免在补给品比较昂贵的港口买入货品。

较好的计算机盘点系统会跟踪当前存货情况，计算可能的需求量，确定记录点和订货数量，并指出需要购买的具体物品。需要购买的具体物品以及购买的数量可以与岸上的计算机系统互相联系，而岸上的计算机系统还会接受到来自其他船只的类似信息。累计船只和岸上盘点系统的信息都需要用到一些标识码。购买活动则会集中起来由岸上负责购货的经理进行处理，并接受不同销售商提出的报价。将船队的需求集中起来会增大购买的规模，也会提高讨价还价的力度以获得价格上的优惠。带有地址和电话号码的报价信息，以及有关货物和服务的过去、当前报价信息都可以写入计算机数据库，并与盘点系统中的单个货品联系起来。港务局也很有必要联系当地船具零售商和补给品商来处理紧急的补货问题，否则补给品就只能挑选价格最合理的港口来购买了。

在消耗品中最大的单笔支出就是润滑油了，对于中等规格的油轮来说，这笔费用大约会达到20万美元。柴油发动机必须依赖润滑油来减少汽缸套和活塞环的磨损。在一定的使用时间之后，柴油发动机中的汽缸套和活塞环必须定期进行更换。如果刚刚购买就装在船上的话，需要经常更换的衬套和活塞环其存储量可以适当降低，而不必在船上携带大量的此类设备以应对长时间的使用。汽缸套和活塞环一般都是在轮船进入港口或者等待任务而抛锚停船的过程中进行更换。在安排汽缸套和活塞环的更换以及其他引擎设备维护工作时必须特别的小心，从而确保这些设备的各项机械功能不影响或尽可能较少地影响轮船的正常运行。

有一家大型石油公司曾提出，该公司的一种经过特别配方的润滑油可以将活塞环的寿命从2万小时延长到3万小时，而汽缸套的寿命则可以从8万小时延长至16万小时，同时还可以减少发动机使用的润滑油量[9]。要达到这样的效果必须保持曲轴箱内润滑油的适当等级，并保持较高的清洁度。润滑油等级下降会影响润滑作用的发挥，导致引擎部件更剧烈的摩擦并使油料发生变质。润滑油一般经过离心机来除去引擎工作过程中聚积起来的燃烧残留物，以及水分和杂质等。润滑油会随着时间的推移而降级，因此必须周期性地进行更换。对于燃料来说，在润滑油的选择和消耗成本还有船用润滑油的保管上，以及柴油发动机的维护费用之间存在着某种联系。

11.3 维护和维修（M&R）

维护工作分为两种大类——预防性维护和故障检修。故障检修都是在设备已经出现故障时才进行，但是好的轮船操作员会在出现预示着可能出现故障的第一时间采取故障检修活动。预防性维护则是采取行动，以期望能够延迟和减小可能出现的故障检修。预防性维护的示例之一即是保持润滑油的等级和清洁度，并在必要的时候及时更换润滑油。从本质上讲，预防性维护是自愿进行的，并且会花费金钱。但是，如果不这么做的话，船主可能会面对的是耗费更大的检修措施。

计划周密的预防性维护对额外支出起到的调整作用在于可以减少故障检修的费用支出，这其中包括当拖延了故障机械设备维修时机时租赁其他船只的损失费用。厂家会在设备的使用手册上提供特定时间间隔进行的预防性措施。这里所指的时间间隔可以是以日历作为基准，如每周、每月、每季度、每年或者以时间为基准，如设备每使用1万小时为一个维修时间间隔。预防性维护的情况将记录在卡片上，并在维护结束后删除。技师指挥官必须定期检查记录的卡片，以确保随时更新，并对日后的预防性维护做出计划安排。

有些轮船操作员也已经购置了带有与记录卡片系统相似的预防性维护数据库的计算机系统。这种计算机和管理储备舱及消耗品存货记录的计算机是相似的。数据进入计算机系统，建立预防性维护程序，在报告预防性维护项目的完成情况时与人工记录系统也没什么区别。但是基于计算机的系统可以像管理信息工具一样具备大量的优点。计算机而不是总工程师，可以记录预定的预防性维护项目以及确定可以延期进行维护的设备。预防性维护的安排工作可以以短时间作为基准，比如在航程中或是在港口内任命相关人员，也可以作为规划目的以长时间作为基准。进行预防性维护的人员应当能够就观察到的情况作好记录并汇报给技师指挥官。如果只需要进行小规模的故障检修，如阀门或密封泄漏等，预防性维护程序还可以记录正在运转的设备。根据各自性质的不同，当轮船在航行过程中、港口内、在修理厂或干船坞时都可以安排进行维修。

除了对设备进行预防性维护和故障维修之外，预防性维护程序还包括由国际公约、国旗所属国及港口地区和船级社规定的各项法律要求。这些要求当中大部分，如预防性维护，必须按照要求的时间间隔来完成。以机械和设备每隔四年进行一次的检查作为基础的连续性评价项目，而不是在特殊检查期间进行的一次性评估结果，通常也可以纳入预防性维护控制计划中来。得到的结果可以使岸上的部门清楚正在实施的措施是否与规范相符同时也可以了解轮船当前的维护状态。当轮船进入干船坞进行特殊鉴定时，上述信息对于安排维修厂的工作是十分重要的。

尽管计算机系统在指出需要进行维护的设备方面十分有用，但是总工程师也必须基于尽量减小对轮船完成商业使命的影响这一目的来仔细安排维护内容。比如说，前文提到过，更换汽缸套和活塞环可以当轮船在港内主引擎已经关闭时进行，或者也可以在等候指令的抛锚过程中进行，只要预计完成时间不至于影响轮船预定抵达目的地的时间进程即可。不过，轮船也会经常性地改变预定计划而停靠修理厂进行不影响时间安排的维修。总工程师、船主以及岸上工作人员必须谨慎地相互协调，以确保在轮船改变预定行驶路线时维修工作也能够迅速地得以开展。

某些航运公司拥有复杂而高级的船上及岸上整合的计算机系统，用以管理给养和维护工作。岸上工作人员可以监控耗费较大的零部件的存货情况，这对于另一些航运公司来讲，则可以通过效力于整个船队的集中化岸上基地来处理。如果船队按照线路安排停靠在补充给养品地点的附近港口，或者像某些 LPG 和 LNG 油轮那样在两个港口之间进行交易而不进行全球范围内的贸易活动时，上述系统才能有效工作。对于耗费较大的储备舱和具体设备来讲，集中的补给地会比单个轮船拖曳这些设备成本更为低廉。另一种集中的存货控制系统则是让一艘轮船作为另一艘的备用,这样可以减少昂贵的和不常使用设备的补给次数。基于计算机的维护系统可以让船上和岸上计划开展的活动合并起来,从而当轮船在修理厂或在干船坞进行特殊鉴定时便于进行安排。相对于安装集中的计算机系统而言,较好的协调和计划可以节省更多用于补偿其成本的费用。

参 考 文 献

[1] *Petroleum Tankship Operations*, by Arthur McKenzie, Tanker Advisory Center, Inc. , N. Y. ,1994.

[2] *Petroleum Tankship Operations*, by Arthur McKenzie, Tanker Advisory Center, Inc. , N. Y. ,1994.

[3] "*Placing a Value on Crew Experience*" in March 1966 issue of Lloyd's Shipping Economist, published by LLP Ltd. ,London.

[4] As described in "*Placing a Value on Crew Experience*" in March 1966 issue of Lloyd's Shipping Economist, published by LLP Ltd. ,London.

[5] *Managing Ships*, by John M. Downard, published by Fairplay Publications, London,1990.

[6] *Running Costs*, by John M. Downard, published by Fairplay Publications, London.

[7] *Managing Ships*, by John M. Downard, published by Fairplay Publications, London,1990.

[8] *Sale and Purchase*, by W. V. Packard, published by Fairplay Publications, London,1988.

[9] "*Smooth as Silk?*" by Nigel Kitchen, in the March 1995 issue of Lloyd's List Maritime Asia, published by Lloyd's of London Press (Far East) Ltd. ,Hong Kong.

12 运行费用：海事保险

海事保险是保险商和投保人之间的合同约定。保险商从投保人处获取保费，由此承担投保人可能遇到的潜在损失。海事保险的两个大类其中一种是对船身和机械设备（H&M）投保，而另一种则是保护和赔偿（P&I）。船身保险指的是赔偿轮船在海上航行时由于常见的险情而造成的损失，并由海事船身保险财团提供赔偿费用。P&I 则针对的是由于船员、乘客以及第三方出现事故或受伤而引发的各类诉讼；货物损失或损坏引发的诉讼；溢油污染赔偿诉讼以及其他各类事务，并由船主之间的共同协会承担赔偿。这两类保险在覆盖事件的本质以及获取赔偿的方式上都存在着很大的差异。

海事保险由来已久。曾有一个早期的很典型的事例说明了保险的基本要素在于搜集扬子江上游险滩的商人信息。在险滩处进行导航发生损失是很常见的，商人损失船只失去生计保障也是很常见的。在进入险滩航行之前，商人们通常都会互相交换货物。每艘船所载货物都是由来自各个商人的小部分货物构成。如果船只受到损坏，许多商人都会遭受小部分损失，而不会出现某家商人遭遇整船损失的情况。经过险滩之后，剩余货物再重新分配给合法货主。

现代海事保险起源于 17 世纪，当时是在劳埃德咖啡屋里，承担整艘轮船和其上所载全部货物运输风险的保险商也应当减少其面对由于解雇或者企业联合所造成损失的可能性，尽可能将大部分风险转移给其他保险商，仅留很小一部分自己承担。就像中国商人那样，当保险商都只承担许多轮船和货物责任的一小部分风险时，单个的损失就不可能扩大为灾难性的后果。对于这些规定难免存在的一些争端最终在英国法院得到了裁决。法庭诉讼案件确立了法律优先权，确定了合同条款的本质和含义，并纳入了英国的海事保险法。伦敦作为伦敦劳埃德的缩影，则成为海事保险的全球中心。伦敦劳埃德并不承担保险事务，而只是设立规则、吸纳成员、管理偿还能力，并控制从事保险事务的处所。在某些方面，其规则与纽约股票交易所存在一些类似之处，即是控制成员的吸收和管理、股票买卖的处所。

历史上，伦敦劳埃德的参与方式都是以个人为基础进行的，而不是以企业的形式，从各自的名字出现在企业联合组织上时就代表着他们已经接受了日后可能存在的风险。一旦署名，如果出现了损失，那么就相当于保证他们会倾尽所有来承担这些保险损失。假设某一个署名代表着其拥有支撑1000万美元的保险投资。如果一艘轮船的保费占保险估价1000万美元的百分之一，并且该轮船在海上的确发生了事故，那么在伦敦劳埃德登记的个人即将面临的就是相当于保费100倍的损失，即等同于该船的保险估价。这部分金额得到保证是一定会得到赔付的，因为实际上劳埃德已经先期进行了赔付，随后才会向参与的个人索要这部分赔偿金。保费收入中的很小一部分将会上缴给中央基金会，该组织会在参与个人不履行各自承担的义务时对劳埃德提供保护。在这种情况下，如果参与劳埃德的个人接受了价值1000万美元的轮船的全部保险风险的话，那么他就必须清偿自己承担的债务。当然，这样的情况还从未发生过。单独的个人通过参加企业联合组织的形式，其所面临的风险实际上是企业联合组织在面对，那么单一的风险就会在联合组织中分散给很多的个人。这样一来，保险商或者是参与劳埃德的个人，在遭遇轮船损失时实际上遭受的损失量就会非常有限，而且，通过持有小份额的形形色色的保险方面的证券投资这种方式也可以降低遭受的损失。

如果世界上只有一家企业联合组织参与保险，对所有船队投保金额为百分之一，并且出现的损失刚好也就是投保量的百分之一的话，那么每个加入联合组织的个人就不可能有任何的保险收入。如果损失少于1%，那么所有的个人都能从保险中获益。当然，如果损失多于1%，那么每个参与的个人就必须自行筹款补足企业联合组织作为保险收入的金额与用于解决赔付的金额之间的差价。如果用于赔付的部分多于保险收入的话，个人是很不情愿参与到保险业中来的。因此，在任何一个市场环境中，保险商数量不足就会导致费用的增加。保险政策带来的收益可以用来弥补过去的损失。当参与劳埃德的个人在保险业中表现良好时，会有更多的人愿意成为这样的参与者，这样保险商数量相对于市场所需的数量来说就会过多，从而使得费用降低。

几十年来，损失总是低于保费的，因此劳埃德参与者已经习惯于收取超出其净资本的额外收入。由于他们的财务投资是委托给劳埃德来操作的，因此他们的财务投资无法赚取像证券投资那么多的回报也就是毫无疑问的了。成为劳埃德参与者可以使个人扩大正常收益，并且可以享受其作为社会精英的地位。不过，获取的收入并不是依赖于全球的损失记录，而是取决于由保险从业企业联合组织所承担的风险对应的部分损失。数量多达350家企业联合组织的挑选对于参与的个人的赢利或是损失是至关重要的。劳埃德联合组织不仅仅只从事海事保险业，而是参与了多种组织经理认为有利可图的风险投资行业。只要被保险人同意支付保费，劳埃德联合组织可以对任何事情进行保险，比如最典型的例子就是对某电影明星的腿提供保险。

20世纪80年代末到90年代初，保险活动的本质发生了巨大的变化。某些劳埃德联合组织被发现仍然采纳的是20年前的保险政策来对石棉工人提供保险。由石棉行业的职业病引起的赔偿诉讼在原来的保险政策已经失效20年以后造成了较大影响，并且受影响的人并不是当时得到保险收入的那部分劳埃德参与者，而是20年后的参与者。这种情况尽管十分的不公平，但法院仍然裁决，认定当前的策略，以及与执行这些政策相关的联合组织仍然必须对石棉行业职业病赔偿承担责任。

这种不利的法庭裁决在后来的更为常见的由一系列灾难造成的损失证明是存在缺陷的。其中的灾难之一便是北海 Piper Alpha 海上钻机爆炸事故，此次事故造成了大量人员伤亡。随后，袭击美国湾和东海岸的百年一遇的规律性风暴则带来了大量的财产损失，加利福尼亚州毁灭性的地震则宣告了这一系列灾难的终结。但这些灾难造成的损失超过了保险收入数十亿美元，因而劳埃德参与者们面临的赔偿负担不仅仅会赔上所有的财务储备，甚至还可能赔上他们的房子和家具。这种情况对英国上层阶级当前的财务状况带来严重的威胁，而这些人差不多构成了劳埃德参与者的85%。不过，劳埃德参与者能不能清偿赔偿债务，主要是取决于其所参加的联合组织——联合组织不会受到与个人同等的影响，其中有一些由于联合组织采取策略的正确性，在同一时期仍有赢利。

只有当定单下达三年之后，参与联合企业的个人才能够知道参与进来到底是赔还是赚。为期三年的时间中断使得所有的诉讼都有时间提交并解决。但是如果涉及与石棉相关的索赔，等到索赔提交上去，时间却已经过去了20年。这些个人估计用于加入劳埃德船级社支付损失保险的资金数额就预示了他们即将面临财务上的破产。其中有些人通过提请破产来保护自己的利益，而另一些则向劳埃德船级社提起了法律诉讼。诉讼的核心问题就在于，这些个人没有充分估计到联合企业经理承担的那些风险。诉讼的结果一般是进行财政救济，使这些个人能够保全他们的家园和家产，而劳埃德船级社则承担一部分的损失。另外，法人实体也可以得到允许成为劳埃德的会员，并且只需要承担有限的责任，这种特权是参与的个人无法享受的。

以公司的形式参与船身保险，但不成为劳埃德船级社的合作企业，追溯到20世纪90年代，这种形式还仅限于个人的参与。海事保险公司有选择承保政策的机会。他们可以通过伦敦保险商协会（ILU）来参与保险，而该协会的传统职能是制定行业标准。海事保险可以与ILU以及劳埃德船级社联合起来，这样海事保险公司和参与的个人都能够享受同样的保险政策了。另外，海事保险公司，特别是位于英格兰以外的那些公司，在制定保险政策的时候可以不必完全遵守ILU的相关标准。海事保险公司制定的ILU范围以外保险政策的增长，以及再保险市场的出现，一定程度上削弱了一直以来ILU的独占地位。

再保险提供的是"分层"的保险方式，这样可以在损失超过一定限度之后才产生效力。再保险可以被比喻成带有较大免赔额的保险。例如，很多的石油污染保险都有再保险公司的参与。再保险公司可能承担的仅仅是保额在5亿~7.5亿美元之间的一部分溢油污染责任风险。溢油索赔必须超过5亿美元才可能使再保险公司面临索赔问题。并且面临索赔的仅仅是超过5亿美元而又不足7亿美元的那部分。因此人们可以将这种做法视为7亿美元政策，且其中有5亿美元是免赔额。不同层次的再保险其保额的多少就取决于保险商们持有超过"免赔额"的索赔的可能性高低。从历史上看，再保险的保费一直都是比较低廉的，超过巨大的"免赔额"的单次索赔几乎是微乎其微。不管过去这种可能性大小如何，随着时间的推移，上涨是未来必然的趋势。许多的再保险公司都已经被巨额的索赔震惊了（如果必然会有索赔的发生，那么谁又会去承保保险呢？）。

其实，对再保险来说根本没必要扣除那么大一笔金额。假设某个参与联合企业的个人持有联合企业5%的股份，而该联合企业在某艘价值1亿美元的轮船中占2%的地位，但该艘轮船在海上出现了事故。那么联合企业对该艘轮船就负有2%的责任，即承担200万美元的损失，而参与联合企业的个人则在200万美元当中承担5%的损失，也就是10万美元。现在我们再假设联合企业获得了一份再保险，可以对任何超过100万美元的索赔提供赔付。联合企业仍然需要赔付200万美元来处理索赔,但其中有 100 万美元是由再保险来支付的。个人则只对"免赔额"的 5% 承担责任,或者就是不由再保险支付的那 100 万美元,即只需要赔付 5 万美元即可。

投保给伦敦劳埃德的船身保险必须由 270 家劳埃德经纪公司中的一家来处理,这些经纪公司是唯一有资格进入劳埃德保险联合企业的组织。尽管劳埃德经纪人会因为投放在他们那里的保险而收取来自保险商的收入,但他们同时也为所承保的对象提供着代理的作用。海事保险经纪人为船主们处理索赔事务,提供关于保险总额、免赔额大小等问题的建议,同时为如何选择能提供最佳费率、服务质量和可靠度综合性能最好的保险联合企业提供建议。

经纪人应当向保险商揭露关于被保险人的所有真实情况。保险商可以宣告未达到一定的重要事实披露标准的政策无效,即对于受保人而言"海事保险合同应当是基于最大诚意的合同,如果其中一方认为对方没有表现出最大的诚意,那么他就可以不遵照合同行事"。经纪人可以通过错误和遗漏保险来弥补无意中重要事实缺失所造成的偶然事故。同时,经纪人和代理机构还可以代表签发非 ILU 政策的海事保险公司。

由最初的船身保险提供赔付的风险可能本意是要涵盖所有的风险,这一点人们可以通过原始的轮船 & 货物(SG)文献中的措辞猜测出来。

触及保险商们情愿承受并自行承担的风险和危险情况,这些情况分别是海洋、人类战争、火灾、闪电、地震、敌人、海盗、掠夺者、攻击型盗贼、意外情况下弃船、商业中心出具的准入及不准入证书、与平常不同的怪异情况、海上捕获情况、逮捕、受限以及被某国国王、王子和民众扣留、过去的条件和质量、船长和水手从事的欺诈行为,以及其他已经或者可能造成轮船或其他部分的损害、损伤、破坏等的风险、损失或不幸。

即使以上所述能够成为全面的风险政策,随后 Inchmaree 号就打破了这种幻想。Inchmaree 号是一艘早期为木制帆船后来转变为钢铁及蒸汽驱动的轮船,在遭受到机械损坏之后,船主认为该事故应当属于传统的海上风险范畴。船身保险商对这一索赔提出了抗议并赢得了法庭胜利。随后,船主成功地将蒸汽驱动轮船纳入到传统的轮船海上事故风险范畴之内。这就是最初的 Inchmaree 号条款;后来当有轮船在装货、卸货或货物搬运及加装燃料时其他人也效仿 Inchmaree 号条款对发生的事故提供赔偿。还有一些其他条款则涉及货物或机械的爆炸、发电机意外破坏、锅炉爆炸、主轴断裂、与飞机火箭或汽车之间的联系以及租船人、修理工、船员及领航员的过失错误,等等。

1983 年,轮船 & 货物(SG)文献被海事政策文件所替代[1],其中以下措辞"保险商同意就损失、破坏、责任或……以后文提供的形式出现的各项花费提供保险"限制了附加在政策当中关于协会时间条款(ITC)的赔付标准。与最初的 SG 文献不同,适用于船身保险的 ITC 条款会由伦敦保险商协会定期地更新。ITC 条款中包含了风险条款中的赔付范围,从本质上说与 SG 文献下的赔付范围是相同的。他们同时还提出了对可保险性以及船身政策当中责任范围两方面的限制条件。其中的一些限制条件还辅以其他形式的保险,特别是 P&I 保险和战争风险。

对于船身保险来说,如果轮船退出船级社;更改所悬挂的国旗、更换所有权或管理权;或者轮船因其他原因被征用,又或者轮船按空船租约开始运营的话,那么中止合同条款就允许保险公司可以自动并迅速地中止保险[2]。被保险人可以根据政策中未到期的部分获得按比例返还的保费。碰撞条款,曾经也被称为是撞沉条款,该条款将保险赔付的责任范畴限制为碰撞引起的全部索赔额的四分之三,或者限制为轮船投保价值的四分之三,取其中较小者为最终限定值。这实际上也就限制了最大的保险赔付额,无论碰撞引起的诉讼案件最终判决结果如何。污染危害及排除条款能够免除大多数情况下由污染引发的责任索赔。

扣除条款能够指导对免赔额度的管理,从根本上说,就被保险人的角度来看,该条款其实就是一种自我保险形式。免赔额为 10 万美元就意味着被保险人,或者船主同意向每笔单个的索赔支付最初的 10 万美元。免赔额的高低会影响保费的水平,这是因为船主基本上对免赔额的数量采取了自我保险。较高的免赔额还会减少小额索赔的出现,并降低相关的管理费用,最终同样都会体现在较低的保费上。船主可以根据相关的保费来选择免赔额的多少,并根据其历史损失记录以及流动准备金来支付这部分免赔额。免赔额的调整必须与海事保险的最终目的相一致从而保护船主免受可能威胁到其财务生存的巨大损失。

在"起诉和劳工条款"保护下,被保险人的义务就是采取此类行动使保险商的损失程度降至最低。在开展业务时公正和公平是最起码的道德标准。在这样的背景下,对于保险商来说,期望船主采取措施尽量减少损失就是公平合理的想法了。如果在轮船上发生了火灾,船主应当想尽办法控制火势,维护生命和财产安全。如果船主认为他日后可以得到保险商提供的赔偿因此不采取任何行动的话,这种做法就会被认为是不公平且不公正的。但是船主如果在保护保险商的利益时有所花费并要求得到偿还的话，这也是公平合理的。"起诉和劳工"条款当中就专门列出了补偿船主所作努力的相关内容。

推定全损条款使得船身保险商在恢复和修复轮船费用超过了约定的或轮船的保险价值时有权要求进行全损赔偿。全部损失可能是指实际的轮船在深水水域中沉没，也可能是指推定的在浅水水域底部搁浅。当轮船发生实际或推定损失而船主在得到约定的保险赔偿额之前，船主必须提出放弃就所有权进行的索赔。而任何搜救打捞出来的东西都应归保险集团所有。据推测，那些试图从泰坦尼克号和安德里亚多里亚号上获利的人必须与最初提供轮船保险的保险联合企业达成某种调解协议，当然，前提是这些保险公司还存在的话。

罢工和战争排除条款也被视为是极其重要的条款。这些重要条款对那些有利于保险商的措辞进行了澄清。比如说，按照罢工排除条款，任何由罢工者、参与劳动暴乱的工人、暴动以及内乱造成的破坏都应当被明确地排除在船身保险政策之外。被保险人通常都会声称罢工者其实就如同海盗一般，因此他们仍然应当得到赔偿。重要条款并不能给被保险人带来就海盗事件造成损失而进行的索赔权利，虽然这本身应当属于船身保险政策覆盖的灾难范围，但是，即使是得到了法庭判决的支持，如果符合罢工排除条款要求的话，一样得不到权利的主张。

另一项重要条款是战争排除条款，在这种条款下，船身保险政策不会为以下原因造成的轮船破坏提供任何补偿和安慰，这些原因包括俘获、扣押、逮捕（合法的或者其他方式）、内战、革命、起义、暴动、劳工动乱、地雷或鱼类引爆，以及常规战争或核弹头爆炸，等等。这其中还应当包括被废弃的武器，比如轮船有可能会偶然地遭遇到老式的地雷。当在英国、法国、美国、苏联和中国这些大国之间发生重大战争时，战争取消条款就会自动取消掉船身保险政策。此外，当轮船位于某个特定区域，按照保险商的看法，如果国际环境允许的话，船身保险商有权在取消轮船保险前七天通知被保险人。如果船主和保险公司都同意额外保险的话，那么船主仍然可以继续得到赔偿。以上各项只是船身保险政策当中主要的限制及排除条款，当然实际上关于轮船保险还存在其他例如拖曳、领航等其他情况下的保险政策。

船主们也不一定就会完全失去这些排除及限制条款的保护。由不同的保险商而不是参与船身保险政策的人提出的独立政策可以为轮船和货物提供战争和劳工纠纷时的保险，这种保险被称为是船身战争风险和罢工保险政策。这种保险是专门设计用于填补船身保险政策当中最高排除条款中遗漏的关于战争和罢工的内容。在 20 世纪爆发的战争过程中，美国和英国两国都曾扣押过停靠在各自港口内的外国国旗轮船。几乎所有的船主，除了那些敌人拥有的船只外，都就其既得利益获得了全额赔偿，保护偿还债务和轮船在战时服务中所受损失或破坏的全额保险。对船主在"第二次世界大战"前后船队规模进行审查后可以发现，绝大多数船主在战争结束时的船队规模更大，轮船更新，银行当中的存款也比战争爆发前多。其他国家，如德国，就不会对扣押轮船的船主如此仁慈。

长期的两伊战争和时间稍短的科威特战争将阿拉伯湾的一部分地区转变成了战争禁区。但是在两伊战争期间仍然有可以参与的特殊战争保险，其保费随着伊朗参与战争程度的不同而不同。当油轮被伊拉克空军轰炸或者在进攻当中失去战斗力，那么保费就会迅速暴涨。船主们一般不会让其轮船驶入阿拉伯湾的特定区域，除非租船人增加了运费，使得船主能够获得战争风险保护，在一个星期左右能够满载货物进出阿拉伯湾。

对于劳埃德来说，所获的保险可以超过轮船本身的价值，这本身就是一件很有意思的事情。因此，船主可以"期望"其轮船根本不必开出海湾，但仍可以对其进行超额投保。战争风险保险商都打赌认为船主们经历过严酷考验之后能够获得成功，尽管有时候他们的本意刚好相反。当然，船员对这样的安排不会很满意，不过如果在阿拉伯湾达成合作的话，他们可以获得三倍的报酬。因此，这种情况实际上可以描述为是船员在与战争风险保险商打赌，即认为轮船可以在战争中幸免。如果船员赌赢了，那么他们可以获得三倍的报酬，而战争风险保险商也可以获得优厚的保费。但是如果船主打赌轮船无法做到幸免于难，那么他就会输掉赌注，而赌注中的很大一部分是由石油公司承担的。关于这一问题的另一种情况则是船主接受石油公司战争风险的提高，但是不干扰其获取战争风险保险。大多数的轮船实际上在战争中都没有受到损伤，因此这些船主们，包括他们的船员，都希望能够成为这一幸运小组的一员，来分享额外的收入。

船主可以对其轮船进行超额投保，当然也可以欠额投保。假设基于市场价值或其他价值评价体系，某艘轮船的价值大约是 3000 万美元，船主对其投保的金额为 1000 万美元。在发生全损的时候，保险承保集团就应按照约定支付 1000 万美元的保费。另外，如果轮船发生的损失为 900

万美元,保险商就可能试图只解决其中 300 万美元的索赔,其理由是船主实际上还对轮船的价值进行了三分之二的自保。对于银行融资的轮船,其保险只在发生轮船全损时对贷款余额部分提供保护,但是船主是几乎无法仅通过保险收益来修复一艘严重受损的轮船的。理赔的短缺可能使船主发生拖欠贷款的危险。

轮船发生的损失每年都有不同,但是统计数据显示总与特定的轮船悬挂国旗、船级社、轮船服役年限以及船主相关。也就是说,特定的船主,其轮船相对较老,又在某些特定的船级社登记注册并悬挂某些国家国旗的话,那么他们遭遇伤亡的可能性要比其他人高得多。因此一些愤世嫉俗的人就指出,油轮的损失与油轮运费之间存在着一种反比关系。当油轮运费下跌至新低时,油轮发生的事故似乎有望攀升至新高。在海湾冲突时,当运费持续下跌,某些船主与战争风险保险商的行为就是很好的例子。另一个证明事故与市场运费之间关系的例子则是在油轮市场低迷时一艘大型原油轮在非洲海岸线发生了神秘的沉没。当保险联合企业得到来自其他轮船的报告,声称他们看到在灾难发生前几个小时船员们背负着所有行李在主甲板上集合的情形时,此次索赔正在理赔的过程当中。

保护和赔偿(P&I)保险

夜晚是来自于白天,同样的道理,P&I 保险实质上也就是来自于船身保险。船主们于 19 世纪建立了互保协会,用以响应船身保险商的桂康活动,并提供一定类型的责任赔偿。P&I 保险可以为由以下原因产生的诉讼提供赔偿[3]:

(1)生命损失、伤害和疾病,包括船员、乘客及其他第三方如码头人员和游客住院治疗的费用和医疗费用。

(2)货物、财产、码头及其他港口设施的损坏。

(3)超出船身政策赔偿责任范围的碰撞索赔。

(4)罚款、法律费用以及无法回收的保险索赔。

(5)清除沉船。

(6)石油污染赔偿责任。

英国的各家俱乐部支配着整个 P&I 保险业。处于领头位置的是英国俱乐部,其成员拥有全球总吨位的 25%[4]。其他位于英国的俱乐部则分别是不列颠蒸汽船舶俱乐部、利物浦和伦敦俱乐部、伦敦蒸汽船舶俱乐部、纽卡斯尔俱乐部、英格兰北部俱乐部、标准蒸汽船舶俱乐部、蒸汽船舶互助俱乐部和西英格兰俱乐部。Gard 和 Skuld 保护和赔偿（P&I）俱乐部则位于挪威。瑞典船主在自愿的情况下可以加入瑞典的 P&I 俱乐部，日本船主也可加入日本的 P&I 俱乐部，这两家俱乐部分别是不列颠俱乐部和英国俱乐部的分支机构。其他 P&I 俱乐部则位于美国（美国俱乐部）、巴哈马（海洋海事俱乐部）和百慕大（Pacindat 俱乐部）。

P&I 俱乐部还可以向船主提供担保；技术、法律及预防损失等方面的建议；安全和调查服务，并与不同的政府机构保持联系。保险费一般按季度缴纳，必要的时候会以年费和追加保费为支付基础。由于 P&I 俱乐部都是自治的并且都是非营利性组织，因此保费加上投资收入必须用来贴补索赔的解决和俱乐部运行费用。P&I 俱乐部对于潜在会员的运营历史十分敏感，这是为了避免由于吸纳了曾有高于平均索赔水平记录的新会员而造成现有会员的利益损失。与火灾保险公司调查保险客户的建筑是否具有潜在的火灾危险一样，P&I 俱乐部也会主动采取与石油污染和轮船安全运营的相关措施。为确保无污染即安全的轮船运营所采取的预防性措施的费用可以通过减少 P&I 索赔的方式得以补偿。P&I 索赔的主要类别，即发表在英国 P&I 俱乐部的《人力因素：人员配备报告》一文中的类别如表 12 – 1 所述[5]。

表 12 –1　P&I 索赔的主要类别

货物	船员受伤	财产损失	碰撞	非船员受伤	污染	不可回收的一般平均费用	罚款	清除沉船
39%	23%	10%	8%	8%	5%	2%	2%	1%

第三种保险类型，虽然不常用，但是却可以投保，这种保险是指损失雇佣保险。如果由于轮船故障或其他规定原因造成租约中断，那么这种保险就可以保护租约产生的可流动收入不受影响。金融机构可能会要求参与损失雇佣保险来提供额外的保障，即在定期租赁的情况下，如果轮船没有准备好从事海上服务而造成租约中断时，船主仍然可以履行其金融方面的各项义务。损失雇佣保险的保费取决于以下各因素，它们分别是受保的租约收入总额，保险生效之前租约中止的扣税日数，每年最大租约中止日数，船主的运营历史，以及轮船的物理状况。损失雇佣保险商一般会通过给可能被索赔的每年最大租约中止日数设定一个上限的方式来减

少可能面临的损失，与其他所有保险商一样，他们也会利用机会，在政策更新的时候推卸更多的责任。

参 考 文 献

[1] *"Insurance in Shipping" Seminar*, sponsored by the Cambridge Academy of Transport, June 1994, Cambridge, England.

[2] *Dictionary of Marine Insurance Terms and Clauses*, by Robert H. Brown, published by Witherby & Co. Ltd. , London, 1989.

[3] *"Insurance in Shipping" Seminar*, sponsored by the Cambridge Academy of Transport, June 1994, Cambridge, England.

[4] *Petroleum Tankership Operations*, by Arthur McKenzie, Tanker Advisory Center, Inc. , N. Y. 1994.

[5] As described in *"Placing a Value on Crew Experience"* in March 1966 issue of Lloyd's Shipping Economist, published by LLP Ltd. , London.

13 运行费用：海岸上的组织

　　岸上的组织费用通常归类为行政开支。对于轮船的费用分类来说它可以是一种含义很广泛的分类，但又不会单纯地称为人员、存储、维护以及保险费用等，比如船旗国登记费用就属于这一类。悬挂方便旗的载重量为 43000 吨的中小型散货船的初始登记费用在马恩岛可低至 560 美元，而在开曼群岛则需要 823 美元[1]。而在马耳他、塞浦路斯、帕劳、伯利兹、利比里亚和马绍尔群岛，初始登记费则在 2500～3000 美元不等。登记费需要 3000～6500 美元的国家和地区包括洪都拉斯、巴拿马和毛里求斯。费用高达 10000～16000 美元的国家和地区包括圣文森特、百慕大、哥斯达黎加、中国香港、斯里兰卡、SOA 的圣多美与普林西比、巴哈马、巴巴多斯、马德拉和卢森堡。新加坡是所有地区中费用最高的，高达 27000 美元。此后每年的登记费用分别是，马恩岛不收费，安提瓜 900 美元，哥斯达黎加 1400 美元，新加坡和圣文森特 2100 美元，其他国家和地区绝大多数收费都介于 3000～6000 美元之间。仍需要交 6000～8500 美元的国家和地区，包括利比里亚、巴拿马、洪都拉斯、马绍尔群岛、毛里求斯、中国香港、马德拉和卢森堡。这些费用必须与国旗的规则相当，从而引起港口检查人员的注意，并应付随之而来的检查必需的时间延迟和费用。洪都拉斯、塞浦路斯和马耳他这三个地区的检查人员相对其他国家和地区而言扣留的方便旗轮船更多。有趣的是，某些国家的国旗，如叙利亚、古巴和罗马尼亚，他们似乎更能引起港口检查人员的注意。轮船登记费用对于一些方便旗国家来说是重要的硬通货收入来源，这些国家的地理位置通常来说对制图人员都是不小的挑战。不过轮船的登记费用只是一般管理费用当中的一小部分，因为一般管理费当中大部分都用来支付岸上工作人员的报酬，让他们全身心投入保持轮船待命状态的工作。海岸工作人员的工作可以分为运行、工程、法律、财务、商业和规划等几个部门。

13.1 运 行 部 门

　　运行部门的工作包括与人员配置机构以及高级管理人员协作，为轮船的人员配备聘请船员。尽管所聘请的船员应当是称职的、经过训练的，能够提供高效表现的人，但是制定船员表现标准以及招聘船员并将他们培训得符合这些标准却是岸上工作人员肩负的职责。头等运营商一般都会指派高级船上的工作人员从事文案工作，从而确保员工的招聘和培训符合公司的最大利益。

需要外部配合的轮船运行过程中的各种需求是船长通过与岸上工作人员联系来满足的。这些情况可能是紧急人员转移，所需零件船上没有，以及需要港口或者造船厂立即响应的轮船修理需求。港口内的轮船必须加满燃料，配备足够的消耗品和供给品，而这些都是港口工作人员通过供应商和港口代理人来安排的。这些事情虽然琐碎，但是如果不认真对待的话支出费用就会很高，特别是当轮船停靠在陌生的港口时，如果这些问题得不到妥善处理，很可能会遭遇到商业欺诈或时间上的拖延。船上的工作人员没有资格安排海事保险。海事保险是由岸上的个人与代理人或经纪人合作来安排的，这样可以获得计划最全面、覆盖面和免赔额最广泛的保险提案。船上人员也无法就雇佣船只做出任何商业安排。这通常是由向船长提出航程要求的人来完成，同时他还必须提交其他相关资料，这样轮船才能获得许可履行该次商业任务。此外，岸上工作人员还需要关注成本控制，以确保公司能够有效地参与市场竞争，并且有足够生存下去的财务实力。

13.2　工　程　部　门

岸上工作人员当中的工程部门职责包括以下内容：

（1）为分配给公司轮船的工程船员们建立技术熟练程度的标准。

（2）确保发动机工作人员符合这些标准。

（3）建立适合于整个船队的预防性及纠正性维护标准。

（4）控制发动机零部件和设备。

（5）提醒船上人员遇到的工程技术难题。

（6）监控船上工程技术情况。

（7）在港口内或修理厂中安排紧急修理。

（8）为轮船挑选入坞大修和特殊鉴定的修理厂，并确定即将入坞大修包括船身喷漆在内的需要完成的各项工作范围。

海岸工作人员还肩负着对可能购买的船只进行检查的职责，评价轮船的结构条件和未来的维护需求等。对于还处在建造当中的轮船，工程部门人员则会检查轮船的设计规划、监督建造过程、亲眼见证设备和机械的测试过程并随同参与海上试验。获取轮船并且监督造船过程的职责会对日后的维护保养费用产生巨大的影响。

油轮运营人员和工程人员在 1996 年面临的一项决策就是到底是否要参加状况评估计划（CAP）。是否加入这一计划并不是全凭自愿的，因为像 Vela 或 Statoil 这样的租船公司都要求所租轮船能够效力 20 年以上，这与科威特石油公司的情况是类似的。CAP 是发生在 20 世纪 80 年代末一系列沉船和污染事故所带来负面影响造成的最终结果。这也促使 IMO 海上安全和海洋环境保护委员会提出计划，以改善安全和防止轮船溢油污染，并最终迫使 IMO 颁布了关于散装货船和油轮的视察调查加强方案。这些事件促使国际船级社协会（IACS）于 1993 年起草了加强调查方案，比 IMO 方案的生效早了两年。加强调查方案中包含了渐进式的随着轮船在役时间的延长而进行的钢板厚度测量和船身腐蚀监测，以及更为有效的装卸货处理和对推进机械的检查。但是，通过了加强调查的轮船所完成的只不过是——它只是满足了加强调查方案中规定的严格标准，也就是只通过了类似通过/失败检查而已。通过了通过/失败考试的学生，相比于其他学生而言，他或她并不知道自己到底表现如何。这恰恰就是问题所在。建立 CAP 的想法最初不是由船级社提出的，而是由一些旧油轮船主提出的，因为他们想得到一份关于自己船只到底超过加强调查标准的程度的独立检查报告。就像一个得到"A"的学生期望通过他的成绩体现出他在通过/失败考试当中的表现情况一样，这些船主们也希望能够获得权威的评价，以扭转租船人对其船只在役时间过长的看法。针对这些船主的要求，挪威船级社专门建立了状况评估计划。对一艘油轮进行的检查包括船身钢板厚度的测量，由于油轮规格不同，所需要的读数的数量从 5000～20000 不等。此外，油轮的货物装卸系统、推进机械以及其他设备也必须接受检查以最终达到 CAP 从 1 到 4 的分级标准。评级标准中的 1 级是指轮船的情况相当于或高于新建轮船的当前等级要求。轮船状况很好，保持状况也较好，没有任何破坏或磨损的痕迹的话，可以被评为 2 级。轮船状况良好，维护较好，但存在部分腐蚀、磨损和裂缝，会对行驶功能和安全造成一定影响的，一般评级为 3 级。轮船的情况比上述更糟的被评定为 4 级。在役时间不足 20 年的轮船通过了状况评估计划，那么期望着获得对其船只做出独立评价的船主就可以将评估结果作为内部控制机制，来衡量手下运营人员的工作绩效。而其他轮船则可以获得为销售轮船做出的 CAP 评级结果。除了挪威船级社，美国船级社和劳埃德船级社都可以向轮船颁布 CAP 评级结果。

13.3　法　律　部　门

航运公司会持续地和来自各方的人员从事商业活动。这些交易当中有许多采用的都是标准形式的合同，而不需要法律的参与，如单次航线租赁和定期租赁。但是，标准形式的合同也不排除需要法律咨询的必要。标准形式的合同也许是由并不完全公正的组织撰写的。如上所述，为新建轮船的建造制定的标准形式的合同是由造船协会起草的，因此，合同中如果包含了部分将造船设计失误责任降低的合同条款的话也是可以理解的。认识到这一点的海事律师建议客户增加一项条款，以强化出现设计失误时船主的法律地位，或者明确界定到底什么是设计失误。很自然地，这必须经过造船厂法律顾问的审核，并由该法律顾问代表自己所在一方的最大利益进行相关谈判。

海事法律是一个很大的范畴，并且需要高度的专业化。航运公司内部可能也会有自己的律师，但是他或她的工作主要是就海事活动当中某个特定范畴的法律事务与外部法律机构进行协调。尽管商业活动都是以标准形式进行的，但也并不一定能防止争端的出现。如果商业纠纷不能由组织此次商业活动的人解决的话，那么必须通过仲裁解决，或者是诉诸法律。这也同样需要有内部的法律专家，从而确保有人能够充分地代表航运公司的利益，关于纠纷的各项事实都能够得到妥善的记录并提交给仲裁小组或审判律师。法律意见对于在什么地方组建航运公司及注册轮船，以及对连接各法人实体的所有权利和义务的整体法律框架来说，都是十分重要的。

13.4　财　务　部　门

岸上工作人员需要负责的是日常的现金管理、轮船的融资，并汇报财务经营业绩。日常现金管理会随着轮船在全世界的航行而变得复杂。当轮船在富查伊拉近海水域加装燃料或者发往印度的轮船上有船员需要返回时,为轮船建立随时方便付款的现金管理系统是十分必要的。尽管航运业内国际惯用的货币是美元,但也有一些交易是以其他货币为基础进行的,这就意味着那些参与现金付款的人必须熟悉货币汇率的转换。就像在陌生港口购买燃料一样,外汇的兑换也必须小心谨慎,以免出现不利的汇率。和其他任何一家公司一样,向股东提交财务会计核算和编制财务报告都是必须完成的任务,这项工作可以通过编制完善的会计软件系统来经济有效地完成。

借款费用可能对航运公司造成巨大的影响。许多贷款都是按浮动利息计算的,如伦敦银行同业拆息。不注意利率上升的话很可能影响到公司的存亡。对于公司来说,有一种方法可以"保证"公司自身应对过去不可能存在的变化莫测的利率变化。利率互换的方法常被用来设置利率上限。利率互换从本质上讲与前文提到的燃料或燃油互换是不同的,通过利率互换公司可以避免支付超出规定的利率部分,并且不受利率下降的影响。在这种情况下,如果利率的上升超过规定水平,利率互换的起草人会向航运公司支付利息差额的面值,或利率互换的名义价值,而当利率降低至低于规定水平的话,则应由船主向互换起草人支付利率低于规定水平的差额。只要利率在一个指定的范围内波动,那么这种方法就可以提供利率的固定变化范围或差额,并且不需要进行兑换。通过放弃利率下降带来的利益,船主可以保护自己不必眼睁睁地看着自己的现金流被高额利率压缩。很自然地,进入利率互换的时机就应当是互换起草人感觉到几乎没有利率上升风险的时候。不过,财务经理必须也感觉到在其任期内进行利率互换是一个较好的选择才可能实现。航运公司的财务总监必须具备必要的金融智慧,来压制这一关乎利率和货币兑换互换的"保证金"。如果政府提供的造船筹资是以造船所在国的货币为基础的话,那么后者,即货币兑换就十分必要。当造船筹资以德国马克和日元为基础支付,且美元与这两种货币的汇率走低时,曾经就有一些公司蒙受了巨大的汇率损失。

13.5 商 业 部 门

商业管理就是指对轮船进行租约和货物的安排。如前文所讨论的,最常见的租约形式就是介于两个港口或两个地区间的单次航程租赁。定期租赁也很常见,即轮船只在规定时间范围内效力于租船人。其他类型则包括连续航行、包运合同以及空船租赁。商业管理就需要保护这些租约,也就是说必须建立与经纪人和租船人之间的联系。与租约相关的各项条款和条件也必须由航运公司负责租约的部门来处理,并决定到底是留在长期还是短期租赁市场。短期市场不能提供未来收入的保障,但可以让轮船充分享受市场行情看涨带来的各项利益。长期市场可以稳定未来的收益,但代价是无法享受市场看涨的好处。与各种金融衍生手段如燃料、利率和汇率的互换相类似,长期租赁能够保证最低的收入水平,而代价就是前文提到的未来收入的增量。这笔未来利润对于确保最低收入水平并且满足运行费用来说也许是很必要的,并且也应当是获得筹资的"先决条件"。

13.6 规划部门

战略规划有时候地位放得很低,它一般是航运公司在思考未来的时候做出的。当管理部门在思考权衡短期和长期租约时就会进行战略规划。这就要求对未来的租金水平和完全受制于现货市场所带来的风险进行清晰的评估。这也就是战略规划的意义所在:如何让公司最好地利用有利趋势,并且如何最好地保护公司免受不利趋势影响。航运公司一般会进行以下与战略规划相关的活动。

(1)编制财务预测报告。

(2)进行资本支出预算。

(3)考虑长期租赁计划。

(4)考虑买卖轮船。

(5)阅读市场及经济报告。

(6)研究竞争者的活动。

(7)进行与竞争对手的对比分析。

战略规划处在决策的最核心部分,即决定到底公司是只专注于航运的某一方面,从而成为航运界的微小参与者,还是将业务扩展到航运业的各个方面并拥有多样化的船队。也就是说,公司到底是应当投资轮船,还是应当投资其他业务?如果是投资轮船,那么又应当投资什么类型、什么规格的轮船?是否应当将船队的组成从一种类型转变为其他?这些可供选择的行动方针已经被多个航运公司和船主所采纳,最终的结果有成功也有失败。因此进行规划没有任何一种方法是唯一的,也没有任何一种唯一的途径能够保证未来的成功。因此有人说，获得成功的人，其实就是比他的对手犯的错误少一点。当对未来的不可预见性进行思考的时候，任何一个船主或者商人能够期望的，就是比他的竞争对手少犯点错误。

13.7　海岸活动的组织

航运公司的典型组织应该是功能分明的，其中的运行、工程、财务、法律以及租船应当是独立的部门，统一由一名高级经理进行管理。公司主席会经常会见高级管理人员，以确保公司所有业务都按照正常的方式运作良好，具体问题能够在一个部门内得到解决，并能够协调各部门之间的行动来完成某个具体目标。这种会见通常也可以作为公司领导了解公司内部运行情况的沟通工具。

古老的管理模式虽然仍然普遍存在，但已经不再是管理顾问鼓吹的那个样子或者很多公司践行的那种模式了。高级管理人员待在镀金装饰的私人办公室里，隔离在一个风景绝佳的角落，只是偶尔工作需要时才出面用迂腐的方式处理这样那样的事务，这种作风必然是会受到攻击的。大量有限的人力资源被浪费在往返于对决策的需求和决策者寓所之间的路途上了。这里提到的往返跋涉并不是指空间上的路途，而是口头和书面两种形式的沟通联络，让决策者对形势进行评估并得到他或她的批准，这个过程需要大量的精力。现代组织一般都将决策者置于决策出台的中心位置，牺牲掉私人办公室，私人秘书和隐私本身。

不过这并不是什么新鲜的做法。几十年来，大型商业银行都给借贷官员们提供了宽阔的办公空间，但只有最高级别的官员才有资格享受私人办公室。斯堪的纳维亚半岛或美国中西部地区主管贷款的借贷官员一般会与他或她的工作小组坐在一起，共同协助借贷官员的工作。对于领头的借贷官员来说，不清楚其管辖范围内事情的进展是几乎不可能的。人与人之间的通信链其实是很短的，换种方式说，其实就是每个人都能偷听到别人的谈话。社会互动交流也鼓励人们将重要信息互相交换。曾经有位租船经理就对失去私人办公室和相关装备表示过惋惜，他同时也承认，"除非是身处事件发生中间，否则我根本不知道到底发生了什么"。

另一重大转变则是，从态度上讲，即组织指令下达线变得越来越模糊。许多部门负责人都觉得他们的员工未得到上级的批准就"擅作主张"。当部门领导无法做出决定时，整个小组的工作效果就会受到影响。

不过,有很多常规的决策可以不经过部门领导的批准就做出决定,只要做决定的不同人员各自承担的责任范围有明确的政策指导即可。另一种阻碍组织效力的问题是禁止一个部门的初级职员与其他部门同等职位的人讨论工作事宜。在一个以传统方式组织起来的公司,这样的工作需求通常会以另一种方式来替代,即低级职员向自己所在部门的领导汇报,该领导会组织一次与其他部门领导的会晤,然后原始的信息或需求才能转达给另一部门的初级职员。尽管这样的安排当然能够使领导把握事件的全部情况,但是对于来自不同部门的初级职员来说,他们之间的交流需求要么是例行公事,要么根本不值得高度重视。

如果琐碎的事情也需要高层管理人员之间会面或者常规事务也需要消耗一些时间来解决的话,组织的生产效率就会受到影响,特别是这些琐事本来可以通过涉及人员的直接交流解决的时候。高层管理人员没有日常事务酬金,因此,也就不应该将他们有限的时间资源花费在常规事务的处理上。高薪就意味着他们应当将注意力集中在重要的事件上。如果没有什么重要事件占据他们的时间,他们应该做的是思考如何提高其组织的生产效率或如何提高公司的利润,而不是花时间处理琐事和常规事务。

将责任进行分摊并不会削弱部门领导的权力;而是将他们的时间解放出来让他们更好地胜任部门领导的角色。部门领导仍然负责重大决策的制定——而常规决策则不需要花费他们太多的注意力。另外,由于下放了更多的责任给初级职员,他们的生产效率也得到了提高,并且可以根据他们的表现追究其责任。一旦摆脱日常事务,允许他们将注意力集中在他们熟悉并有经验处理的领域,高级管理人员的生产效率也能得到提高。

如果岸上工作人员和船上运行人员能够更好的合作,那么航运组织的效率也能得到提高。要达到这一目标,主要的方法就是将有经验的高级船上官员和岸上组织循环调换。当身处海洋中间或处在偏远的港口时,船上运行人员的存在为岸上人员提供了宝贵的参考。当船上和岸上工作人员之间能够直接交流的话,岸上工作人员就如何有效地处理运行人员和与船上运行相关问题的解决上都能够获得更加完善的经验。

现代通信手段,即电脑和对技术的要求,都需要更加重视船上及岸上工作人员的培训和教育,并且影响着企业组织的性质。将狭窄的工作只分配给高度集中、高度部门化及高度区域化的人员组织,在这样的工作环境下是无法发挥效力的。成功的组织一般包括更为综合性并且更加复杂的团队系统,由不同学科的成员组成,各自承担一部分责任共同完成具体的任务目标。一旦任务完成,该组织就会解散,新的组织又会组建起来迎接下一个挑战。由于没有任何一个组织能够效力于所有的公司,因此在过去的几十年里公司与公司之间内部如何进行组织一直在经历着根本性的转变,直到现在仍是如此。

对轮船征收的管理费包括进行岸上操作的许多方面。有一种自然形成的规模经济,即工作人员不需要花费更多的精力就能够处理其他轮船的事务。根据船队规模的不同,一般的管理费用大概是15万美元。由于航运公司都尽可能地期望通过国际船舶管理协会(ISM)规范和其他质量管理计划,这就要求投入更多的岸上活动来建立和支持这些计划从而证明公司的效率,因此管理费用必定还会上涨。

表13-1表示的就是名义中型(10万吨级)油轮的运行费用调查结果[2]。注意,20世纪80年代有十年在缓慢的费用攀升中隐含着船员费用的降低。在20世纪80年代低迷的市场环境下能够维持运行成本不上涨,主要牺牲的其实就是轮船船员的费用。船员费用的降低标志着船员结构全部由欧洲人组成到全部由亚洲人或其他低成本国籍船员加上部分高级欧洲官员这样的人员构成的转变,这其实也是许多方便旗轮船经营者实际上采取的船员策略。这也标志着悬挂国旗船只运营人员高成本时代的结束。

表13-1 油轮运行费用

内容	1980 年	1985 年	1990 年	1995 年
人员	686	592	505	651
润滑油/储备	304	349	392	467
维护维修	298	350	418	540
保险	163	169	205	283
一般费用	158	208	255	309
总额	1608	1668	1755	2250
美元/天	4045	4570	4808	6164

注:1995 年的运行估价是估算出来的;所有数字都以千美元为单位,美元/天一栏除外。

以上都是具有代表性的费用名目。所有运营商都尽力将成本控制到最低,但有些人相对于别人来说有更好的节省成本的窍门。表13-1当中表示的是许多运营商的平均费用水平,但是每个运营商在每个项目以及成本的总和上实际存在着很大的差异。由于船身保险直接与轮船的价值相关,有人据此提出争议,认为船身保险应该独立于其他各项成本单独核算。假设保费率是1.25%,那么对于一艘价值1亿美元的油轮来说,船身保险费用就高达 1250 万美元,比一艘 1000 万美元的油轮还要贵。

　　运行成本的变化开始于国旗悬挂的选择。国旗注册对人员费用起着巨大的影响作用,比如,德国国旗船只要求配备德国船员的话,费用就与利比里亚或巴拿马国旗轮船只要求配备合格的取得证书的船员的费用有着巨大差异。维修费用的差别就更大了,比如,新建轮船几乎不需要进行维修,而旧轮船可能建造时就不够规范,或者很多年都忽略了预防性和纠正性维修,因此维修费用会很高。即便如此,废弃轮船的船主仍然可以通过尽可能延长维修时间的方式来维持低廉的维护维修费用。有些时候,这种策略可能会随着特别昂贵的特殊调查的推行而宣告结束,这种调查可能会对轮船的连续运营构成巨大的障碍。轮船的运营成本的确是充满着变数的,会随着所选择的国旗、交易性质、轮船类型以及船主掌握的性能标准的不同而不同。

参 考 文 献

[1] *"The Ship Registration Databank"* provided by Marine Information, Horsham, U. K. , as described in Lloyd's List issue of 27 March 1996, published by LLP, Ltd. , London.

[2] *Costs：Pressure on Profit*, A Lloyd's Shipping Economist Supplement, Winter 1992/1993, published by LLP, Ltd. , London.

14 轮船主在单艘轮船上的投资分析

曾经有段时期,对轮船进行资金筹措完全是以现金形式——也就是完全没有银行贷款、财团,也不能求助于他人资金(OPM)。现金主宰一切,因此在资金筹措时敏锐性在当时也就不是关乎成功的主要因素。船主采取简单的记账方式就可以收集关于运费收入、支付船只经营费用、航行以及货物装卸的费用情况。所有剩余的现金都会搁置起来,以备在现金流出大于流入时提供缓冲保护。当资金储存或者随后演变成银行账户当中积累了足够的资金足以购买另一艘轮船的时候,另一艘轮船就可能被购置进来。一般人们都是根据船主所拥有的船队中轮船的数量来判断其成功与否的。与客户以及经纪人建立良好的关系来安排货物运输;具有敏锐的目光去辨别、追求和发展商业机会;具备良好的谈判技巧来达成最佳交易;以及严格控制船只的运营和费用,等等,以上措施都可以通向成功之路。

有部分人已经能够通过谨慎的买卖活动来增加其财务资源了。在市场强劲的时候,也就是现金充足时将轮船售出是需要清醒的头脑的,同时,当雇佣船只已经没有获利希望时,即航运业处于下滑当中时购买船只也需要进行耐心的判断。不过,了解航运业周期性变化这一实质的人则可以利用波动的轮船价值来获得意外的成功。但是这种机会一般来说是比较少见的,因为船主往往会在此期间将船只保留下来不作他用。近期以前,几乎没有人听到过"资产游戏"这一说法的。

14.1 资本结构

一家公司的资本来源就是指股本和债务。股本可以通过向其他合伙人或股东出售公司股权以及累积公司赢利的方式获得;也就是说,赢利部分不会以税收形式支付给政府或以股息形式支付给股东。股息一般都是在获得赢利之后才会发放。债务则迫使公司按时支付利息和分期付款,无论公司是否赢利。利息是指资金的回报率,而分期付款则是返还借款方提供资金的部分。利润是指借款人由于运营船只获得的投资回报率。OPM 成功的秘密在于投资一艘利润率超过借款成本的轮船。如果船主借款的成本是 8%，而投资轮船的赢利是 15% 的话，那么他的事业可以说是阳光普照的。遗憾的是，利润率低于资金成本已经有好一段时间了。20 世纪 70 年代后期到 80 年代前期的这段时间里，大型原油轮的利润率一直都为负值。船主无法回收投资，更别说赚取任何利润了。以 8% 的成本借款，而后以此作为投资基金赚取的利润减去 2%，这样的买卖并不是 OPM 所要的结果。

仅仅通过股权进行融资还有一个附带的好处就是，轮船只在被需要的时候安排任务。更高的运费是衡量相对于需求来说即将或日益短缺的轮船运力的可靠工具。现金储备会随着运费的升高按数学关系成倍地增长，因为航行和运营成本不会随着运费发生变化。这种情况与金矿的开采是相类似的，即金矿的开采成本基本上是与金价毫无关联的。例如，轮船的年收入为 110 万美元，而其中成本就占到 100 万美元，如果收入增长 10% 的话，那么现金的积累就能翻倍。由运费变化带来的对收入的影响，无论是积极的还是消极的，其作用都是巨大的。

运费会随着轮船运力短缺情况的发展而上涨，从而加速了现金积累速度，也促进了新建轮船定单的投放。但是在订购和轮船的交付之间还存在着时间延迟。航运费用只会受轮船交付时间以及轮船运力的有形支撑的影响，而不会受订购时间的影响。从投放定单到轮船交付的间隙时间内，运费仍然会持续上涨，这使得船主们可以订购更多的新建轮船。

现在看来，自由放任的经济方式其固有的致命弱点已经变得很明显了。价格，这只隐形的控制之手，它会告诉商人们何时才是订购更多运力的最佳时机，但是价格却不能告诉他们订购多少才合适。按照这只无形的手从事订购的人们所犯的主要错误就在于，这只无形的手会一直提示他们运力还需要进一步增加，直到有足够的轮船已经交付使用从而使供需达到平衡。问题就在于，当运费稳定下来，表示着轮船的供应和需求达到平衡的时候，其实还有不少船只正在建造当中。等到价格这只无形的手发出停止订购的信号时，为时已经太晚。等到价格告诉人们说建造的船只已经足够了的时候，船坞里实际上已经堆满了正在建造的轮船。任何事情都无法阻止这些轮船的交付，因此进一步扩大了轮船运力的供应量，从而导致过剩情况的出现。当所有的新建轮船都交付完毕时，供应量已经远远地超过了需求量。过多的轮船参与相对来说太少的货物运输争夺必将导致市场行情暴跌。

股权筹资则始终不会放任运费的波动。从某种意义上说，股权筹资会增加这一波动性，因为船主们只有有限的财政能力，所以不能在预料到运费上涨之前就建造新的轮船。而债务融资的优势之一就在于，当情况看上去有运力短缺越演越烈的趋势，但是这种短缺还没来得及反映在运费上时，船主就可以订购轮船。反映上述情况的一个值得注意的例子就是在20世纪初，当预见到老化油轮必须最终更换以及不断上涨的需求带来的潜在短缺开始显现时，对新建超大型原油轮采取的订购行动。不过，在订购了大约100艘新建油轮之后，随后几年的运费并没有出现预料当中的上涨趋势，因为交付的新建油轮数量超过了用于补偿报废船只和日益扩大的需求量对应的油轮数量。这使得超大型原油轮的运费一直保持平稳，这样很大程度上符合石油公司的利益，对于以债务为这些油轮筹资的船主们来说，却不是一个好消息。

不过，在股权筹资当中，当轮船在接受预订之前就必须准备好足够的现金积累，而运费则在轮船订购之前就已经上涨了。从订购到轮船交货之间的18个月时间为运费进一步攀升提供了机会。这种情况引起了过分订购的狂潮。并且这种错误做法直到有足够的轮船交货并且恢复了市场的平衡之后才会显现出来。到那个时候，要阻止那些还在建造当中的轮船的话就已经太晚了，这部分轮船在交货之后，就会造成运力的过剩，从而引起随后的整个航运业的萧条。因此，无论是股本筹资还是债务融资，都无法免除自由放任经济固有的致命弱点。

当世界贸易又发展到能够吸收过剩运力的时候，或者是到了由于损耗使得多余的吨位消耗掉的时候，这样的循环又会再次重演，最终又恢复供需之间的平衡。如何恢复供需之间的平衡将决定着日后繁荣时期的到来。如果需求扩大十分迅速的话，两次循环高峰时期的时间间隔可能会相对较短，在奥纳西斯时代大型原油轮船主们就碰到过这样的情况。如果供需平衡的恢复依靠的是自然磨损消耗的话，那么上述时间间隔就会比较长。轮船的报废需要足够的时间。如果现有船队当中有很大部分都是新建轮船的话，那么至少要经过几十年的时间才可能全部报废更换新的轮船，后奥纳西斯时代大型原油轮船主们就曾经历过这样的事情。

但是，如果轮船的融资方式是股权资本的话，在航运业萧条的时候船主也不必申请破产。只要货运收入能够补偿成本，轮船就可以继续进行经营。一旦收支无法抵平，轮船就会被搁置起来不再使用。解散船员、停止维护以及减少海事保险费用这些方法都可以减少现金外流。这种情况也与金矿的情形类似。当金价跌至开采金矿成本以下时,矿井就会被关闭。在股本筹资的情况下,没有哪个银行家能够要求将拖欠的轮船分期付款款额全部支付出来。

14.2 他人资金

从历史上看,银行往往不愿意参与航运业,这是因为波动的运费与用于支撑有序的利息及本金支付的稳定收入需求之间存在着不协调。而且,从根本上来说,在银行家所承担的风险以及促成航运贷款带来的回报之间也存在着不协调。运费的波动性加剧了银行家的风险,即船主无法履行还本付息责任的风险。但是,银行家由此获得的回报,通常表示为分散在资金成本当中的逐渐增加的利率形式,这部分回报相对来说是比较低廉的。银行都是通过发放多笔贷款来赚钱的,而不会将目光局限于某一笔贷款带来的回报高低。这就是运用在银行业中的亨利福特原理:保持低利润率,以批量方式赚钱,即所谓的薄利多销原则。

银行家们主要通过个人、企业及其他金融机构的存款来为自己筹资,相对来说较少采用股本的方式。存款人都期望能够按其需求得到全额的支付。银行无法将贷款损失转嫁给储户们。不良贷款带来的损失只能由利润较好的贷款来弥补。因此,银行不能承受超过其借贷差额的损失率。假设,作为一个实例,某家银行在除去运营成本之后相对于借款还有1%的净差额,这部分主要是存款人的资金。仅仅1%的贷款损失率就足以毁掉银行赢利的可能性。因此,一家银行在发放贷款时必须有99%的把握贷款能够全额还清。航运业中运费的波动性决定了它很难满足这样的要求。

出于这样的原因,银行发放给航运公司的贷款是十分有限的,从历史上看,仅够筹措运费款项和满足短期资金周转的需求。轮船筹资的起源可以追溯到1266年的奥列隆法案,奥列隆是位于比斯开湾的一个小岛,该法案允许船长将轮船作为抵押来透支现金[1]。而关于轮船抵押贷款的法律框架的形成,在欧洲是形成于19世纪,美国则形成于20世纪。直到第二次世界大战,银行与航运公司之间达成的借贷关系都只集中于短期运费款项的筹措和满足资金周转的需求。如果船只航行在海上,将该船作为担保来抵押贷款的话会被认为相当于没有任何担保[2]。即使是到了1969年，对英国船主而言，航运贷款也只占全部市值的16%而已。D. K. Ludwig 和 A. Onassis 二人成功地开创了银行向航运公司提供的短期筹资方式。他们通过参与长期租约活动的方式铺平了将长期轮船筹资贷款信用评估的工作从他们自己转移给石油公司的道路。只要他们保留有一艘适合于海上航行的船只，石油公司就有义务继续按照规定的定期租赁合同支付款项，无论租船人是否已经对轮船有了新的安排，也不管现货市场的状况如何。Ludwig 和 Onassis 两人都尽力说服银行家将航运贷款看作是石油公司贷款的替代，因为偿还贷款的主要方式是租金从主要的石油公司向银行进行的转让。因此，将定期租金转让给银行，如果情况更好，即可以将定期租赁安排成空船租赁的话，这种转让关系可以使贷款的信用从部分轮船的船主那里转移到排名世界前列的作为租船人的大型石油公司名下。此时船主的信用就不再作为清偿贷款的主要方式，而是被降低到备用或者支持担保的次要位置上。Onassis 没有将少数轮船的船主闲置太长的时间，这些船主也没有模仿他们的策略。

　　这会从根本上影响船主订购轮船的能力。在订购轮船之前也不再需要在银行账户里存够支付给船坞的100%的货款。如果某家银行愿意为石油公司的租约提供80%的资金支持，那么拥有足够现金储备可以购买一艘油轮的船主就可以直接订购5艘油轮或为其进行资金筹措。但是这样做是有条件的，也就是说船主必须有足够的能力从石油公司那里获得长期租赁的权力。石油公司都不会随意地参与任何一桩租赁活动。他们会密切关注未来的运输需求以及船主的经营能力。成功的船主会比他的同行们更善于开辟与石油公司的租赁合作，他会提供更为优质的服务，并且为石油公司规划出更为有力的经济刺激策略，从而不必花自己的腰包就能订购新的油轮。这样一来，订购活动就不再局限于可以获得的现金的多少，而是决定于获得租约的能力。

　　哎，只有这样才是唯一正确的！这里所指的漏洞对于市场的影响来说主要是对参与者心理状态的影响，下文便是很恰当的描述[3]：

　　　　存在于市场当中的心理状态是一个庞大而复杂的问题。不过，最核心的部分其实也很简单。如果市场正在崛起，那么不管是黄金、股票、期货还是猪肚，都不会有什么问题，所有能够支撑市场崛起的新闻以及各方面影响都会很有分量，与此相对应的，所有相反的各种迹象则都缺乏影响力。而且这种情况会一直持续下去，直到负面影响逐渐盖过正面影响，并且市场情况出现逆转。一旦情况逆转，相反的情况就会出现——好消息会逐渐被忽略或者淡化，坏消息则会影响扩大。市场呈现如此变化趋势的原因在于，我们当中即便是最聪明的人，也无法平衡两种完全相反的观点——我们只会简单地看重其中的一方，而忽视另一种观点。心理学家将这种权衡两种相互矛盾观点的痛苦精神状态描述为"认知失调"。我们则认为这种情况让我们感到头疼。

银行家跟其他所有人，包括船主、海事政府机构以及船坞都是一样的，在市场强劲的时候得过且过。银行家在买卖基金之间也许差价并不大，但是他们可以通过签订大量大额贷款来挣到大笔金钱。在市场强劲时期订购船舶的热潮创造了大量数千万美元的订购贷款。那些一夜暴富麻雀变凤凰的故事更是推动了这一热潮，其中又集中体现在了对 Aristotle Onassis 的大力宣传上。在油轮市场疯狂的 20 世纪 70 年代，船主可能会在纽约公园大道上来来回回地走上好几个街区，催促着那些平常都很慎重的银行家们为了超越其他银行家而提供更多有利条件。银行家们通常都无法控制自己的慷慨大方。因为羡慕其他人，银行家可能会抢得胜利者的桂冠，主动为一艘还处在建造构想阶段的油轮提供甚至超过 100% 的资金来源；也就是说，既没有签订租约，也几乎没有其他任何形式的担保支持。这样的胜利往往是短暂的——在短短的几年以后，船主们就开始拖欠银行的贷款了。

14.3 投 资 分 析

当船主只是简单地在筹集了足够的资金之后购买另一艘轮船时，投资分析似乎没什么必要。花在所订购轮船类型和特点上的考虑要比投资回收率多得多。部分船主仍然只把投资分析当成是避免犯错的安全保障，而不是用于测算潜在的收益为多少。其他人则依靠投资分析来量化并鉴别不同的选择。但是，即使在这样的情况下，船主也可能会对某种型号的轮船有特殊的偏好，这也会对最终的决定产生很大影响。许多船主往往专注于某一特定方面的航运，而忽略了其他可能回报更高的业务。他们会全身心地将有限的管理及财务资源投入进去，以获得在某一区域内航运事业的最佳发展。他们就像是期待着变成小池塘里的大青蛙一样的投机市场玩家。

同时进行多种不同航运活动的大型公司会将其航运活动分成很多部

门进行管理,将每个部门托付给某一方面擅长的人。公司的上层管理部门承担着向各部门分配资金的责任,在这其中会部分地依赖于投资分析来指导他们的决定。不过,这也就是投资分析所能扮演的全部角色——仅仅能提供指导。决策者们还必须考虑其他事宜,比如推行某一项特定业务战略,而这往往优先于收益率。

为指定的航运事业进行的投资分析可能有很多种形式,可以是为了确认某笔现金流而抠开信封的背面,也可能是对一系列可能出现的情形进行的回报率的精密分析。可能出现的情形总数量则仅受到消化电脑输出数据的管理能力高低的限制。投资分析,无论是简单(回收期)还是复杂(未来现金流贴现),都可以用来计算航运事业的现金流和量化收益率。

扣除运营成本之后的定期租赁租金就是还本付息前的收入。现金流,即除去债务清偿费用之后的收入,对于船主来说绝对是至关重要的。账单只能由正的现金流来支付,而不是负现金流。负现金流如果规模足够大,持续时间足够长,而且不能通过其他现金来源补偿的话,很可能会导致破产。账面利润与损失,两个现金流的不同之处在于,折旧可以用于取代分期付款。账面利润是指除去运营成本、利息和折旧之后的定期租赁租金。当然,这是符合被广泛接受的原则的,能够为股东们提供真实且公平的管理业绩。账面利润并非像上市公司那样对私有公司如此重要,但是,对两者而言,至关重要的是现金流而不是账面利润。航运公司,无论是上市公司还是私有公司,都会对新业务的开展或提议展开现金流方面的分析。人们可以随时在正的现金流上开具支票,但不是在正的账面利润上来进行。

从表面上看,投资分析似乎相当直截了当。如 Lotus 或者 Excel 之类的表格软件就是为进行投资分析量身定做的。如表 14 - 1 中,轮船的交货成本是 4000 万美元。这其中包括船坞的报价,还有发货前以技术监督、法律方面,如船上家具、用品、润滑油等初始装修费用以及其他以船坞无法提供的项目费用形式存在的费用,等等。交货成本当中还包括在轮船建造过程中以融资费用形式存在的产前利息,以及用于初始周转需求的资金。假设将一艘轮船投放到为其 5 年的租约当中,而收入按定期租赁计算,其中有两个星期的时间停租,用作维修时间,并且在一些年份可能还会入坞大修,那么其收入大概是每年 900 万美元,运行成本大约为 250 万美元。

表 14 - 1 当中所有数字都是指定值美元,即零时美元。随后出现的货币通胀没有考虑在其中。如果现金流的预测是基于现值美元——也就是说考虑了未来货币通胀的美元,那么分析师在预测成本和收益的时候就必

须考虑适当的通货膨胀率。有时候,通货膨胀仅适用于成本计算,而对收入没什么影响。这就会导致净现金流减少,从而降低了收益率。实际上,当收入保持不变而成本增加时,净现金流量很可能成为负数。因此,指望着通货膨胀只影响成本而完全不对收入造成影响的想法完全是不切实际的。

现在选择适合计算收入的通货膨胀率就成了一个问题。如果对运行成本和收入都按照相同的通货膨胀率进行计算,事实上基本也都是这么做的,那么这样计算出来的投资回收率就会被人为地提高。从上面的例子就可以看得出来,当以定值美元计算时收入为 900 万美元而运行成本为 250万美元,那么每年所产生的现金流预测值大约就是 650 万美元。如果一段时间以后假定的通货膨胀率翻倍的话,那么 1800 万美元的收入除去 500 万美元的成本,所产生的现值美元现金流就能达到 1300 万美元。现金流的翻倍实际上就是人为地提高了回收率,这是完全不真实的情况。

用现值美元而不是定值美元来进行现金流分析所带来的挑战就在于,运行成本和收入之间通货膨胀率的差异会对投资的回收产生相当大的影响。为运行成本和收入选定的通货膨胀率能提供多种不同的回报率,不过这只能混淆分析师和决策者的判断。事实上,决策者能够告诉分析师们他们期望的是什么样的回报,而分析师们则可以像变戏法一样炮制出一系列能满足决策者既定需求的收入和成本通胀率。这种用于支持决策者原有想法的,以欺骗的形式炮制出来的投资分析假设,当真的出现时,如果决策者简单地接受了分析师的建议,草率地做出了免除投资分析的决定的话,其实也能起到很好的作用。

保养和维修(M&R)费用会随着轮船在役时间的延长而增加。有些船主将特别调查和入坞大修的费用视为是单独的支出项目,当然这部分支出无论是定值美元形式还是现值美元形式,同样也会上涨,而另外一些船主则把这些费用统统纳入到保养和维修费用当中去。为了维持表14 - 1中的运行成本保持不变,我们假设增加的保养和维修费用可以用减少海事保险报废的方式来补偿,因为随着轮船在役年限的延长其保险价值也在不断贬值。一艘服役 20 年的轮船,其保险价值,或者是议定的投保价值会比它当初作为新建轮船时的价值低得多。如果降低的海事保险保费仍然不能补偿增加的保养和维修费用的话,那么船主也会相应地增加定值美元形式表示的运行成本。20 年末轮船的剩余价值通常会和其报废价值联系在一起。

表 14 – 1 投资分析

时间	交货成本	收入	运行成本	剩余价值	净现金流
0	40000				（40000）
1		9000	2500		6500
2		9000	2500		6500
3		9000	2500		6500
4		9000	2500		6500
5		9000	2500		6500
6		9000	2500		6500
7		9000	2500		6500
8		9000	2500		6500
9		9000	2500		6500
10		9000	2500		6500
11		9000	2500		6500
12		9000	2500		6500
13		9000	2500		6500
14		9000	2500		6500
15		9000	2500		6500
16		9000	2500		6500
17		9000	2500		6500
18		9000	2500		6500
19		9000	2500		6500
20		9000	2500	3000	9500
IRR		15%	NPV（AT 14%）		2867

注：所有数字单位都为千美元。

量化投资回收率的方法通常是用现金流的内部收益率（IRR）和净现值（NPV）来表示的。而 IRR 和 NPV 两者都可以直接用 Lotus 或者 Excel 进行计算，适合于现金流的处理。表 14 – 1 当中 IRR 为 15% 是指将每笔现金流重新投资到其他项目上去，而这些项目的内部收益率为 15%。如果航运市场不景气，或者如果内部收益率异常高的话，这也许是无法实现的。对于这种情况，另一种做法是将现金流存入银行当中，赚取稳定的预定收益。通过测算项目周期末各自银行存款余额的方式，或者将余额贴现到当前水平的方法就可以达到对不同项目进行鉴别的目的。净现值是指扣除了基准回收率之后的未来现金流量,在这个例子当中,即为14%。

基准回收率是由航运公司的资金成本决定的,其资本结构融合了股票和债券两种形式。公司对某些项目投入了资金,但是其回收率却低于资金成本,这样的话,最终资金会失去其流动性,这与个人以12%的利率贷款又以8%的利率借出的情况是不同的。对公司来说,资金成本是长期债券的利率和股权投资立项回收率两者的加权平均值。假设某家公司长期债券的利息成本是10%,而长期债券占到公司资本结构的40%。相对于债务持有人来说,股权持有人面临的损失风险相对更大,因为当公司进行清算的时候他们都隶属于债务持有人。因此,由于其面临的风险大于债务持有人,股权持有人应当得到更高的回报来作为补偿。

管理部门必须确定相对于债务来说,公司资本结构当中多高的股权回报才是合适的。假设管理部门确定的最合适的股本回报率为15%。那么公司的资金成本就应当是债券和股票收益的加权平均值,也就是,债务的40%×债务收入的10%+股票的60%×股票所得收入的15%,即13%。另外,基准收益率也应当反映出公司所作投资的固有风险高低。同样作为管理部门作出的决策,选定的基准收益率也应当高于公司的资金成本。

假设管理部门认为适当的基准收益率应该是14%。那么每年的现金流都应当相对于零时降低14%,而总额应当就是净现值。表14-1中净现值为正数,这表明该项目的收益比14%要高,从15%的内部收益率就可以看得出来。如果内部收益率为14%的话,那么净现值就为零了。而如果内部收益率甚至比14%还低,净现值就有可能是负数。IRR和NPV之间的联系就在于,IRR就是将NPV降低为零的贴现率。在这个例子当中,如果净现值贴现为15%的话,因为现金流的内部收益率为15%,那么净现值就刚好为零。净现值为正,那么分析师就知道投资回收率高于基准收益率,而内部收益率则能让分析师们知道到底高出了多少。通过赢利能力来为项目排座次的话,内部收益率是一种很便利的方法。

将时间间隔从每年改为月或者季度或者半年就可以对表14-1进行改进。这样一来运营商就可以输入预付给船坞的付款计划,由于考虑了支付给船坞款项的时间先后从而能得到更为精确的回报数额。此外,如果将利息和分期付款的金额也输入表14-1中,那么估算出来的回报率甚至还可以反映出到年末时候的年度利息和分期付款情况。利息和分期付款通常都是每季度或者每半年清算一次。因此,如果输入表格软件的时间间隔更短的话,所得到的回报率估算值就会更精确。

通过将时间间隔从每年改变为每季度的方式增加了表格软件的复杂性,这样做的确能够提高内部收益率和净现值计算的精确性,但同时也掩盖了一个重要的前提,即投资分析应当是简单直接的,不过事实上却并非如此。加快了整个投资分析进程的核心问题在于,当为期五年的租约期满之后如何确定具体的收入。在表 14 - 1 中,它只是简单假设轮船在剩余的寿命期内都能保持与头五年相等的收入水平。这是投资分析师们惯用的一种普遍方法,即在最初的租约到期之后回避收入评估这一难题。这样的做法当然是可以理解的,但真实情况是,之后达成的定期租赁租金大部分都不可能与第一次租赁相等。市场不可能如此稳定。分析师们面临的首要问题就是,当首次租约结束之后,应该按照什么样的租金水平来处理后来的定期租赁呢? 最恰当的解释就是,分析师们也无法想象到底应该是怎样,这也就是为什么在轮船剩下的 15 年在役时间内仍然采用与最初的五年定期租赁相同租金水平的原因。

应对这一挑战的方法之一,就是假设出租约期末的剩余价值,将分析限制在五年范围之内。方法之二,最安全也最简便的行动方针就是让剩余价值等于效力五年的轮船当时的价值。但是,租约期末时候轮船的剩余价值会很大程度上受到当时租约和即期租金的影响。目前能够掌握的全部信息就是一艘相似型号和相近规模的效力五年的轮船当前的价值,以及一艘效力五年的轮船的价值如何贬值为新建轮船价值的一部分这一过程。此时可以引入模拟软件,在初始租约期之后可以将定期租赁的租金按照高、低和预估值进行输入。基于历史数据这些预估值就可以用来模拟概率的分布情况。遗憾的是,这样的模拟结果仅仅是以概率分布形式表示的投资回收率。绝大多数的船主不会容忍投资分析结果是他们能够预计到的 15% 的水平,而是能够高达 19%,或者是低至 8%,这样的话,投资降低至最低可接受回报率的机会就有 25%。模拟是一种更为可靠的方法,因为它引入了定期租赁租金或初始租约到期之后剩余价值变化等不确定因素。人们能够预料得到的,只能是说未来的租金或者价值会降低至某个范围之内。但是谁又能够断言价值波动的某个范围会比另一个范围更站得住脚呢? 因此,模拟这种方法如果要用作分析模式的话,是不被人们所接受的。

人们拒绝模拟方法的原因并不是因为这种数学方法太过复杂,或者说模拟结果以概率分布的方式表达出来不是决策者们所期望的形式,而是因为这种方法无法支持投资分析的真实目的。投资分析的真正目的不是对赢利能力进行量化,而是为了支持船主们与生俱来的扩张其船队规模的渴望。投资分析背后的驱使动机是为了避免在投资时犯下无法为自己筹集足够资金的错误,同时从各种可能因素中寻求更好的投资机会。增加投资分析的复杂性并不能满足船主的全部利益,因为作为推动力的资产基数的增长远比个人投资的营利性重要。资本主义批评家的观点则集中于冷酷的企业高管背后作为驱动力的利益最大化要求。最大限度地提高资产储备、积累力量、获得在同行当中的威望,挑战交易决策和金融技巧的背景,即用利润区分胜败的背景,以上各种手段都可以用来更为恰当地形容资本的运作方式。

许多船主,尤其是那些单打独斗的,仍然只会基于保证正向现金流的投资分析来作出决定的船主。即使可能出现负的现金流,但如果负现金流可以由船队产生现金流的能力进行弥补的话,仍然无法阻止船主做出投资的决定。资产的积累,而非利润的最大化,才是企业真正推行的战略。

14.4 对杠杆投资进行的投资分析

表 14−1 是假设筹资方式为 100% 的股本筹资时得到的常规投资分析。对于船主来说,引入他人资金来进行投资分析也不是什么稀罕的事。反对这种方法的学术界人士坚持认为投资分析应当建立在其固有的经济回报上,而与筹资方式无关。部分船主则反驳说,他们根本没有想过单纯依靠股本投资来为轮船进行筹资,并且,对于他们来说,严格地按照股本投入来评价某项业务的优劣是非常恰当的,即使股本只占到总投资的很少一部分。

船坞筹资——政府用于支持国家造船业发展而发放的基金——在轮船的筹资当中发挥了重要的作用。经济合作与开发组织 OECD 关于这种政府援助形式的限制条款规定,这种援助资金可以占到总投资的 80%,偿还期为 8.5 年,偿还利率为 8%。船坞筹资要求船主必须持有轮船的租约或者是持有银行的担保。另外,船坞筹资通常都是以船坞所在国家的本国货币进行的。为船坞筹资进行的抵押支持和货币两种方式都应当是可以转让的。商业银行筹资通常会限制在 7~10 年。如果船坞筹资要求提供银行担保,而且商业银行的偿还利率也与政府援助差不多,那么新建轮船很可能就以商业形式进行筹资,而不是采用船坞筹资的方式了。而且这样做还可以允许以美元形式进行筹资,即与收入计算联系最为密切的货币类型。将收入与运行及筹资成本的货币形式统一起来可以减少货币兑换的风险。选择商业筹资还是船坞筹资还取决于利率的高低。船坞筹资的偿还利率是固定的,而商业银行所采用的利率则会随着市场利率的变化上下浮动。近年来,商业贷款的浮动利率基本上都低于8%。以下表14-2伦敦同业拆借利率表就能说明支付给存款人的利息远远低于8%[4]。当然,借款人不用支付这部分费用,但是必须支付高于指定利率的差额。除非贷款的获得是以异乎寻常的高差额为基础的,否则基于浮动利率的商业贷款其偿还利率都会低于8%。

表 14-2　伦敦同业拆借利率

年　　份	伦敦同业拆借利率（LIBOR）
1992 年	3.84%
1993 年	3.40%
1994 年	4.69%
1995 年	6.00%

表 14-3 是按照银行筹资占筹资成本 80% 的比例对表 14-1 进行了改写,并且这部分所筹款项必须在 8 年时间内按固定利率进行偿还,或者按照高于假设 8% 的平均值的差额进行偿还。

表 14-3　投资分析

时间	交货成本	收入	运行成本	债务	利率8%	剩余价值	净现金流
0	40000			32000			(40000)
1		9000	2500	4000	2560		6500
2		9000	2500	4000	2240		6500
3		9000	2500	4000	1920		6500
4		9000	2500	4000	1600		6500
5		9000	2500	4000	1280		6500
6		9000	2500	4000	960		6500
7		9000	2500	4000	640		6500

续表

时间	交货成本	收入	运行成本	债务	利率8%	剩余价值	净现金流
8		9000	2500	4000	320		6500
9		9000	2500				6500
10		9000	2500				6500
11		9000	2500				6500
12		9000	2500				6500
13		9000	2500				6500
14		9000	2500				6500
15		9000	2500				6500
16		9000	2500				6500
17		9000	2500				6500
18		9000	2500				6500
19		9000	2500				6500
20		9000	2500			3000	9500
IRR		22%		NPV （AT 14%）			7922

注:所有数字单位都为千美元。

　　船主的股本投资从4000万美元减少到了800万美元,余下的3200万美元则是依靠借贷。船主可以保持其投放给轮船的资金不是4000万美元,而仅仅为800万美元,这是因为金融机构,无论是商业贷款还是政府支持的船坞筹资,都能够提供总资金的80%。因此,投资分析也应当按照这一经济杠杆来进行。接下来的8年时间里,每年的分期支付额,或者债务的偿还额都应该是400万美元/年。如果债务的偿还是按每季度支付或者每半年支付一次的话,那么按8%计算的过往年份的余额就超过了实际的利率数额。

　　值得注意的是,从表14-1和表14-2中可以看出,投资回收率实际上是增加了的,虽然以投资、收入和成本的形式表现出来的经济情况并没有发生变化。原因就在于,80%的投资是按8%的变化比例进行筹资的,从效果上看,对股本业主来说就会产生总量为15%的投资回收率。这样一来,回收率实际上也会受到筹资性质的影响,这也就是为什么纯理论者始终认为投资应当单独按股本资金来进行分析的原因。

　　少量股本回报率的上升这一现象会引发自相矛盾的情况，即只占整个投资的少数几个百分点的股本投资所得回报可能会如同天文数字一般巨大。这其实是一种误导性质的分析，因为能够赚取如此高回报的本金当中其实很少考虑到公司必须偿还他人资金的那部分义务性的实质。如果某艘轮船仅有 1% 的股权，其他 99% 都是来自他人的资金，那么这 1% 的股本即使是产生了 1000% 的利润，也无法补偿一旦无法偿还高达 99% 的巨额贷款时所引起的毁灭性浩劫。此外，当轮船通过租约的实行获取等同于轮船全部价值的资金时，整个情况也会变得根本无法分析。现在，要计算回报率几乎就没有可以作为基础的股本投资了，但是却仍然存在着无法偿还租约借贷的风险。

参 考 文 献

[1] *The Cambridge Perspective*, June 1995, organized by the Cambridge Academy of Transport, Cambridge, England.

[2] *Anatomy of Ship Finance*, July 1993, organized by the Cambridge Academy of Transport, Cambridge, England.

[3] "*The Psychology of Markets*" in the Tanker Market Report of 1 March 1996, published by Intertanko, Oslo.

[4] *Listed in Lloyd's Shipping Economist* of April 1996, published by LLP, Ltd. , London.

15 单艘轮船的银行贷款分析

　　投资分析通常是在船主的指导下进行的,其目的是为了测算投资回收率的高低。而信用分析则是由某个机构来进行的,内容是在将资金作为资本或债务预付给公司前判断其是否具备信贷价值。本章以下内容主要就是围绕着一家打算对单艘轮船的筹资提供长期资金借贷的银行展开的。

　　在债务周转信贷中,银行家不会特别在意船主赚了多少,而是尽可能避免出现船主出现损失的情形。船主遭受损失的话就意味着可能无法偿还贷款。同样,银行家也不会关心贷款清偿之后轮船产生的潜在效益,而船主则不然,他会非常关注轮船在整个寿命期内的效益产生潜力,这将最终决定这艘轮船是否是值得投资。

　　在调查贷款请求的现金流预测情况之前,借贷官员首先会关注筹资活动的三 C Credit,Character,and Collateral 和五 P People,Purpose,Payment,Protection,and Perspective。这里的三 C 是指信用、声誉和抵押。而五 P 则是指从业的人、目的、支付情况、保护措施以及未来发展情况。所谓的从业人员和声誉是指借款人的名誉。将款项借给诚实且可靠的人,贷款偿还的可能性要比将钱借给信誉不好的人高很多。从借贷历史来看,就曾经有过先例,即有人曾经竭尽终生去偿还之前已经由于一些不利因素造成了违约的贷款。言出必行,并且如果必须经过二十年的酸甜苦辣才能保证所说每句话都纯洁无瑕,那么最好就这样做。像这样坚守自己的名誉在如今已经不那么常见了,不过,同样的,债务人遭受牢狱之苦也是过去遗留下来的。因此,不管是过去还是现在,借款人的基本品性在借贷过程中都是最重要的事。

　　保护措施和抵押主要针对的则是在利息和分期偿还资金无法按时支付的情况下,支持贷款成立的资产情况。保护措施和抵押提供的是应对贷款变成坏账的基本防御,而支付情况和信用提供的则是保证贷款将会偿还的基本手段。支付情况和信用不是保护银行家的防御机制,而是达成贷款的基本考虑因素。它们是构建贷款的基础。基础可能是牢固的,建立在能够抵御逆境的坚固磐石之上。不过，基础也可能只是看起来牢固，只要其所处的逆境不过是微弱的小风即可。

银行家们关心的是贷款的目的。如果某笔贷款是为了给赌场的环球巡回筹措资金的话，即便是其三 C 五 P 都合理，贷款也可能无法达成。五 P 中的发展情况则是与银行家相关的，即从贷款中退出并且在考虑是否值得这么做的银行家。例如，某位银行家正坐在椅子上听取某位想要为修建办公大楼筹措资金的业务员的讲解。银行家旋转着座椅，将目光投向窗外，注视着被在建办公大楼弄得乱七八糟的地平线。他将椅子转回来，看着眼前这位想要获得 100% 的资金，在借款人无法组织施工人员的情况下，用另一幢办公大楼来将地平线弄得更乱的未来借款人。在这种情况下，即便办公租金仍在高速攀升，继续这样的贷款又有什么意义呢？

合理的银行借贷基本原则就是把钱借给那些并不需要钱的人。看起来这很矛盾，但这的确反映出银行家们一美元当 100 美分花的实际情况。银行家以 OPM 的形式向船主借出的资金实际上对银行家来说已经是以个人、公司、政府及其他财务机构存款形式存在的 OPM，而这些人都希望能够以一美元兑 100 美分的比例收回这部分资金。因此，银行家借钱出来必须以借款人支付的每一美元兑 100 美分作为基础。银行能够承受的最大损失率是借与贷之间的利率差价，即运行成本净值。对于持有大笔贷款的银行来说，增加的资金来源也许是以现行汇率购买的来自伦敦或纽约资本市场的保证金，如伦敦银行同业拆放利率（LIBOR），将钱借给借款方该利率将产生 1.25% 的差价，其中有 0.25% 即为银行的运行费用。如果银行的贷款总额达到数十亿美元的话，这将产生一大笔收益。但是由此带来的最大损失则可能达到 1 个百分点。因此，贷款偿还的确定性对于银行家的生存来说就至关重要了，这也就解释了为什么将钱借给那些实际上并不需要钱的人更有意义的原因。

除此之外，银行家还会关心借款人的声誉以及这些声誉的确认问题。如果船主已经与其他银行建立起了借贷关系，那么银行家就有交易历史可以参考，并且很大程度上会影响到是否进行交易的决定。对船主在航运其他领域十分重要的个人关系，如与租船人、经纪人、船坞、供货商、人员供应机构以及海事保险机构等的关系，在其与银行家打交道时显然也十分重要。

假设某个银行家，他或她在回顾自己与船主的交易经历，或了解船主的运营情况和合同完成能力之后,就能够决定是否进一步继续,也就是作出关于租船人的信贷判断。如果租船人是大型石油公司的话,那么关于租船人的信贷价值就不需要过多的考虑。与租船人是否具备偿还租金的能力相关的信贷价值的关心程度与石油公司的规模大小成反比。如果租船人是一家小型石油公司的子公司,那么银行家就会对参与租赁活动的母公司和子公司之间的关系实质加以考虑。银行一般都希望得到某种形式的保证,即母公司会为子公司承担相关义务。这种担保可能不是直接的保证,而可能是由母公司承担某种义务的方式进行,即在租约期间子公司保证有确定的流动资金,且母公司对子公司保持所有关系。

有时候租船人不一定是石油公司,而可能是期望通过加入租约来锁定其运输成本的贸易机构。由于贸易公司不像石油公司那样拥有对抗金融风暴的足够资金,因此这种情况下更应对租船人的信用价值进行仔细调查。贸易公司通常会在其基本业务中参加一系列交易活动以获取在石油行业内的地位,因为石油行业可能威胁到他作为租赁人的存活能力。或者,贸易公司在交易时以一种看似合理的水平锁定运输成本,他可能会随着时间的推移渐渐开始后悔当初所作的决定。对于贸易公司来说,租赁活动的经济价值取决于现货市场。当现货市场的价格比租约中同等运费高的话,那么贸易机构为了自己的利益,一般都会选择使用该艘轮船。由于采用了价格低廉的运输方式,这种贸易机构就可以通过进行交易有效地击退其竞争者。当然,所有这些都会随着现货市场的衰退而发生变化。当现货市场衰退时,定期租赁就会从竞争优势转化成为劣势。其他有些贸易机构则利用了低廉的现货市场运费来抢生意,因为前面提到的那些贸易机构是与昂贵的运输费用挂钩的。对于租赁人而言马上退出市场的诱惑是很强烈的——特别是如果法律义务要求公司偿还定期租赁费用的话:也就是说,贸易公司很容易就被剥去了保护的外衣。

贷方也必须警惕与其合作的租船人是否是一家航运公司。如果航运公司使用的是现货市场的船只,那么此次租赁的价值就很值得怀疑,情况就不同于交易中有两位船主进行担保支持的情形:其中一位作为船主,而另一位则作为租赁方。要求进行定期租赁的子公司必须从属于要求贷款的同一家航运公司,这样贷款才可能达成。子公司在现货市场对船只进行运作。将钱借给船主,要求将船只在现货市场进行运作,或者是将租约包给船主的另一家在现货市场运作船只的子公司,这两者之间又有什么样的区别呢?

15.1 信 用 评 估

假设关于筹措贷款的必要性方面存在着各种各样的困难,那么对船主、租船人及其他方面进行的信用评估及其实质的重要性实际上已经超过了对交易本身进行的信用评估。现在唯一适当的做法就是来看以下的数据。在查阅上一章表 14 – 2 中的现金流动情况时,银行家还应当考虑早些年现金流动短缺的情况。这说明了经营风险与财务风险之间的关系。经营风险是指租船人背离了租赁合同,或者是指租约时期结束之后的市场低迷情况。经营风险一般来说是不会发生变化的。但是由抵押违约引起的财务风险则会随着债务杠杆或与之配套的系统的匹配程度不同而增加。随着经济杠杆作用的加强,假设很少有援助能够抵御不可预知的费用的话,那么在债务清偿变得困难之后,现金流动情况会逐渐放缓。在空船租赁当中,定期租赁的租金是得不到保障的。如果船主可能遭遇到经营困难,定期租赁的租金有可能减少,这样会使船主陷入困境,降低其按照贷款协议偿还债务的能力。或者,运行的成本可能会高于预计情况,这同样可能减少用于偿还债务的可用资金。无论哪种情况,表 14 – 2 中租赁早年的现金流动情况并不能提供多少保护银行家减少损失风险的方法。

这种情况可以通过减少债务量的方式来解决,就船主而言这样可以增加股本投资。银行都很愿意船主在航运事业中占据相当的份额,这样既可以减少银行的风险,同时也可以确保一旦事业出现危机船主能和银行家同病相怜。百分之百的全额筹资会增加银行损失的风险,其实原因就在于即使生意失败,船主没有什么可损失的,最多只是名誉上的损失。责任应该公平地分摊,这样才能激励船主采取所有可能的措施来保护资金方面遇到问题的事业。

在五年为期限的租约以及贷款期限为八年的实例中,而且早年过剩的现金流缓冲资源相对贫乏(事实上,在第一年内只有很少一部分负现金流),节俭一点的银行家可能会坚持要求筹资的数额限制在五年之内,并且每年的财务支出必须由盈余现金部分支付。从财务上说这可以通过考虑改变贷款数额和支付期限来实现,直到贷款的构成满足银行家的期望。遗憾的是,这样并不能满足借款方的需求,他在了解了银行家的谨慎本性之后可能会扩大筹资范围寻求其他的富有贷方。

从银行筹资是一项具有挑战性的事。1993 年,商业银行发放了价值高达 400 亿美元的航运贷款[1]。最大几家银行分别如下所列:

(1)美国:花旗银行、大通银行和银行家信托公司。

(2)英国:米兰银行、巴克莱银行和皇家苏格兰银行。

(3)挪威:挪威国家银行和克里斯蒂安尼亚银行。

(4)德国:德意志 schiffarts 银行和汉堡州立银行

(5)法国:苏伊士印度银行和巴黎银行。

(6)香港:香港和上海银行。

其他活跃于航运业的银行还有加拿大的新斯科细亚银行、Nedship 银行(荷兰)以及位于希腊、瑞典和日本的银行,如日本工业银行和东京银行等。

和银行业的任何一环一样,借贷官员也不能完全凭自己的喜好来建立任何贷款条件和期限。银行的利润以及借贷官员升职的可能性都取决于发放贷款,而不是拒绝贷款提议。如果借贷官员有意促成一笔贷款,那么贷款建议书中的期限和贷款条件可以做一些改动,而不必过分地依赖于银行的借贷标准。成功银行家的高明之处就在于发现风险可能与责任范围之间的恰当平衡点。少数银行家已经签订了大量价值不确定的贷款责任书,并因此凭借其近期获取最大利润的能力得到升迁。他们可以将随后出现的贷款损失责任完全推卸到现在对贷款负责的人肩上,即递补他们职位的人员。

银行家还应当考虑船只在初次租约期末时的最小剩余价值问题。假设我们可以证明在后半个世纪一艘建造时间已有五年的轮船的剩余价值绝不可能低于其刚建成时价值的 25%。那么可能银行家提议的贷款数额以及偿还期限的基础都应当是租约期末未偿还贷款量不超过轮船价值的 25%,或者在这个例子当中,价值约 1000 万美元。

五年的租约期末由借款方支付的这 1000 万美元被称为支付尾款,即最后一笔特大数额付款。这笔付款足够可以偿还完贷款。由于借款方有义务在到期时还清这笔尾款,因此只要船主能够获得能证明再次筹资可行的另一次租赁的话,银行家通常会为其再次筹措一次尾款。不过银行家们没有义务再次筹措尾款,并且在法律上有权坚持到期时收回这笔款项。尽管轮船的评估价值通常都会超过尾款数额,但这并不意味着轮船就能以这样的价格或者任意价格出售。当市场前景暗淡无光并且轮船的销售情况实际上已经停止的时候，不少航运公司都发现依靠尾款在航运的大好时机扩大船队的做法最终被证明是财务上的定时炸弹。因为此时轮船无法卖出，尾款无法筹到，曾经友好的银行家也不会再像以前那么友好，因为取消抵押品赎回权还必须有一个过程。

15.2 贷款条件

我们首先假设贷款的数额和期限是由船主和贷方商讨确定的。贷方现在期望通过贷款条件来保护自己的地位，以防止在贷款达成之后贷款的信用基础被破坏。如果船主不按租约履行其义务，那么租船的一方可以取消此次租约，这也是偿还贷款的最基本方式。或者，租船人就可能面临破产，或者是通过解聘签署租约的子公司的方式来摆脱租约的束缚。

尽管船主在租船人突然提出取消租约的时候享有法律上的追索权，但是贷款的清偿仍然需要完成。船主，而不是租船人，有义务缴纳清偿债务的各项费用，而这部分费用可以通过将租约转让给银行而获得担保。如果手上没有租约，船主就必须筹措其他的现金来源来还清债务。不过，船主有可能或者有时候不情愿继续履行债务责任。当财务支出中止或者无法完全给付的时候，贷款实际上就违约了。对付违约的首要防范措施就是寻求贷款担保，也就是轮船本身再加上施加给船主的各项义务，从而确保每期付款和利息的及时支付。人们不免要怀疑，当出现违约时，轮船本身的价值并不能完全代替贷款未支付的余款部分。如果能够代替的话，既然可以把轮船卖掉还清贷款，就不可能还有什么问题了。

航运业当中贷款的典型担保支持是指以下几种情况：

（1）本艘轮船的首要抵押地位。

（2）转让给银行的租约租金——银行从租船人那里获得支付额，从中扣除财务费用，并将余额划入船主账户中。

（3）当发生轮船失事时船身保险收入的转让，银行将从这部分款项中扣除全额偿还贷款，并将余额划入船主账户中。

（4）将其他轮船保险收入，如将国家政府征用费用进行转让。

（5）一般法人担保和兄弟企业提供的横向担保，由其他轮船提供的第二或第三位抵押地位，或者是将轮船所在公司的股票进行转让。

（6）抵押权人的获利以及有可能的话，还包括租金保险损失部分。

抵押权人利益保险（MII）可以在轮船遭遇到可能由船主的船身或

P&I 保险赔偿的损失或者破坏的时候保护抵押权人的利益。但是,以上情况并不包括责任在船主一方时发生的不当行为、失误或者不作为,这几种情况下保险商是可以不兑现保险承诺的。例如,船主可能没有按时支付船身保险的保费,这样就会使出现损失时保险政策失效。MII 保护的是银行在轮船上的利益,而不是船主的利益,尽管船身保险单仍然有效。

　　向银行家提供额外保护的另一种可能性是让船主购买损失雇用保险。当轮船无法维持效力状态,因而船主遭受到过多的租约中止损失时,这种保险可以向借款方提供保护,并减少定期租赁的支出金额。用于支付这种偶然情况的损失雇用保险是十分昂贵的,并且不是随时都适用。借款方不会依赖船主所购置的 MII 和损失雇用保险保费,因为船主一旦拒付的话,那么借款方就无法得到相应的保护。银行会支付这笔保费,随后由借款人来进行偿还。

　　仅拥有一艘轮船的公司的法人结构设置目的就是为了限制出现轮船损失时船主的责任。突破关于溢油污染责任的障碍,这种做法被认为是通过保护船主免受超过轮船本身价值的责任追究的方式破坏单艘轮船公司整体性的第一次成功的突破口。不过,银行家在借钱给单艘轮船公司的时候,却并不希望看到船主的责任受到限制,尤其是这样的责任事故出现在他的贷款上时。银行家们很早就期望通过获得单艘轮船公司之间相互担保的方式,或者可能的话由母公司出面为各家公司承担金融义务担保的方式来突破法人障碍。另外,银行家们还努力想获得船主的个人担保,这样可以保证其良好的名誉和健康的运作,而这种情况也多发生在单艘轮船公司上。虽然这看起来并不完全符合通过使船主责任范围高于轮船价值本身的方式来突破法人障碍这一概念;不过,任何一家单艘轮船公司的船主都不可能不为他人承担丝毫严重后果而逃避自身肩负的各项金融义务。

　　银行家会将第二、第三和第四抵押权置于同一船主船队当中的其他轮船上,从而确保银行家们对所投资轮船的控制地位。如果第一抵押权持有人同意的话,第二、第三、第四以及更多的抵押权也可以都置于同一艘轮船上。例如,如果第一抵押权持有人不允许的话,那么第二抵押权就不能置于这艘船上。但是,就如称谓所包含的那样,第二抵押权总是出现在第一抵押权之后的。因此,第二抵押权持有人不可以在不经第一持有人同意的情况下超越第一持有人的任何权利。这就是说,除非第一抵押权持有人的利益得到满足,否则第二持有人得不到任何利益;即必须要等到第一抵押权得到赔付之后才能行使自己的权利。随后第二持有人就跃升为第一抵押权持有人，并享受所有因此而来的权利和各项特许政策。第二抵押权的价值取决于第一抵押权赔付之后轮船所剩价值的大小。而第三抵押权持有人随后则升级成为第二持有人，同样在得不到第一持有人许可的情况下无法行使任何权利。银行通常会将第二抵押权的地位转让给其他银行，只要其作为第一抵押权的各项权益不受影响即可。此外，在将第二抵押权转让给其他银行时，银行家们都期望他们对于第二抵押权的各项要求能够得到其他银行的尊重。

贷款的另一项条件是，船主应当将单艘轮船公司的股份交给银行。如果股份是以凭票即付形式发行的话，这一点显得尤为重要，而这种发行方式多见于方便旗国家。不记名股票就意味着，无论是谁，只要持有股票就能拥有轮船的一部分。将不记名股份交给银行可以防止船主抛售或任意处置股票，并且，这样做还能切断船主与银行投放贷款的那艘轮船之间的联系。以上种种不同的处理方式可以保护银行抵御违约的风险，银行始终享有牢固的地位，能在必要时采取法律手段对付船队的行动。这样做也使得船主千方百计采取措施避免违约情况的发生。

15.3　司法管辖权

抵押权必须在轮船所在的国旗国家注册并取得合法地位。为陆地资产进行筹资，如一家工厂，可以提供清晰的法律鉴定结果，即当出现违约时哪一方享有司法管辖权。但对于轮船来说情况就不一样了。因为轮船可能很少或者根本不停靠所悬挂国旗的那个国家，对于方便旗国家来说更是如此。这样的话要行使扣留权或者由以下人员提起诉讼就十分困难，这些提起诉讼的人可能是抵押权持有人，其他未得到赔付的人员如燃料供应商、轮船经销商、船员以及救援队员，等等。

司法管辖权可能是属于轮船注册的国家，可能是轮船被扣留的国家，也可能是出现诉讼的国家。每个国家都有自己独立的一套法律系统，在裁决海事扣押事务时掌握着不同的标准，并且在分配诉讼的优先等级时方法也各有不同。例如，在美国和在英国，针对诉讼的优先权[3]而言，抵押权持有人的优先权就大不相同[2]，如：

（1）船员未得到报酬，出现生命损失及人身伤害。

（2）救援、拖曳、领航、港口收费以及扣留费用。

（3）搬运工、供应商以及修理厂。

（4）由轮船造成的破坏或货物出现损坏。

（5）共同海损,船舶抵押契约,由发货人、租船人以及代表船主的代理人进行的款项支付。

（6）租约和所有权出现争议。

（7）抵押权违约。

以下几种诉讼享有一定的优先权,即扣留费用、救援诉讼、船员酬金以及轮船碰撞损失诉讼,这些诉讼相对于抵押权扣留来说具有一定的优先性。但是这也会随国家的不同而不同。例如,抵押权扣留在美国的优先权就高于英国。另外,单个诉讼的优先权取决于同一诉讼类型中该诉讼相对于其他诉讼而言提出时间的早晚。因此,银行最关注的事就应该是诉讼生效过程中关于扣押轮船司法裁定是否生效以及诉讼的优先权问题。某些船主在与银行和供应商之间出现麻烦的时候,都知道将轮船驶入如阿尔巴尼亚等国家的港口以逃避扣押。几乎没有债权人会扣押停靠在阿尔巴尼亚的轮船,或者是依靠阿尔巴尼亚的法律来解决他们的争端。当然,轮船不可能在完全没有扣押风险的情况下进入西欧港口的商业交易。

如果船主由于未完成自己的分期付款义务而造成违约,并且没有其他索赔的话,或者银行已经协助解决了索赔问题,那么银行就可以收回轮船上的私人财产。银行也可以选择自行运营这艘轮船,这通常是通过银行开办航运组织来实现的。另外,银行也可以与其中的一位船主委托人一起加入轮船管理协议。银行还有一种选择就是,当自己拥有轮船的时候也可以自行安排私下销售;当然,与船主委托人一起进行是比较合理的做法,通常还伴随着其他有吸引力的再筹资措施来作为吸引销售的刺激因素。为了避免或尽量减少账面价值的降低,银行还可能尽力以再筹资条款来引诱非银行委托人。银行所能采取的最后一种方式,就是公开拍卖该轮船,但这样又会给银行带来关于航运坏贷款的不良名誉,并且可能对贷款中尚未被销售进行所得款项赔付的部分造成直接的贬值影响。

银行在按照贷款和约行使自己权利的时候必须仔细选择扣押轮船的地点。不过,轮船由于自身的财务责任而拖欠银行款项的话,可能也无法支付其船员薪酬和供应商的那部分款项。如果是这几方提出扣押船只的话,那么具体的扣押地点选择权则在他们手中,而不归银行所有。一旦实施了轮船扣押,其他债权人也必须立即采取行动,这是因为提交索赔的时间先后会影响到他们最后的索赔优先权。优先权的重要性就在于销售轮船所得收入是按照优先权顺序依次进行赔付的。当位于第一的索赔得到赔付之后,接下来的拍卖销售才会考虑满足第二位债权人的索赔。当然,第三位债权人的索赔就应当是第二位得到赔付之后才能进行,如此下去直到所有销售所得支付完毕为止。如果剩余款项仍然不能满足所有同一类索赔的话,那么就只能按照优先权顺序来进行,这通常就和提交索赔的时间先后有关,直到花光所有拍卖所得款。顺序靠后的债权人还有可能什么都得不到。

15.4　贷款的提议和贷款成立之间经历的手续

与租约的提议相类似,贷款的提议也很简单直接。标准的贷款提议可以确定财务安排的类型,确定借款方、货币种类、贷款数额、贷款发放计划、偿还计划、利率和偿还日期、首选的分期付款和保险购置等安全措施,以及租金水平,等等。其他内容则包括借款人的各项费用支付责任,分别包括法律费用,大约占贷款总额1%作为劳务费支付给银行的贷款安排费用,占贷款未获利部分0.5%的委托费,以及如果将贷款进行联合的话所需的保险费。

轮船建造过程中建造贷款资金的工程进度付款以及委托费都是按照尚未发放的贷款部分进行收费的。银行提供了建造贷款之后仍然提供永久性筹资的情况也不少见。其他比较典型的贷款条件则是借款人的款项支付免收税金并免于其他形式的财产扣押,且借款人还可以公开银行的营业账户,等等。在贷款的提议阶段通常不必具体地指明各项条款和条件,但是必须留有充分的余地用于补充日后的各种条件,如贷款的市场价值要求、担保以及其他需要预先提醒借款人的事项。

如果最初的贷款提议得到了借款人的同意,下一步就应当时起草正式的贷款提案。贷款的正式提案通常还需要提交一系列"先决条件",如果这些条件得不到满足,银行很可能取消所接受的贷款委托,不再进行进一步的贷款事宜安排。这里所指的先决条件有可能是要求对轮船进行全面检查,以确定其物理状况能满足借款人的标准。如果该条件不能得到满足,那么银行家完全可以不接受贷款提案,并且不负任何法律责任。其他先决条件还包括由第三方进行轮船价值评估,从而确定轮船没有任何其他负债并且进行了正确的注册登记,检查船主海上航行及岸上操作的表现情况,获取贷款涉及公司的所有权及运营状况方面的法律意见,并确认所需各项保险均已就位。如果在银行和预期的借款人之间没有其他优先关系存在,那么贷款的先决条件就可能是公司的发展历史,重要资产和债务详细情况,船队情况表,其中包括轮船描述、租约情况、筹资、现金流规划、三年内上级公司和航运子公司的财务审计情况,以及租船人与其他银行机构的联系情况参考列表,等等。

贷款提案中材料如果出现相反的条款内容,那么借款人可以以违背船主利益的理由中断贷款的提出。借款人财务条件中与最后一次提交给银行的财务报告之间存在的最大不同之处——比如其他轮船重要租约的取消,潜在责任可能使船主继续存在都受到影响的溢油污染事故,或者对船主采取的法律行动可能造成严重后果的——这些不同之处都应当作为原始资料发生逆转变化来进行分析。并且,这些变化都有可能中止贷款的进行。

15.5 贷 款 协 议

贷款协议是由放贷人建立起来的,用于保护放贷人自己的利益。标准的贷款协议赋予借款人权利,在第二抵押权人或其他方扣留轮船之前可以拒绝接受。这样就能保护第一抵押权持有人的利益。能保护放贷人及船主商业利益的贷款协议还包括限制船主所获利益、变卖资产和控制权的转变。确保贷款人持续偿还能力的贷款协议则限制了贷款人的整体负债情况,并建立了最小现金流和资产——贷款价值标准。保护贷款人权益和流动资金基础的贷款协议中包含了最小净值标准和关于红利支出的限制。但所有这些协议都是借贷双方协商达成的。通常来说,随着预料中的风险提高,放贷人就贷款协议而言向贷款人所要的内容更多。对于所有的贷款来说很多贷款协议的内容都是常见的,因此也就无须进行协商,比如为轮船设定抵押权,与放贷人签署租约等内容。另外,还有一些相反的协议,在这些协议中贷款人承诺不通过其他交易来妨碍单艘轮船公司的财务运转,不向其他方发放贷款或进行财务担保,不为超过指定数额的花费提供资本基金,除了享有轮船的所有权和运营权外不再从事其他业务,不与其他公司进行合并,并且不擅自处理其股票。

　　银行或金融机构向贷款人发出的正式公函中包含很多要素。引言部分中可能包括前提条件或要求，比如经贷款人同意的正式通告，达到放贷人满意的所有法律文件的完善，包括接受放贷人提出的各项条款条件的最后期限，等等。贷款人则需要指明其他可能参与人员、贷款的目的、数额、货币种类和贷款周期、贷款发放时机、利率、协议以及先决条件等。其他关于贷款人的事项则包括管理责任额承诺费用、法律方面的开销和税收、偿还及预付条件、贷款的安全方面细则，以及担保问题等。

15.6　互惠信贷和纸上轮船贸易衍生物

　　很多轮船的筹资都采取的是浮动利率，并且通常与伦敦银行提供的利率密切相关。这就使得船主们有可能面临高利率的风险。如果轮船的筹资方式是按照定期租赁进行的，那么其收入、推测的运营成本以及债务偿还进度等都是相对固定的。利率的升高能剧烈地改变主要通过债务方式筹资的高资本投入轮船现金流动情况。从历史上看，其实船主几乎不能采取什么措施来保护自己不受利率升高的影响。现在，交换利率很轻易地就被纳入到交易当中，并且会将浮动利率转变为固定利率。船主从利率交换订约方（一般是商业或投资银行）那里可以获得利率交换的报价情况。船主和利率交换订约方会就覆盖全部债务的假想数额的固定利率达成一致。只要参考的浮动利率，如伦敦银行同业拆放利率即 LIBOR，低于指定的固定利率，那么船主就必须向利率交换的订约方支付固定利率和浮动利率之间的差额。如果浮动利率高于固定利率，那么这部分差额就应当由利率交换订约方支付给船主。二者之间货币数额的变化即为利率差额乘以假想的交换总额。假设假想总额为 1 亿美元，而一年当中平均浮动利率为 6 个百分点，固定利率为 7 个百分点，那么船主就应当向利率交换订约方支付的金额为 100 万美元。而如果平均浮动利率是 8 个百分点，那么反过来应当由订约方向船主支付 100 万美元。

　　开始进行浮动利率—固定利率交换的时机一般是利率相对较低的时候。但是对于船主来说却难以这样做，这是因为加入到利率交换之后可能会提高当前利率。很自然地，如果随后利率又下跌的话，那么有人可能会认为这是一种投机行为。当对利率交换的需要已经很明显的时候，船主希望寻求利率交换保护的话，用于最终商定固定利率水平的利率交换成本又会相对较高。此外，利率交换的范畴不可能延伸到保护整个贷款的周期。

货币交换可以在货币兑换率发生反向变化的时候保护船主的利益不受影响。尽管大多数航运业务都以美元作为基础货币,但仍有不少船主最终在船坞筹资的时候使用的是日元或德国马克。同样地,可以通过一系列包括货币交换在内的手段来减少或消除货币兑换率反向变化造成的不利影响,从而达到对船主的保护。与其他任何形式的交换一样,船主实际上是牺牲了可能保护他在兑换中所获利益,来防范可能对他的利益造成损害的不利货币兑换率。

尽管船主可以保护自己不受反向利率及货币兑换率的影响,但他却几乎无法采取什么措施来改变运费的逆转变化。从历史上看,如果船主发觉现货汇率可能会降低,他可能就会参与到相对长期的租约当中,以保护其未来的收入情况不受影响。如果确信现货汇率会上涨,那么他可能就会终止当前的常期租约,并且不再签署新的租约。如果不这样做的话,船主的利益就只能听天由命,任由市场摆布了。

散装货运的船主则有机会保证其收入来源。波罗的海国际运输期货交易(BIFFEX)按照波罗的海运费指数(BFI)来进行期货交易。BFI 的当前值可以通过混合 11 笔干散货交易来计算得到,而这些干散货交易的内容一般是指谷物、煤炭和铁矿石,并且运量应当达到散装货运轮船级别中的两大主要吨位等级[4]。当前的指数值是通过 8 位经纪人组成的小组确定的,其中每个人会就每种计算途径提出自己的报价。去掉最高值和最低值之后将剩下的数值平均后得到最终的取值。BFI 中的期货贸易是由租船人和散装货运船主以及投机商促成的。BFI 期货合同的价值取决于买卖双方的供求关系,而最终的交易价格则在当前的 BFI 合同基础上以附加费用或折扣的形式进行。当 BFI 期货在某一指定日期到期时,买卖双方就会利用 BFI 合同的当天市值作为清算价来结账。

这种方式就可以使租船人和船主都免受航运价格波动的影响。租船人,这里主要指谷物交易所,他们会参与到从出口商那里购进谷物然后卖给进口商的交易中来,而最终所获利润完全取决于未来的航运价格。如果在达成交易和实现谷物的真正运移之间的时间间隔内,航运费用出现了上涨态势,那么租船人就会面临损失的风险,或者至少收入会减少。谷物交易商一般都会在签署交易的时候购买 BFI 期货合同,通过个人保护其利润率。如果在签署交易和货物运输实现之间出现了运费上涨,那么期货合同中所获的利润就可以用来弥补额外的航运成本。如果在这中间航运费用降低，那么期货合同中的损失又可以通过低廉的航运成本得以弥补。因此，谷物交易所就可以通过 BFI 期货来锁定利润率保护自己的航运生意不受影响。

如果租船人想要通过购买期货来保护自己利润率的话，那么必须有卖家的存在才能实现。BFI 期货的卖家一般是轮船船主，他们则期望航运运费不要下跌。如果船主售出 BFI 合同而航运运费下降的话，那么轮船航运所带来的损失就可以通过销售 BFI 合同来补偿。如果，情况相反，航运运费上涨的话，销售合同的损失又可以通过航运利润来补贴。因此，船主就可以稳定自己的收入情况，代价就是前文所述的销售 BFI 合同的期货收益。BFI 合同市场的流动性在有投机商参与的情况下可能会得到进一步提升，而投机商不同于货运船主和谷物交易所，他们并不希望防范风险，而是会积极地通过买卖 BFI 期货来寻求风险从而赚取潜在的财务收益。这些金融衍生产物不会减少总体风险，而是将风险以最适合各自需要的方式分摊给了买卖双方。当需要通过买卖这些金融衍生物来保护自身利益时租船人和船主是风险互相敌对的两方。投机商不会与以上两方存在敌对关系，而是会寻求贸易利润并承担风险。

曾经为油轮开创保护项目的努力最终归于失败，而失败的原因部分地归咎于石油公司，因为石油公司与谷物交易所不同，他们没有看到保护油轮运费的需要。他们认为油轮的运费只是原油运输成本的很小一部分。石油方面的保护措施可以带来很好的经济效益，但是却无法保护整个航运业。市场无法独立于买卖双方而存在。如果石油公司愿意购买全球范围的期货合同的话，那么船主的期货就无法再兜售给除投机商以外的其他人了。但是投机商又需要一定的深度市场流动性来达成自己的交易。市场中必须有足够的空间让投机商迅速有效地进出，并且不会对市场价格造成过分的影响。如果主要参与方拒绝进入的话，那么为了保护油轮运费而诞生的市场就不可能有足够的深度来提供必要的流动性。石油公司过去不愿意参与进来主要是受低油轮运费的影响。在运费上涨可能性基本为零的时候为什么还要对低迷市场进行保护呢？当油轮市场不再疲软的时候，也许那时石油公司就会对运费保护彻底改变想法。

在汽车贸易不会与全球散货运费搭上关系的情况下，另一种金融衍生物就是纸上轮船，但是必须指明油轮及散装货轮的类型和规格，这样才能成为纸上轮船贸易。其实在一定程度上，这种贸易形式已经出现过，但是都是以两方之间私下交易的形式存在。1996 年，四人投资公司首次进行了油轮交换,并且相互对立的几方——租船人、船主和银行——都能够参与到油轮交换中来,比如从中东到亚洲的 25 万吨油轮、西非到美国湾的 13 万吨油轮、中东到日本的 55000 千吨油轮、加勒比海到美国湾的 30 万吨油轮以及其他油轮交换合同。这种交换是完全的纸上交易,不涉及具体油轮的任何实质性运输任务。这种交换可以一直进行到油轮运费按照伦敦油轮经纪人委员会指定的水平为止。

当然,这种交换是否成功目前尚无法知晓。如果这样的交换能够带来足够的利润,那么对于租船人和船主来说,要将成本和收入分别固定下来总会有一种方法,并且总会有一种方法使银行和金融机构保护借款人不受现货市场的过分影响。如果油轮贸易能够交换,或者纸上轮船贸易能够发展成为界定明确的实体企业,并且能够在官方汇率的保护下公开交易,这样才可能真正为所有参与各方服务。油轮交换或纸上轮船只有在船主和租船人达成共识,即认为这两种方法真正可以成为保护轮船运费不受逆向变化影响的有效工具的时候才可能成为现实。如果船主和租船人都积极地参与到有众多投机商同时存在的保护运动中时,并且投机商们愿意参与"你期望成为船主"的游戏,市场的深度和流动性也能够得到提高。

参 考 文 献

[1] *Anatomy of Ship Finance*, July 1993, organized by the Cambridge Academy of Transport, Cambridge, England.

[2] *The Cambridge Perspective*, June 1995, organized by the Cambridge Academy of Transport, Cambridge, England.

[3] *International Convention for the Unification of Certain Rules Relating to the Arrest of Sea – Going Ships*, 1952.

[4] *The Cambridge Perspective*, June 1995, organized by the Cambridge Academy of Transport, Cambridge, England.

16 中间筹资、租赁筹资以及产权筹资

中间筹资可以被视为是介于产权筹资和债务周转信贷之间的混合筹资方式。当交易的结构中不含有传统银行借贷行为中的风险利润时，就可能出现中间筹资这种形式。通常来说，中间筹资一般附属于其他贷款活动中。船主们采用中间筹资的方式来减少股本投资的份额。附属于其他债务关系的中间筹资在借贷之间要求有更大的差额，以及股本产生的原动力，从而弥补更高的违约风险。股本的产生可以有很多种形式，包括股票、股票期权、担保，或者基于船只剩余价值的索赔，等等。股本的产生随着市场状况的不同，发生的可能性也有所不同。例如，在中间筹资过程中，借贷方在贷款清偿之后可以在剩余价值高于合同规定水平时拥有其25%的所有权，而在剩余价值低于规定水平时拥有50%的所有权。

中间筹资中较大的利益空间和股本的产生并不能减少风险水平。参与中间筹资的金融机构都将支付风险债务，并且其未付款金额一般都高于传统银行投资可接受的程度。剩余价值中船主的利润，或者在违约状态下船只所有公司所持有的股票则可以用来支付借贷方的不确定利润。由于借贷方接受了传统银行投资无法接受的高风险，因此在中间筹资中股本的产生可以提高借贷方的获利水平。

16.1 租赁筹资

租赁筹资几乎在轮船的整个寿命期（20 年或 25 年）内能为其提供100%的资金保障，并且通常以从一方向另一方转让税收收入的形式存在。悬挂方便旗的船主由于未缴纳税款因此不享受任何税收减免权利。而悬挂本国国旗的运营商则有有限的能力从主要航运资产中减少部分税收损失。不管哪种情况，与轮船相关的税收收入由能够马上采用税收减免部分来减少纳税额的一方来使用更为合理。

　　在美国,以税收作为杠杆的租赁筹款方式经常会依赖于第六契约为大部分美国已建船只筹措资金。所谓的第六契约是指由美国政府担保的长达 20 年或 25 年的政府借款,其利率与美国政府同期证券加上保证收益率相当。出租人,即船主的产权要求必须相应的税收规范,以确保税收的减免能随利润同时发生,并且,有了这样的产权要求,出租人可以选择产权和债务的最佳组合模式从而使其产权产生的回报最大化。包含在租金当中的潜在利率可能会低于国债的利率。这也正好反映出税收减少的实质,即加速减免之后产权所有人实际上缴纳的税金减少了。

　　由于以税收作为杠杆的租赁筹资方式其构建目的是为了确保税收损失带来的利益增长能够增加股本的参与,各种租赁筹资中实际上包含了很多会使承租人,即航运公司难以终止或转让租借权的条款。出租方通常会要求船主即承租人签署长达 20 年或 25 年的空船租赁协议,并要求最终用户没有任何信誉问题,或者承租人本身就是最终用户。如果要改变使用方式,即转变成购买形式,那么终止租赁的费用中就必须包括缴纳给出租方的潜在税收部分,因而在租赁的早期这部分费用是非常昂贵的。

　　不过,尽管租赁筹资的条款有这样的硬性规定,许多美国建造的 LNG 货轮仍然是通过美国的租赁税收杠杆来筹资的。近年来,第六契约也进行了一些修订,以允许非美国运营商也享受为期 25 年的政府担保信贷,来应付船队扩张的支出。这使得人们转而向美国造船厂提交商业轮船定单。这些商船是在第六契约下运营的,而不是税收杠杆信贷。对于船主而言,第六契约相对来说更有吸引力,这是由于缔约方在航运公司陷入困境时可以将美国人视为自己的担保人。这样一来,利率息票,包括第六契约中的担保金对于船主来说就不再是沉重的经济负担了。享受到这一优惠的船主们对 20～25 年的长期协议感到十分满意,相对于传统的 7～10 年的银行借款来说这种方式更符合轮船的利润产生能力。将第六契约中相关内容修订为允许将轮船出售给非美国航运公司,以及由此带来的美国造船厂在世界市场中产量的提高,使得美国商船制造业获得了重生。自共产主义失败之后,美国和苏联的造船厂都积极地寻求商业合同以弥补军用物资衰减带来的利润损失。

　　其他国家,如英国,则对税收杠杆借贷计划进行了重新编撰从而将更多的利益带给英国各家企业。挪威的 K/S 公司则将大部分税收减少额转嫁给了高收入的个人,作为应对接近于被没收的高税率的避税方式。软通货则转变为税收储备,并以信贷作为杠杆提高了船只的收益。个人可以通过硬通货投资来占有轮船20%～30%的价值,剩余部分则通过银行贷款的方式筹措,但是仅能获得基于全部轮船价值迅速贬值之后的税收利润。尽管参与进来的个人投资已经通过K/S公司减少了部分税收义务,他们仍尽力希望能以有限的收益能力对轮船进行投资。由于投放给这些轮船的硬通货投资中的股本部分是由软通货以减少税收的方式提供的,因此轮船的运营情况并不足以产生足够的资金来偿还背负的债务。K/S参与者不得不继续向K/S公司投入硬通货,或者真正的货币,来保持正常运营。与K/S公司糟糕的合作经历以及1992年的税制改革最终终止了航运业的这一资金来源[1]。

此时可以获得来自租赁、融资公司的更长期限的资金,这部分资金比商业银行能提供的数额都高,如丹麦轮船信用基金、KFW(德国),以及旗下在挪威、美国、英国、荷兰及日本的分公司[2]。航运业的另一个资金来源则是轮船资产基金。这些基金建立的目的就是履行某些决定性的职责,如在二手市场购买6艘大型原油轮之类的行动。他们通常会有一个预定的时间,通过出售轮船和处理股票持有者的收益来关闭某些公司,一般是5年或者7年。在这一时间内,这些公司在运营船队时会有一些相应的限制,并且不得从事交易活动。

16.2 航运贷款的证券化

证券化在住房抵押、信用卡支付以及与汽车、飞机相关的金融工具中已经得到了成功的运用。证券化向参与者极大地扩展了以资产和票据方式在市场中的占有程度。比如说,传统的住房抵押投资方式通常是家庭积蓄、互助基金会,或者是依靠自己节约。但是通过证券化,个人也可以通过购买代表大批住房抵押的证券这一方式参与住房抵押。如果某个个人购买了单个的住房作为投资,并且房主不履行相关义务,那么投资者就将蒙受巨大的损失。而通过购买大批住房抵押的一小部分参与权,偶尔一次的违约则仅会带来很小的财务方面的影响。

住房抵押开始于从银行获得抵押的房主,参与抵押的银行可能是商业银行,也可能是储蓄账户。房主定期向银行缴纳按揭款项和对应的利息,就好像银行持有住房抵押一样。不过,银行不会占有住房的抵押,而是以收取抵押款项的方式来服务于住房抵押者。住房贷款当中的一小部分将被银行保留下来作为服务费,剩余的一大部分抵押款则会转移给一家财务中介,即从银行购买抵押权的中介机构。反过来,该中介机构则会将抵押集中,并通过保险商来将集中后的抵押住房以证券形式出售。这些证券的购买者就可以得到由房主支付的全部抵押贷款。因此这些证券是可以自动偿还的,当所有住房抵押都全部还清之后,这些证券就不再具有任何价值了。

证券持有人最终得到的抵押金可能并不像最初预期的那么多。住房抵押贷款的预付有可能发生在汇率较低的时候或者住房售出的时候。抵押贷款的预付部分流向证券持有人,从而加速了贷款清偿的时间。从事联盟抵押的投资者们会得到购买短期、中期和长期清偿期限形式的证券的机会。短期证券最初可以获得按揭支付款的绝大部分,而长期证券则只能得到很少一部分或根本得不到。当短期证券清偿完毕之后,按揭款项的支付随后会开始清偿中期证券,最后则是长期证券的清偿。

除了提供联盟住房抵押贷款清偿期限的选择权以外,政府部门也提供了增加借贷信用的措施,用于限制或削减投资者违约的风险。这些政府机构会征收一笔费用,用于减少证券购买者获得的有效利率水平,但是这种做法实际上很大程度上转移了违约的风险。证券的优点之一就在于银行和储蓄账户可以提高其资金流动性,并使其持有资产多样化。最终决定贷款规模大小的金融机构的资金基础将不再是借贷的障碍,因为贷款的销售速度有可能与其签订的速度一样快。银行获得的收入来自于建立抵押贷款以及管理贷款产生的手续费,而不需与银行的资金扯上关系。将资产转换为不同种类的证券使金融机构拥有了增加资产多样性的手段,即在某一领域减少贷款,而在另一领域购买参与权。

证券的核心组成部分是统一的法律文件以及适合证券信贷的市场条件。阻碍航运证券贷款发展的主要障碍正是不统一的法律文件以及信用放大的匮乏。比如说,在住房抵押贷款中,所有的住房抵押都采纳的是同一份法律文件,而政府为了支持地产业,也非常愿意提供信贷偿还担保的信用放大措施。这样的合作方式实际上是自我支撑的,政府在其中获得了抵押贷款的利率增长,并将其作为税收来建立新的资金储备,这与保险公司愿意兑现其承保义务是一样的。换句话说,本质上讲,个人清偿抵押贷款实际上是在支付增加信用额度的费用,这样既增加了用于抵押融资的资金,又从理论上降低了抵押贷款的利率水平。

以上基于标准化法律文件和信用放大的观察结果对于汽车和飞机相关的证券借贷、信用卡支付以及其他金融工具和资产来说是成立的,其中只有信用放大措施不是由政府部门提供的。银行主要通过向客户提供支付担保的方式来向汽车证券和信用卡支付提供信用放大。如果放大的信用最终是由汽车主和信用卡使用人以利率增长形式支付的，那么对于银行来说，单就信用放大而言，其花费是微乎其微的，或者根本目不需要投入。

对于航运贷款，如果存在标准法定形式的话，那么证券化也是有可能实现的。以标准法定形式建立起来的一组贷款可以形成由持有贷款的银行管理下的联盟贷款。作为回报，银行也将得到与组成联盟的未偿还贷款等量的参与股份。船主将继续向最初提供贷款的银行偿还债务；并且可能并不知晓其贷款是否已经加入了联盟。接下来，联盟贷款在收回其支出部分之外，将会把利息和按揭支付的款项以自动偿还的股息形式转交给股东。如果在联盟的贷款中没有新的贷款加入进来，那么在最后一笔贷款偿还完毕时股票将没有任何价值。贷款职责范围内的出现的任何损失都应由参与成员按每股偿还额的相应减少量成比例地分担。

联盟证券并不需要实现自动偿还。银行可以持续地从事航运借贷从而积累原始资金。贷款可以指定给某个联盟证券，不需要支付任何服务费用，而借款人只需要向银行连续偿还贷款即可，不需要向联盟证券还款。银行接收到的则是交换贷款的证券。联盟成员按照各自在贷款中所占的比例分担借贷损失。承接第一笔贷款的银行则不需要承担坏账的全部责任。因此，航运贷款联盟经理必须执行相关的尽职调查，从而防止银行家将坏账风险转嫁给联盟。

进行联盟的好处在于，银行可以通过多种经营减少在航运坏账上承担的风险。期望进入航运贷款市场，但其资金仅够支撑极少量贷款的小规模银行和金融机构则可以通过向联盟提供贷款来换取代表联盟中全部贷款的多种证券投资经营。这样一来实际上就降低了航运贷款的风险。如果某家仅持有少数贷款的小型金融机构中有一笔占全部航运证券贷款20%的账目出现违约，那么银行就将遭受到巨大的损失。如果是通过证券化的方式，每笔航运贷款只占全部航运贷款联盟总数的2%以内，那么对于参与者而言，一笔贷款的违约就不会带来严重的后果。出现损失的风险并不是由证券化这一方式降低的，而是由于贷款损失已经平摊给了许多参与者，这样一来每个参与者实际遭受的损失程度就降低了。

在发展的下一阶段，证券化联盟除了可以用股票交换贷款之外，还可以将联盟中的股票出售给银行。将股票出售给期望在航运贷款联盟中分一杯羹的任何人都可以为联盟争取到更多的资金,这样一来就可以从银行那里购买到航运贷款,而不需要用贷款来交换证券。银行从航运贷款中筹措资金的方式一般都是通过从借贷人处积累原始资本来实现的,并通过管理贷款来获取服务费。随后银行可能将贷款出售给联盟以获取现金,从而提高船主支付的低于服务费的利息和按揭款项的金额水平。只要贷款满足联盟经理制定的各种标准,银行还可以持续地发放航运贷款。只要可以将贷款以现金形式出售而不是用于交换证券,那么在航运贷款发放的早期,银行对于资本的需求就不再是障碍了。

银行和其他金融机构可以通过出售联盟中的股票的方式来建立航运贷款证券,而不需要真正地发放任何航运贷款,这样就可以避免培养有足够专业水平应付贷款的专门从事借贷的官员的费用。因此金融机构就可以以较低的成本来实现其贷款种类的多样化。信用放大则因其可以发放吸引公众投资兴趣的证券这一特点来显著拓宽证券化航运贷款的潜在参与量。实现的方法可以由参与的各家银行以向船主提供后备支撑的方式来提供信用放大。信用的放大所需要的不是银行按船主支付的情况来担保,而是由承担风险的投资方所遭遇到的部分进行担保。举个例子来说,租船人承担着 1000 万美元的贷款,其租赁的船只价值为 700 万美元,如果租船人面临失败的话,那么他就将面临 300 万美元的风险。在有风险的那部分贷款上的信用放大使得证券化联盟中的股票对于投资者来说更有吸引力,因为这样可以使他们对联盟中的资金流动更有信心。参与的银行提供的信用放大通常可以采取将担保金附加在贷款利率上的方式。这就将信用放大的成本从银行处转移给了借贷方,其形式类似于信用卡票据及汽车贷款的信用放大方式。与将信用放大看作是成本的观点不同的是,银行可以将信用放大看作是自我积累的手段,用以保护自身免受违约的影响——自我保险的形式。

信用放大使证券化联盟可以从信用评估组织处获得评估等级。信用评估使证券对投资者而言更有吸引力,极大地扩展了证券化联盟中可以用来从银行处购买贷款的资金总额。不过,只有在航运贷款中出现了"证券化贷款形式"之后这才可能成为现实。目前,航运贷款的证券化还很难开展,因为每笔航运贷款都有唯一的文件形式,而且贷款的协议也经过多次修改以满足借贷双方的需要,没有通用的法制管理。前文提过,另一种国际化工业形态,即航空业,则成功地在 1992 年就运行租约达成了证券化。有人坚信,这可以作为航运贷款证券化的楷模,但是实际上,航空运行租约几乎已经是以"标准形式"进行的,而航运业则不然。最终是否能将"标准形式"敲定是决定航运业能否达成证券化的关键[3]。

16.3 贷款联盟

有些银行坚持声称他们已经通过联盟的方式实现了贷款的证券化。大型银行可能会将航运贷款组合起来,收取创建费用和用于维护账户所需的费用,并将贷款的大部分出售给参与的各家银行。船主依旧向原来那家银行支付利息和按揭款,不过银行则按比例将这部分钱款转交给银行联盟。虽然这与证券化看起来十分相似,特别是在降低任何一家银行在面临违约问题时所遇到的风险方面,但证券化在参与者的增长方面的迅猛速度则是银行航运贷款所无法匹敌的。

16.4 一般法人信用

绝大多数航运公司的财务情况是与船只的抵押相关的。每艘轮船的获得都会在轮船真正运营之前重复着激烈而繁杂的辩论。少数航运公司会接收到没有担保的信用贷款限额和一般法人贷款,而这在大多数公司是很常见的。一般法人贷款和信用贷款限额使得对航运交易的管理不必将每笔交易都带到银行去办理从而获得财务支持了。对于航运公司来说,这样会使他们更易于进入航运贸易,并为其达到商业目的提供了更大的灵活性。

对于在存在这一情况时对航运贷款进行证券化处理,以及一般法人贷款这两种筹资方式而言,它们都需要航运公司从信用评估组织处获得一个评估结果,如 Standard & Poor's,Fitch 以及 Moody's 投资服务公司等。由信用评估公司提供的最终信用评估结果从本质上讲只是定性的分析结果,其中主要考虑的是该行业长期的远景以及该公司在整个行业内扮演的角色,以及对偿还债务义务的有效金融管理措施[4]。航运公司在等待信用评估的过程中,必须经历对所有公司来讲都相同的程序,即行业分析、公司在行业内的地位、管理水平、管理人员以及财力情况,等等。

航运公司所从事活动的每一部分都要接受关于以下各方面的检查,包括面对的前景、客户、合同完成情况、货物情况、轮船型号以及贸易模式,等等。某家公司的财务状况可以通过其完成合同义务的能力、偿还能力的高低、财务灵活性、资本消耗情况、债务结构、或由负债及担保、股息政策以及资本储备是否适当等方面进行判断。一家公司及其分支机构还需要进行关于各项条款、条件及现有债务契约情况方面潜在的法律诉讼方面的评估。另外,集团的整体财务情况,包括分支机构内部的交易及债务情况也需要进行调查。这样一来就可以计算出财务比率,如相对于固定支出、资产及资产总额的支付利息和股息前的所得情况,以及用于偿还债务的现金流情况等。以上这些都是与行业准则进行比较得出的对公司财务健康状况的评估结果。信用评估公司中的某个委员会会定期回顾过去的公司情况和财务比率,并与公司管理部门协商某些问题,以确保对公司的强盛和薄弱环节有一个清楚的了解。上述回顾结果只是一个定性的判断,而是否已经产生债务,或者公司可能即将产生债务,其程度则分别会是投资等级或者是投机等级。如果是处于投资等级,那么公司的最终评估结果就可能是较高、中高或者中等水平。而如果处于投机等级,那么最终的评估结果就只可能是较差或极差,甚至是垃圾。

绝大多数带有额定债务的大型航运公司的评估结果都是较低或者中等级别。持有额定债务使得这些公司不得不发行债务证券。买家对这些定额债务是很感兴趣的,因为信用评估服务已经对该行业、该公司在行业内的情况以及该公司的财务实力进行过充分的调查。但这也让买家们陷入了不得不自己重新对公司进行评估的麻烦当中。利用利率的差额可以将不同的信用评估等级区分开来。不同债务等级对应的违约风险已经得到了充分的证明[5]。如果利率差额能够补偿预期的违约风险差异的话,那么债务证券的买家们通常会在利率较低的时候买进债权。

1994 年,Chemical 证券,即 Chemical 银行的一部分,为 Concordia 海洋公司提供了价值 11 亿美元的优先股抵押票据形式的私人债券销售。该公司在此项策略上做出的解释中称,这样做的目的是为了获取信用评估,即私人债券销售的前提条件[6]。

轮船资金的筹措对于航运公司来说是关乎成败的大事。从历史上看,很多航运公司陷入困境多数都是由于财务政策不够灵活,而不是因为过高的费用消耗。财务政策必须与公司的预期赢利相适应。已经签订合同的轮船必须按照预定计划分期进行偿还,而收入情况随时在发生变化的那些船只则更需要固定的分期偿还计划。

1993 年秋季,随着长期租赁逐渐退出市场,随之而来的结果,即现货市场的逐渐显露,Concordia 公司开始研究现有银行筹资方式的替代策略,以适应签订合同的轮船的现有情况……最终确定的策略是以私人债券销售方式重新对船队进行筹资。这就是当时有趣的 Concordia 式管理时代的开端……随后行动计划就草拟如下:

(1)指定一家银行作为代理。

(2)选择一家法律机构。

(3)编撰送呈文件资料。

(4)送呈至评估机构以后去投资等级评价。

(5)起草贷款条款。

(6)向预期投资者提交文件资料。

之后在拜访预期投资者和给出公司与贷款的具体资料之间就会出现来来回回的反复情况……其中的工作包括私人债券销售的准备、实现和情况追踪。在准备公司送呈的各项文件资料中会耗费掉大量的时间。1994 年春,参与人员就从东至波士顿到西至洛杉矶的 10 个美国城市中往返提交了 20 余次送呈资料。相对于投资等级评价机构而言,优先提交给标准普尔的资料更需要特别仔细的准备,并包含详实的文献资料。能在美国进行此类筹资活动的必要条件之一就是达到 BBB – 评估等级,而Concordia 公司则得到了这一认证……所有这些努力的结果其实就是筹资,也就是为 Concordia 公司在那几年之前量身定做的各项要求。

16.5 公开从事贸易活动的航运公司

尽管船队规模以债务形式通过 OPM 进行扩张只是船主的传统手段,但仍有观点认为债务会降低运营的灵活性从而使公司的财务结构变得复杂。贷款契约通常会给银行家们事实上对公司未来发展计划的完全控制。不管公司的赢利情况如何,筹资的手续费都是固定且必须支付的。某些船主对高利贷市场产生了浓厚的兴趣,或者将其委婉地称为一种价格低但风险大的债券,期望通过这种方式获取一种没有限制或者限制条款很少的贷款契约。不过,对于航运公司而言,这种高利贷贷款契约同时也意味着较高的利息。也就是说,如果航运业务是通过高利贷筹资的话,就必须获得与高利息相对等的利润空间。而高利润的航运交易却并不是那么常见。

与之相对地,资产也不能像贷款契约那样对管理决策进行控制。资产可以提高公司应对业务和扩展业务范围的能力。资产问题不会像债务一样将公司带入破产的境地。在公司开始产生赢利之后就应向股东支付股息，从这一点来看就与债务的情况有所不同，债务人必须持续地上交这部分费用，即使债务公司正在经历损失。尽管有这些优点，很多船主仍然情愿以债务形式拥有 OPM，以保持完全的所有权。出售资产意味着所有权的削弱。但是对于借贷机构来说，如果想要在业务扩展或者资产的获取方面完善筹资活动的话，那么资产注入是十分必要的。举个例子来说，如果某家公司正在酝酿一笔 100 万美元的扩展计划，而有一家借贷机构愿意提供 70 万美元，这家公司就不能将那 30 万美元作为股本投资，那么公开上市才能建立预期目标与目前已有资金之间的解决桥梁。

不过，公开上市并不是一件轻松完成的任务。准备上市的公司首先必须选择公司股票进行交易的具体的股票交易所。最终决定的作出取决于很多因素，其中最重要的一点就是公众对于购买该家公司股票的接受程度。但是股票交易所分布于不同的国家，因此账目清算要求和赋税义务两者都会因所在地不同而受到影响。税收情况取决于以下因素，即公司所从事业务的性质、公司和分支机构成立的地点，以及公司主要活动进行的地点。一旦选定了适合的股票交易所，在需要的情况下，就会开始对航运业内的保险商进行长时间的培训，或者至少对业内公司所扮演的角色进行相关的培训。管理证券公开交易的政府条例也要求将财务和运营数据公开，并每隔一段时间之后将反馈回来的审计报告也公之于众。审计报告的格式，包括资产负债表、收入及资金流报表等，都必须符合公开上市公司的相关法律法规要求。审计报告主要是将公司的情况传达给投资者，其目的是为了避免出现欺诈。与业务相关的风险都必须公开以保护投资者的利益。投资保险商由于其承担着保险业内的法律义务，因此他们必须深入调查公司的运营及财务活动的方方面面，承担起尽职调查的责任。尽职调查对于维护保险商的名誉来说也是较好的商业惯例。

经政府管理机构批准的注册报表必须是及时并且准确的，这样才能获取从事公共保险业的相关监管部门的批准。任何一家公司都可以参与"路演"活动，一方面可以使公众了解公司的存在，另一方面也可以鼓舞公众对购买公司股票的热情。由此产生的热情程度对于建立新机构的价格体系来说至关重要。价格的制定必须足够高，从而为公司带来足够的资本注入，而且不会过分地降低现有股东所有权益。同时价格的制定也必须低到一定程度，才能吸引新股东的加入，让他们认为价格会在购进之后一段时间内还有相当大的上升空间。这中间的平衡工作应当是保险商的责任，他必须同时满足买卖双方的利益要求。

航运公司的股票可以在很多股票交易所进行买卖，但是主要的航运公司股票交易所则位于挪威、瑞典、丹麦、日本、新加坡、香港、美国和英国这几个国家和地区。在美国，公众对于首次公开招股（IPOs）的接受程度，以及在航运公司投资的兴趣，用平淡无奇来形容最合适不过了。很少有华尔街公司会聘请研究分析师来专门从事航运业分析工作。航运股票的表现总体看来是比一般市场滞后的。许多 IPO 都被捧得很高，被誉为可以让公众涉足"指日可待"的繁荣，最终却发现在后来的几年，再高的股票价格也不过就是当年的初始发行价。

首次公开招股投资者获利之后很快运费就会逐渐升高，这几乎是一个必然的过程。如果利率保持不变，那么股价就很可能会下跌。股票价格可能跌至仅仅体现公司净产值的水平，几乎无法判断是否有赢利或者赢利的潜力。很自然地，这就会妨碍投资者的投资计划，对日后的上市价格问题会带来负面的影响。上市价格低于公司净资产的首次公开招股会大大降低现有股东所有者权益。

投资者很快就意识到，航运业，特别是以油轮作为终端的航运业，是竞争非常激烈而且投资密集型的产业，它是在周期性的市场中进行运作，并且对新加入竞争者的壁垒设置很低。这些通常被视为不受欢迎的投资属性。当在经济杠杆作用下某家航运公司仍然遭遇破产时，投资者更应当随时注意这一点。航运公司破产的话会被媒体广泛报道，因为吵着谁先到达的各方如果扣押了船只的话，这样的文章读起来会非常有意思。不过，某些公司已经开发了一些特殊的市场环境或者已经表现出在资产和收入增长管理方面的专长。这些公司以采取一种被证明有利可图的业务战略的方式来超过了其他竞争对手。因此他们的表现记录就能吸引投资者的注意。

从其定义来看，上市公司就是在面向投资者进行交流。而这主要是通过年度报告来实现的。年度报告可以作为一种有教育意义的有力工具，来让当前以及潜在的投资者们了解公司的发展目标。一个特别有效的企业沟通的实例就是 Bona 航运公司 1994 年的年度报告。由管理人员和董事提交的报告中详细阐述了公司曾经所在地和公司发展情况，以及构成其船队的中型油轮和大型货船的前景,等等。这份年度报告是很不寻常的,因为它包含外部专家的意见指出的三个影响中型油轮市场的棘手问题——未来的拆解活动、改变油轮贸易模式,以及 VLCC 超过中型油轮费用造成的影响。

16.6 返回股权融资

在这章的开始我们讨论的是船只曾经以现金形式融资的情况,也就是从船队的收入中产生股本基金的方式。随后以债务形式利用 OPM 的金融敏锐性逐渐盛行起来。以向公众售卖股票的方式来筹集股本基金以及船舶资产的公司名单正在慢慢扩大,可能预示着一种更多地依靠股权融资的普遍趋势。但公开募股可能会建议以不同的方式来解决急需资金的行业的资金需求。

16.7 北欧美国油轮运输协议

在指定的到期日期之前,认证股权就是购买股票的权利。如果认证股权持有人没有行使该股权的话——也就是按指定价格在到期日之前用现金购买股票——那么股权就变得毫无意义了。1995 年,北欧美国航运公司以每股 5 美元的价格公开出售了 1200 万份认证股权[7]。1997 年,如果股权持有人愿意再支付每股 10 美元的话,那么认证股权就可以转变为股票持有权。也就是说,股票的实际价格是每股 15 美元(5 美元用于购买认证股权,而 10 美元则用于将认证股权转化为真正的股票持有权)。而且现金流入的时间都相当于建造三艘油轮的时间了。而这些船只的建造是按照英国石油公司的要求进行的,该公司承担着建造和运营这些船只的全部责任。轮船交付之后,这些船只将以空船的形式租赁给英国石油公司 7 年,再加上 7 条连续一年的补充条款,最终可将租约延长至 14 年。虽然新建的三艘油轮是以股本的方式进行筹资的,不过空船租赁的确提供了部分利润和资本,这与债务筹资还是存在着不同点的。

除了少量的管理费用,由英国石油公司支付给北欧美国的空船租金都是直接以红利的形式支付给了股东们。空船租金中包含着一部分最低还款额,另外还有一部分是取决于油轮价格的附加资金。如果油轮价格不超过规定的水平,并且英国石油公司在最初的 7 年租期之后没有执行延长租约的条款,那么股东所得的利润就只能取决于当时船只的剩余价值了。如果剩余价值仅仅为购置费用 50% 的话,那么股东所得的利润就几乎为零。另外,如果英国石油公司行使了全部的延长租约条款将租期延长至 14 年并支付了最低的空船租金,而且如果船只的剩余价值仅占购置费用 25% 的话,那么股东们通过投资得到的利润就只有微不足道的3% 左右。这样一来,投资者一定会觉得,在认购认证股权时,在空船期间市场强劲的可能性以及租约到期时船只剩余价值仍然较高的可能性都是存在的。取决于油轮价格的波动情况以及在未来 7 ~ 14 年时间里剩余价值的情况,可以想象出股东们的利润可能会高达 25% 。

16.8 英国石油公司的优势

在可预见的未来一段时间内,英国石油公司仍然需要这些船只,并且已经通过合同形式开始了轮船的建造。这种筹资方式可以提供百分之百的资金需求,并且不会对资产负债表产生影响,它不同于某些资产负债表上的附注,不会在支付 7 年空船租金时还考虑公司的其他义务。选择延长租期不需要进行附注,因为从本质上讲这不属于强制性的规定。如果市场情况不够强劲,而且如果英国石油公司决定在 7 年的租期末不再需要这些船只,那么英国石油公司用于使用这些船只所花费的隐含资本,即假设剩余价值为零时投资者的利润,就应当是 – 12% 。

如果英国石油公司要求轮船提供最大租约时间,即 14 年的服务的话,并且如果油轮的租金不超过规定水平,那么对于英国石油公司而言,就空船支付来说,资金的潜在消耗,也就是在剩余价值为零时投资者的利润,就只有 1% 。即使英国石油公司没有使用这些船只的必要,但是在油轮租金较高,能够为公司提供继续雇佣这些船只的经济动力的情况下,那么英国石油公司仍然可能延长租约,获得 14 年的服务期,并与股东们一起享受船只赢利能力带来的利润。剩余价值是属于股东的。英国石油公司可能会,当然也可能不会以任何当时的油轮租金水平与这些船只签署新的租约。考虑到这些船只都需要在至少头 7 年内履行其运输要求,这样一来,对英国石油公司来说应该是一笔不错的买卖。

16.9　股东享有的优势

上文提到,这样的交易对其中的一方来说是不错的买卖,这是否也意味着对于交易的另一方——也就是投资者来说也是不错的买卖呢?从投资者的角度来看,衰退的情况可以被认为是资本回报很低的资本回收率。对于股东来说,这种最坏的情况似乎也是可以接受的,因为发行的股票几乎是立刻销售一空。但是投资者不会以限制其下跌的损失为基础进行投资,而是以是否有潜在的上涨收益作为基础。如果油轮市场在未来的 7~14 年时间内比较坚挺的话,那么投资回收率还是比较有吸引力的。此外,在空船租赁到期时船只的剩余价值都是属于作为船主的股东的。这样的交易既受到了广泛的赞扬,也引来了不少争议。正如人们预料的那样,主要的批评来自于,对股东来说这是否会是扭转低收益率的好机会。

16.10　这可能是双赢的交易吗?

这种交易不允许小型投资商拥有三艘船的小规模船队的股份。其他航运公司也可以通过承保的方式来参与这样的船队。这样就打开了通往石油公司扩张船队的股票基金的大门,或者也为不动用任何资本就更改计划提供了机会,这与参与那种为股东提供最低回报率的租约是不同的。由于所得的收益比起在石油上的投资相对较少,因而石油公司不应当在油轮上进行投资,这一论点使得航运业远离了石油公司,因为这些公司参与的是由第三方所有和运营的船只的租约。这样的交易就允许石油公司以非常低的隐含资本建造和运营船只,并且不需要占用资金。如果市场能够变得坚挺,并且达到让人惊讶的程度的话——市场实际上会不时地出现这样的情况——那么公司和股东两方都能够获利。股东们明显可以通过略微提高其收益率来获利,但是石油公司同样可以将其运输成本降低至市场水平以下从而获得利润。如果石油公司不再需要某艘船只,那么可以通过将它转租给其他石油公司来获取交易利润。

北欧美国交易也许为更多的公众参与打开了方便之门,因而可以满足资本密集型行业在资产需要续期时的资本需求。尽管与 OPM 进行的债务融资已经为少部分人创造了航运财富,但是公开发行股票则为投资者们在良好的航运市场环境下分得一杯羹铺平了道路。本质上讲,这难道不是一个双赢的局面吗?

参 考 文 献

[1] "*Raising Equity in Norway in the Post K/S Era*" in Lloyd's Shipping Economist of February 1995, published by LLP, Ltd. , London.

[2] *Anatomy of Ship Finance*, July 1993, organized by the Cambridge Academy of Transport, Cambridge, England.

[3] "*A Model for Shipping Asset Securitisation*," Lloyd's Shipping Economist of February 1995, published by LLP, Ltd. , London.

[4] "*The Credit Rating Process*," presented by Moody's Investors Service at the 6th Annual Ship Finance Conference held in New York, June 1995.

[5] "*The Credit Rating Process*," presented by Moody's Investors Service at the Hellenic – American and the Norwegian – American Chambers of Commerce held in New York, February 1995.

[6] "*Private Placement*," from Concordia Maritime's Annual Report, 1995.

[7] *Prospectus Nordic American Tanker Limited*, dated 14 September 1995, issued by the underwriter, Lazard Freres &Co.

名 词 解 释

A

AFRA	平均运费率评定
AMVER	自发互助轮船救援
ARPA	自动雷达测绘辅助系统
ASBA	轮船经纪人及经纪社协会
AWES Form	AWES 格式
Act of God/force majeure	不可抗拒力量法案
American Tanker Rate Schedule	美国油轮运费计划
Abitration	仲裁
arrest	逮捕
arrival at port	到港
automation	自动

B

BIFFEX/BFI	波罗的海国际运输期货交易/波罗的海运费指数
BIMCO	波罗的海及国际海事协会
bllast water	压舱水
banks/bankers	银行/银行家
bareboat charters	空船租赁
berth time	停泊时间
bill of lading	提货单
Bona Shipholding	Bona 航运公司
Both to Blame clause	双方过失条款
British Institute of Chartered Shipbrokers	英国租船经纪人协会
British Institute Warranty Limits	英国担保限制协会
British Petroleum	英国石油公司
Brokers	经纪人 see shipbrokerage 见轮船经纪人
Brussels Conferences	布鲁塞尔会议
Bunkers	燃料舱

C

CAAM	海洋事务管理中心
CAP	状况评估计划
CMI	国际海事协会
COW	储油罐原油清洗
canal transits/dues	运河运输/运费
cancelling date	取消日期
cargo brokerage	货物经纪
cargo handling	油品处理
cargo heating	油品加热
cargo measurement/losses	油品计量/损失
cargo retention	油品保留
cargo transfer	油品移交
Carriage of Goods at Sea	海上货物运输
charter party	租约方
charterers/chartering managers	租约人/租赁经理
China	中国
Churchill, W.	丘吉尔
classification society	分级协会
Coast Guard	海岸卫队
collateral support	抵押支持
commission	委托
communication/computer technology	通信、计算机技术
Concordia Maritime	海事一致性
conditions precedent	先决条件
consecutive voyage charters	连续航程租赁
construction loan	建设贷款
constructive total loss	总建设损失
consulting	咨询
contract cancellation/termination	合同取消/终止
contracts of affreightment	货运合同
corporate veil	合同前提
cost control	成本控制

credit enhancement	提高信用
credit worthiness	信用价值
customs	关税

D

dead freight	空舱运费
debt	债务
deductibles	可扣除部分
demurrage	滞留时间
design liability	设计责任
deviation	偏差
disponent owner	船东
double hull	双层船身
drugs and alcohol	毒品及酒精
dry cargo vessels	干货轮船
dry cargoes	干货
drydocking	入干船坞修理
due diligence	注意事项

E

ECDIS	电子海图信息显示系统
enhanced surveys	高级评估
environment	环境
equity financing	股本筹资
errors and omissions	错误与遗漏
exclusivity	排他性
Exxon	埃克森石油公司

F

FACS	美国控股航运联合会
FONASBA	国家轮船经纪人及经纪社协会联盟
financial institutions	金融机构
financial management	金融管理
firm offer	确定报价

first class operations	头等服务
flag of convenience	方便旗
flag state/flag state control	国旗所属国/所属地区控制
France	法国
free market	自由市场
freight/freight rate	运费/运费
fuel consumption	燃料耗量
fuel efficiency	燃料效率

G

GMDSS	全球海事呼救及安全系统
GPSS	全球定位卫星系统
general average	共同海损
general corporate credit	一般法人信用
general exceptions clause	常见例外情况条款
Germany	德国
government aid	政府援助
Greece	希腊
green tanker	绿色油轮
gross tonnage	总吨数
Gulf Agency Co.	海湾办事处公司

H

Hague/Hague Visby Rules	海牙/海牙维斯比法规
Hague Memorandum	海牙备忘录
health authorities	健康权限
Hong Kong	香港
hull coatings	船身涂层
hull insurance	船身保险
hull war risk	船身战争风险
hurdle rate	基准回收率

I

IACS	国际船级社协会
IAPH	国际港口码头协会
ICS	国际航运商会
ILO	国际劳工组织
ILU	伦敦保险商协会
IMO	国际海事组织
IPO	首次公开招股
ISF	国际航运联合会
ISM	国际安全管理
ISMA	国际轮船经理协会
ISO	国际标准化组织
ITC	协会时间条款
ITF	国际航运工作者联合会
ice free	不结冰
independent brokers	独立经纪人
independent tanker owners	独立船主
inert gas	惰性气体
information technology	信息技术
Inchcape Shipping Services	Inchcape 航运服务
inflation	膨胀
Inmarsat	国际海事卫星系统
Institute of Chartered Shipbrokers	租约经纪人协会
international conventions	国际公约
International Ice Patrol	国际冰凌巡逻
international registry	国际注册
investment analysis	投资分析

J

Japan	日本
Jason/New Jason clause	Jason/新 Jason 条约
Jones Act	Jones 法案

K

K/S companies	K/S 公司
Korea	韩国
Kuwait Petroleum	科威特石油公司

L

LIBOR	伦敦同业拆借利率
LNG projects	LNG 项目
LOOP	路易斯安那州海上石油港
Language	语言
lay – up	船入坞修理
laydays	装货时间
laytime	装卸货时间
lease financing	租赁筹资
letter of indemnity	赔偿书
leveraged investments	经济杠杆投资
Liberia	利比里亚
Liens	扣押权
Lighterage	驳运费
limit of liability	责任限制
liquid gas carriers	液化气运输船
Lloyd, Council of	劳埃德,理事会
Lloyd, E.	劳埃德.E
Lloydis of London	伦敦劳埃德
Lloydis Salvage Form	劳埃德海上救援形式
load on top	上部装载
loadlines	装载线
loan conditions/covenants	贷款条件/公约
loan syndication	贷款联盟
loss of hire	租金损失

M

| MARPOL | 海洋污染公约 |

MEPC	海洋环境保护委员会
MII	抵押权人利益保险
MOA	协议备忘录
MRCC	海事救援合作中心
MSC	维修供应中心
maintenance and repair	维护维修
manning	人员配备
Marine Policy Form	海事政策
maritime law	海事法律
market psychology	市场心理学
measurement errors	测量误差
mid – deck design	中板设计
mooring	停泊
mortgage	抵押权

N

national flag	国旗
navigation	导航
negotiations	谈判
net tonnage	净吨数
Netherlands	荷兰
Newbuildings	新建船只
Norbulk	挪威轮船
Nordic American Tanker	北欧美国油轮
Norsk Hydro	挪威海德罗公司
Norway	挪威
Norwegian Shipbrokers Association	挪威轮船经纪人协会

O

OCIMF	国际海洋论坛
OPM	他人资金, see debt 见债务
off – hire	非雇佣
Oil Pollution Act of 1990	1990 石油污染法案
oil spill prevention	石油溢油防治

opaqueness	不透明性
operating costs	运行成本
operations	运行
organization	组织
owner	船主
owner's option	船主选择权

P

P&I Club	保护和赔偿协会
Panama	巴拿马
Panama Canal	巴拿马运河
paramount clause	最高条款
Paris Memorandum	巴黎备忘录
performance guarantees	性能保障
Phillips Petroleum	飞利浦石油公司
Pilotage	领航权,导航费
plimsoll marks	plimsoll 标记
pollution avoidance	污染消除
port agents	港口运输代理
port authorities	港口管理机构
port charges	港口收费
port state control	港口地区控制
power of attorney	代理权
predelivery costs	预付成本
predelivery payments	预付款项
private fixtures	个人设备
project brokerage	项目经纪

Q

| quality assurance | 质量保证 |
| questionnaire | 调查表 |

R

| received payment | 已收款项 |

reception facilities	接收设备
record keeping	记录保留
redelivery	重新发运
reinsurance	再保险
relets/sublets	转租/分租
repair yards	修理厂
research	研究
return on investment	投资回收率
Reuters	路透社
risk management	风险管理
rules of the road	道路行驶规则
Russia	俄罗斯

S

S&P	买卖
S&P brokerage	买卖经纪
SAJ Form	SAJ 格式
SIRE	轮船检查汇报
SMS	安全管理系统
SOLAS	海洋救援措施
STCW Convention	警戒标准国际公约
safe port	安全港口
Saleform	销售表
salvage	海上打捞
Salvage Association	海上打捞协会
sea trials	海上试航
search and rescue	搜救
second registry	二次登记
securitization	安全化
segregated ballast tanks	独立压舱罐
Shell Oil	壳牌石油
ship to ship transfer	船—船转运
shoreside staff	岸上人员

shipbrokerage	轮船经纪
ship management	轮船管理
Singapore	新加坡
single voyage charters	单次航程租赁
Spain	西班牙
speed clause	航速条款
spot market	现货市场
standard forms	标准格式
Statoil	挪威国家石油公司
stores/supplies	仓储/供应
strategic planning	战略计划
strikes and war exclusion	罢工及战争排除
subsidies	补贴
sue and labor	诉讼及劳工
Suez Canal	苏伊士运河
surveying/survey reports	调查/调查报告

T

TOVALOP	油轮业主志愿协议
Taiwan	台湾
Tanker Broker Panel	油轮经纪人清单
tankers	油轮
taxes	税收
tendering notice of readiness	补给准备通知
terminals	码头
Titanic	泰坦尼克号
total load	总载荷
transparency	透明性
trip timecharters	航程定期租船
two – tier market	双重市场

U

United Kingdom	英国

United Nations	联合国
United States	美国

V

VTIS/VTS	船只管理信息系统/轮船交通系统
vessel acquisition	轮船捕获
vessel costs	轮船成本
vessel design	轮船设计
vessel hire	轮船租用
vessel safety	轮船安全
vessel surplus	轮船运力过剩
voyage costs	航行成本
voyage surplus	航运运力过剩

W

war risk	战争风险
warranties	保修单
weather	天气
win – win	双赢
witnesses	证人

X – Y – Z

Yard contracts	造船厂合同
Yard financing	造船厂筹资
York – Antwerp Rules	约克—安特卫普法规
zero – sum	零和

《石油科技知识系列读本》编辑组

组　长：方朝亮　张　镇

副组长：周家尧　杨静芬　于建宁

成　员：鲜德清　马　纪　章卫兵　李　丰　徐秀澎
　　　　林永汉　郭建强　杨仕平　马金华　王焕弟